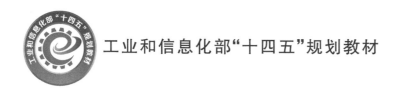

工业和信息化部"十四五"规划教材

物理化学实验

田东亮　编著

北京航空航天大学出版社

内容简介

本书着眼于化学学科前沿和国家科技战略需求,结合物理化学实验教学的最新进展和改革成果,将物理化学知识与科研成果及现代化工紧密融合,突出空天特色。

本书由绪论、物理化学测量技术与方法、基本实验、研究型实验和附录几部分组成。绪论包括物理化学实验的目的和要求、实验室安全知识和数据记录与处理;物理化学测量技术与方法主要介绍了本书涉及的实验方法和技术以及仪器的使用方法;35个实验涵盖了热力学、化学平衡、化学动力学、电化学、表面化学与胶体化学等方面的物理化学内容;附录列出了22个物理化学实验常用数据表。

本书可作为综合性大学、师范院校的本科化学类及相关专业物理化学实验课程的教材,也可供相关专业人员选用和参考。

图书在版编目(CIP)数据

物理化学实验 / 田东亮编著. -- 北京 : 北京航空航天大学出版社,2023.8

ISBN 978 - 7 - 5124 - 4152 - 1

Ⅰ. ①物… Ⅱ. ①田… Ⅲ. ①物理化学－化学实验－教材 Ⅳ. ①O64 - 33

中国国家版本馆 CIP 数据核字(2023)第 158687 号

物理化学实验

田东亮 编著

策划编辑 蔡 喆 责任编辑 刘晓明

*

北京航空航天大学出版社出版发行

北京市海淀区学院路 37 号(邮编 100191) http://www.buaapress.com.cn

发行部电话:(010)82317024 传真:(010)82328026

读者信箱:goodtextbook@126.com 邮购电话:(010)82316936

北京富资园科技发展有限公司印装 各地书店经销

*

开本:787×1 092 1/16 印张:15.75 字数:403 千字

2023 年 8 月第 1 版 2023 年 8 月第 1 次印刷 印数:500 册

ISBN 978 - 7 - 5124 - 4152 - 1 定价:49.00 元

前　　言

　　化学是一门以实验为基础的自然科学。实验是化学的灵魂，是展现化学魅力和激发学生学习兴趣的主要源泉，更是培养和发展学生科学思维能力和创新能力的重要方法和手段。在化学的分支学科中，物理化学是一门从物理学方法和角度分析物质体系化学行为的原理、规律和方法的学科，构成了近代化学的原理根基。物理化学实验是与物理化学课程紧密依存的一门独立开设的重要实验课程，即利用物理仪器和表征手段间接获取化学反应系统中所涉及的有关量的变化，从而解决化学反应涉及的方向、限度、能量转化以及反应速率等问题，并最终将其应用于化学化工科研以及生产的单元操作实际。物理化学实验是一门集理论性、实践性、综合性和研究性于一体的课程，是理论知识向应用过渡的重要阶段，是培养学生科学的思维方法、实验技能、综合实验能力和创新研究能力的重要环节，是学生获得物理化学知识和相关专业技能，从实践中来到实践中去的重要桥梁，对学生的知识、能力和综合素质的培养与提高起着至关重要的作用，在化学、化工、制药、生命、材料、环境、航空航天等专业的人才培养中占有重要的地位。

　　物理化学实验课程是化学、材料、环境等专业重点建设的核心基础课程。因此，将物理化学实验课程打造为具有"高阶性、创新性、挑战度"特征的一流课程，对培养一流创新性研究型综合人才具有重要的意义。其中，适合高校人才培养要求的教材是实现一流课程建设，将价值引领、知识传授、能力培养和人格形成有机结合的重要条件。目前，被广泛使用的通用经典教材，在内容的设置上偏于经典实验，对学生的创新思维和能力培养的重视程度有所不足。

　　在新时代不断教学改革中，将本学科特点和已有基础与科学前沿相结合，并将最新特色研究成果融入实验教学，编写特色物理化学实验教材，是化学类相关专业学生培养和当前物理化学实验课程改革的一项紧迫任务。

　　本书以北京航空航天大学化学学院胡学寅编写的《物理化学实验》讲义为基础，通过瞄准国家科技领域发展的重大需求，将物理化学实验知识和空天特色、科研成果与现代化工紧密结合，增加了物理化学测量技术与方法，调整了基础实验内容，新增了综合、研究和特色实验，旨在通过加强科研反哺教学，让学生体验知识被重新发现的过程，引导学生聚焦科学重大问题，激发学生学术志趣和内在动力，提高学生的创新思维和创新能力；同时，将物理化学实验知识与科学发展史、辩证唯物主义等相结合，使学生树立正确的世界观、人生观和价值观，增强其国家使命担当意识。

　　本书中实验内容涵盖了热力学、化学平衡、化学动力学、电化学、表面化学与胶体化学等方面,采取递进式教学内容设计模式,根据实验中增加自主设计的比例、增设设计题目等形式,分为基础、综合、研究和特色实验四个层次。其目的是通过对学生进行层层递进的物理化学实验内容的训练,加强学生对物理化学实验基本原理、方法和基本操作能力的掌握,同时培养学生分析、深度认知所学基础理论,以及独立思考并解决复杂问题的创新思维和综合创新能力,培养具有家国情怀、能够勇攀世界科学高峰的拔尖创新人才。

本书由田东亮编著,包括编写大纲,编撰各章节内容,统稿和定稿等全过程。本书编撰过程中应用了张秋雅、李燕、李玉梁、闫玉凤、王富萍、孙振宁、张春雨等的科研成果,张孝芳、张秋雅、李燕、李珂、李玉梁、李路、陈蕊、曹正宇、魏辛宇、邹文韬、李林洋等对本书实验条件进行了探究和校对,在此对以上优秀教师、博士、硕士表示感谢;同时,也参考了大量国内外文献资料和兄弟院校的有关教材,在此对原作者表示感谢。

本书可作为理工科院校开设物理化学实验课程的教材,也可供相关的研究开发人员设计实验方案和处理实验数据时参考。

作　者

2023 年 3 月

目　　录

第一部分　绪　论

一、物理化学实验的目的和要求

1. 物理化学实验课程的目的和任务

化学是一门以实验为基础的学科。物理化学实验是用物理学的研究方法探讨化学变化规律的实践环节,即利用物理仪器和表征手段间接获取化学反应系统中所涉及的有关量的变化,从而解决化学反应涉及的方向、限度、能量转化以及反应速率等问题,并最终将其应用于化学化工科研以及生产的单元操作实际。

物理化学实验是一门承上启下的专业基础实验课程,对学生的知识、能力、素质和情感的培养与提高起着至关重要的作用。物理化学实验内容涵盖了热力学、化学平衡、化学动力学、电化学、表面化学与胶体化学等方面,是化学教学由基础无机化学、分析化学、有机化学向实际科研应用过渡的重要阶段,是培养学生科学的思维方法、实验技能、综合实验能力和创新研究能力的重要环节,也是学生获得物理化学知识和相关专业技能,从实践中来到实践中去的重要桥梁,在化学、化工、制药、生命、材料、环境等专业的人才培养中占有重要的地位。因此,做好物理化学实验教学在加强学生对理论基础的掌握和培养学生科学的思维方法和创新能力中具有重要的意义。

物理化学实验课程以实验操作训练为主,主要包括专题讲座和具体实验内容两部分;根据实验中自主设计比例的增加,可以分为基础、综合、研究和特色实验四个层次。目的是通过对学生进行渐进式的物理化学实验内容的训练,加强学生对物理化学实验基本原理、方法和基本操作能力的掌握,同时培养学生分析、深度认知所学基础理论、独立思考和解决复杂问题的创新思维和综合创新能力,并具备道法自然的思想,为后续的课程学习及将来的工作和科研打下基础。因此,该课程的主要任务是通过测定一些物质的基本理化性能和特征,使学生掌握基本的实验技术和技能,了解和掌握物理化学的基本实验方法和基本研究方法,具备一定的解决问题的能力。在设计和研究型实验中,学生通过查阅文献资料、设计实验方案、比较实验方法和实验条件,分析、总结和归纳实验研究结果,可以进一步训练学生分析和解决复杂问题的能力,提高学生对物理化学知识灵活运用的能力,强化学生的创新意识、创新精神和创新能力。通过论文式实验报告的撰写,使学生整体认识实验的背景、设计原理、研究方法及应用等,加深对物理化学基本知识和原理以及研究方法的理解,得到较为全面的科学研究能力的培养与训练;培养和训练学生整理、归纳、综合、评价知识的能力,以及培养学生严谨、认真、实事求是的科学态度和作风,养成良好的科学习惯,掌握科学的思维方法,为学生撰写毕业论文和从事科学研究打下坚实基础。同时,从实验安全、原理、操作等方面,将安全意识、环保意识、学术道德、学术规范等纳入实验考核中,促进学生全面发展。

通过物理化学实验课程教学过程,实现以下目标:

① 掌握用物理化学知识解决化学化工科学领域基础实验的基本原理和方法,具有对数据

进行有效采集、整理、分析和总结的能力。这体现在能够熟练掌握实验原理,正确地使用物理化学实验仪器并获得有关理化数据,采用相应合理的分析方法处理数据并进行整理,如用外推法求时间变化量、温度改变量;用作图法计算速率常数、活化能,分析相图等,并根据实验数据整理结果得到合理正确的结论。

② 具备对化学化工领域复杂问题、前沿问题进行分析、分解和实验设计的能力。这体现在通过查阅文献资料,深度分析并理解相关的实验原理,针对实际复杂问题进行实验方案设计和实施,如设计型、研究型实验的完成,适应具有挑战性的学习能力培养,为解决国家重大战略需求和基础前沿的实际问题奠定基础。

③ 具备多学科背景下,分别承担不同工作部分的能力,并具有团结协作的精神。这体现在本课程所有实验都是课上随机安排同学们(两人一组)相互配合共同完成实验任务,要求每人能够承担相应角色并且具有团结协作的精神。

④ 具有深厚的家国情怀,践行"勇攀高峰,敢为人先"的精神。这体现在把课程教学内容、课前预习资料、论文报告、实验设计和小组讨论有机融入学科发展史、科学家轶事、学术诚信、爱国情怀、优秀传统文化、发展的全局观等,激发学生的探索和创新精神,培养学生严谨、认真、实事求是的科学态度,形成良好的科学习惯;掌握科学的思维方法和科学批判精神,树立积极向上的世界观、人生观和价值观,增强专业自信心和自豪感;在突出实践、突出特色和突出创新的同时,突出对学生的爱国主义情怀的培养,为培养基础厚、素质高、能力强的理工科类社会主义建设者和接班人奠定基础。

2. 物理化学实验程序与要求

物理化学实验的教学过程重在引导学生了解理论知识和实验设计背后的故事,了解对社会价值的认识,学习获得知识的方法与能力。通过有限的操练,掌握物理化学研究的一般方法,培养学生独立思考、深度分析认知所学基础理论、解决复杂问题的创新思维和综合创新能力。

本课程由理论知识讲座(专题讲解)和实验部分组成。理论知识讲座是通过教师的讲解,使学生了解课程的性质、任务、要求、课程安排和进度、实验考核内容、实验守则及实验室安全制度等,为进入实验室做好准备。实验内容由基础、综合、研究和特色实验四个层次渐进式教学内容构成。作为实验课程教学的中心环节,具体程序和要求如下。

(1) 实验课前预习

实验课前预习是保证物理化学实验上课效果和质量的一个重要环节。引导学生以科研态度进行实验,认真预习实验和物理化学最新研究文献资料,并调研文献,明确实验的背景(科学背景和应用背景)。了解该实验在当时所处背景下的解决问题的方式和方法,试想如果在那样的环境下,我们能怎么做? 现在人们怎么做? 进行对比,了解科研的发展历程。进一步明确实验的目的和原理,明确本次实验中要测定的量、所用的实验方法、使用的仪器、控制的条件、需要注意的问题等,对该部分理论知识有较为深刻的理解和掌握。

(2) 课前检查

对预习的情况,由指导教师进行检查,包括预习思考题、实验设计及对与实验相关的问题进行提问。发现未预习者,教师可停止其进行本次实验。

(3) 实验课堂

培养学生以科研状态进入物理化学实验课堂,启发学生深入思考和讨论,培养学生科学严谨的态度。

① 学生进入实验室后首先核对实验仪器,进一步熟悉仪器操作方法。教师检查学生的预习情况,通过提问的方式(或在线测试)由学生讲解实验内容并做好记录,包括预习实验原理、仪器使用的理解,合格者可进行实验。

② 指导教师进一步讲解实验难点和注意事项,引导学生深入思考与实验现象有关的一些问题,着力培养学生在实验中观察发现、综合考虑问题的能力,使学生学会分析和研究解决问题的方法。

③ 学生按课上教师随机安排,独立或分组进行实验。要求学生在实验中勤于动手,敏锐观察,细心操作,开动脑筋,分析钻研问题,准确记录原始数据。实验结束后经教师检查并签字确认后,实验及其原始记录才有效,方可整理实验仪器,离开实验室。注意考核实验中严谨求实的科学态度、独立操作能力和相互配合的协作能力。

④ 实验课堂侧重解决同学们除了预习以及仪器使用以外的问题,适当提高难度和增加设计性,增加学生学习的挑战度,注重个性化、差异化、精准化培养学生的创新思维和创新能力。

（4）论文式实验报告

实验结束后,给出实验报告是物理化学实验教学非常重要的一个环节。撰写科研论文式实验总结报告,重新审视这个实验,从整体上把握知识的获得方法及其应用前景,进一步检查学生对实验结果的分析总结能力。这种实验报告的篇幅多少不重要,主要是理清实验思路和加深对理论的理解,为什么要做这样一个实验(了解当时的背景和目的,要解决什么问题等),如何设计和进行这样一个实验(原理＋步骤等),由这个实验可以得到什么结论,解决了什么问题(结果分析和讨论,有什么启发等),有什么潜在的应用前景,有没有可改进的地方。充分发挥学生的主观能动性,使得学生能够从科研的角度去重新审视这个实验,进一步明确实验中提出问题、分析问题和解决问题的方式和方法,加深对理论知识的理解和掌握的程度,提高知识具体应用的能力和综合创新能力。

要求实验报告格式和基本科研论文的格式一致,主要格式包括:题目,作者,摘要,关键词,前言介绍,实验部分(仪器药品及简单步骤),实验数据处理＋结果和讨论(边分析边讨论),结论,体会和建议(自己学到了什么,有什么需要改进的)。

（5）课后总结

实验课后,学生根据课上的教学内容进行梳理和撰写科研论文式实验报告,以整体的形式理解和把握实验内容,使学生进一步明确为什么做这个实验,怎么做这个实验,做了这个实验后有什么用,以及对这个实验的体会和改进建议。通过撰写改进建议,提出存在的问题、解决方法与改进方案,以及本次实验中的创新设想,加强学生对实验的细致观察和积极思考,提高解决复杂实际问题的能力,具有创新思维和创新能力。针对科研式实验报告中重点分析和处理的问题及其他重要事项,安排专题讲解(根据具体情况安排线上或线下的形式),并和学生进行讨论,同时安排微信群随时答疑,快速及时解决学生学习过程中的疑问。

3. 物理化学实验报告的撰写要求

实验报告是物理化学实验教学非常重要的一个环节,是最后提交的实验资料的总结,从实验结果的分析与讨论中可以培养学生发现问题、分析问题、解决问题的能力。为了充分体现物理化学课程理论紧密联系实际及具体应用的特点,发挥本课程的重要作用,采用论文式实验报告进行结果总结。应充分发挥学生的主观能动性,使学生能够从科研的角度去重新审视这个实验,对相关可类比分析的知识点触类旁通。

论文式实验报告应包括下列主要内容:

① 标题。是具体体现实验方法和内容的总结,采用一句话总结。

② 姓名。还应包括学院、专业、学号和同组者(实验完成人,每人独立书写,如报告发现雷同,全部零分)。

③ 摘要。在什么背景条件下(一句话),为了达到什么目标或实现什么结果,本实验采用什么方法,做了什么,结论如何,以及对当时具体条件下的实际应用。

④ 关键词。摘出关键词。

⑤ 前言。介绍背景资料和原理,目的是要引出下面的实验内容,即要回答为什么要做这样一个实验,了解当时的背景和目的,主要是意义及进展或存在的问题,以及要解决什么问题等。

⑥ 实验部分。如何设计和进行这样一个实验,如原理和简单步骤等。仪器药品按照实际所用的写,简述实验步骤及测试条件等,步骤不能照讲义抄写,总结要精练,提取出关键部分进行概括,能说清楚就行,仪器温度怎么调节不用细写。

⑦ 结果和讨论。这部分是重点,包含数据处理及分析部分,需要简要描述实验过程及实验结果或曲线(原始数据不用重新整理),看图说话,边讲边描述即可。

注意:这部分不用重新抄写原始记录,而是进行相应处理,给出相应曲线或表格进行介绍;对于计算和分析过程要重点书写,给出的图和表要有图题、表题。边分析边讨论,列出实验结果,与文献值相比较并给出误差计算和分析。

⑧ 结论。由这个实验可以得到什么结论,即通过做了什么,得到什么结果,解决了什么问题,给出由本实验直接得到的结论和延伸性的结论或者潜在的应用前景。

⑨ 参考文献。根据实验预习、操作过程、课后总结发现的问题,查阅相关的参考资料。

此外,在上面的论文报告基础上,根据个人实际情况,撰写收获体会和建议,主要描述通过实验自己学到了什么,有什么需要改进的或可改进的地方,这部分主要写对实验的建设性意见和建议。

注意:同组同学实验原始数据是共享的,但是实验数据处理、分析及报告要个人独立完成,绝对不允许抄袭。原始实验记录需附在提交的实验报告后面。

二、物理化学实验室安全知识

实验室的安全运行是保证教学、科研工作顺利开展的关键。化学实验室常常潜藏着诸如发生爆炸、着火、中毒、灼伤、割伤、触电等事故的危险性,这些情况使化学实验室存在较高的安全隐患。如何防止这些事故的发生以及采取应急措施就显得尤为重要,这对每一个化学实验工作者的实验安全素质提出了更高的要求。

物理化学实验的安全知识和安全防护是非常重要的,每一个实验室工作人员都应具备基本的实验室安全知识、环保知识、安全技能和事故处理应急能力,这样既能保证实验顺利进行,又能确保实验人员和实验室的安全。

这里结合物理化学实验的特点介绍安全用电、化学药品安全防护等知识。

1. 安全用电

物理化学实验室使用电器较多,特别要注意安全用电。违规用电常常可能造成人身伤亡、火灾、损坏仪器设备等严重事故。表 1-2-1 列出了不同电流强度对人体的影响。

表 1-2-1　不同电流强度对人体的影响

电流/mA	作用的特征	
	交流(50～60 Hz)	直　流
0.6～1.5	开始有感觉——手轻微颤抖	没有感觉
2～3	手指强烈颤抖	没有感觉
5～7	手部痉挛	感觉痒和热
8～10	手已难以摆脱带电体,但还能摆脱。手指尖部到手腕剧痛	热感觉增加
20～25	手迅速麻痹,不能摆脱带电体。剧痛,呼吸困难	热感觉大大加强。手部肌肉收缩
50～80	呼吸麻痹,心室开始颤动	强烈热感觉。手部肌肉收缩,痉挛,呼吸困难
90～100	呼吸麻痹,延续 3 s 或更长时间,则心脏麻痹或心房停止跳动	
300 及以上	作用 0.1 s 以上时,呼吸和心脏麻痹,机体组织遭到电流的热破坏	

为了保障人身安全,一定要注意实验室安全用电。务必要做到以下几点。

(1) 防止触电

① 不用潮湿的手接触电器。

② 电源裸露部分应有绝缘装置(例如电线接头处应裹上绝缘胶布)。

③ 所有电器的金属外壳都应保护接地。

④ 实验时,应先连接好电路后再接通电源。实验结束时,先切断电源再拆线路。

⑤ 修理或安装电器时,应先切断电源。

⑥ 不能用试电笔去试高压电。使用高压电源应有专门的防护措施。

⑦ 如有人触电,应迅速切断电源,然后进行抢救。

(2) 防止引起火灾

① 使用的保险丝要与实验室允许的用电量相符。

② 电线的安全通电量应大于用电功率。

③ 室内若有氢气、煤气等易燃易爆气体,应避免产生电火花。继电器工作和开关电闸时,易产生电火花,要特别小心。电器接触点(如电插头)接触不良时,应及时修理或更换。

④ 如遇电线起火,应立即切断电源,用沙或二氧化碳、四氯化碳灭火器灭火,禁止用水或泡沫灭火器等导电液体灭火。

(3) 防止短路

① 线路中各接点应牢固,电路元件两端接头不要互相接触,以防短路。

② 电线、电器不要被水淋湿或浸在导电液体中,例如实验室加热用的灯泡接口不要浸在水中。

(4) 电器仪表的安全使用

① 在使用前,先了解电器仪表要求使用的电源是交流电还是直流电,是三相电还是单相

电以及电压的大小(380 V、220 V、110 V 或 6 V)。须弄清电器功率是否符合要求及直流电器仪表的正、负极。

② 仪表量程应大于待测量。若待测量大小不明,则应从最大量程开始测量。

③ 实验之前要检查线路连接是否正确。经教师检查同意后方可接通电源。

④ 在电器仪表使用过程中,如发现有不正常声响,局部温升或嗅到绝缘漆过热产生的焦味,应立即切断电源,并报告教师进行检查。

2. 化学药品安全防护

(1) 防　毒

① 实验前,应了解所用药品的毒性及防护措施。

② 操作有毒气体(如 H_2S、Cl_2、Br_2、NO_2、浓 HCl 和 HF 等)应在通风橱内进行。

③ 苯、四氯化碳、乙醚、硝基苯等的蒸气会引起中毒。它们虽有特殊气味,但久嗅会使人嗅觉减弱,所以应在通风良好的情况下使用。

④ 有些药品(如苯、有机溶剂、汞等)能透过皮肤进入人体,应避免与皮肤接触。

⑤ 氰化物、高汞盐($HgCl_2$、$Hg(NO_3)_2$ 等)、可溶性钡盐($BaCl_2$)、重金属盐(如镉、铅盐)、三氧化二砷等剧毒药品,应妥善保管,使用时要特别小心。

⑥ 禁止在实验室内喝水、吃东西。饮食用具不要带进实验室,以防毒物污染,离开实验室前要洗净双手。

(2) 防　爆

可燃气体与空气混合,当两者比例达到爆炸极限时,受到热源(如电火花)的诱发,就会引起爆炸。一些气体的爆炸极限如表 1-2-2 所列。

表 1-2-2　与空气相混合的某些气体的爆炸极限(20 ℃,1 个大气压下)

气　体	爆炸高限(体积分数/%)	爆炸低限(体积分数/%)	气　体	爆炸高限(体积分数/%)	爆炸低限(体积分数/%)
氢	74.2	4.0	乙酸	—	4.1
乙烯	28.6	2.8	乙酸乙酯	11.4	2.2
乙炔	80.0	2.5	一氧化碳	74.2	12.5
苯	6.8	1.4	水煤气	72	7.0
乙醇	19.0	3.3	煤气	32	5.3
乙醚	36.5	1.9	氨	27.0	15.5
丙酮	12.8	2.6			

注:1 个大气压=101 kPa。

因此,使用这些气体时,务必要做到以下几点:

① 使用可燃性气体时,要防止气体逸出,室内通风要良好。

② 操作大量可燃性气体时,严禁同时使用明火,还要防止发生电火花及其他撞击火花。

③ 有些药品,如叠氮铝、乙炔银、乙炔铜、高氯酸盐、过氧化物等受振或受热都易引起爆炸,使用要特别小心。

④ 严禁将强氧化剂和强还原剂放在一起。

⑤ 久藏的乙醚使用前应除去其中可能产生的过氧化物。

⑥ 进行容易引起爆炸的实验时,应有防爆措施。

（3）防 火

① 许多有机溶剂如乙醚、丙酮、乙醇、苯等非常容易燃烧,大量使用时室内不能有明火、电火花或静电放电。实验室内不可存放过多这类药品,用后还要及时回收处理,不可倒入下水道,以免聚集引起火灾。

② 有些物质如磷、金属钠、钾、电石及金属氢化物等,在空气中易氧化自燃。还有一些金属如铁、锌、铝等粉末,比表面积大,也易在空气中氧化自燃。这些物质要隔绝空气保存,使用时要特别小心。

如果实验室着火,不要惊慌,应根据情况进行灭火。常用的灭火剂有:水、沙、二氧化碳灭火器、四氯化碳灭火器、泡沫灭火器和干粉灭火器等,可根据起火的原因选择使用。

以下几种情况不能用水灭火:

① 金属钠、钾、镁、铝粉、电石、过氧化钠着火,应用干砂灭火。

② 比水轻的易燃液体,如汽油、苯、丙酮等着火,可用泡沫灭火器。

③ 有灼烧的金属或熔融物的地方着火时,应用干砂或干粉灭火器。

④ 电气设备或带电系统着火,可用二氧化碳灭火器或四氯化碳灭火器。

（4）防灼伤

强酸、强碱、强氧化剂、溴、磷、钠、钾、苯酚、冰醋酸等都会腐蚀皮肤,特别要防止溅入眼内。液氧、液氮等低温下也会严重灼伤皮肤,使用时要小心。万一灼伤应及时治疗。

（5）汞的安全使用和汞的纯化

汞中毒分急性和慢性两种。急性中毒多为高汞盐（如 $HgCl_2$）入口所致,$0.1\sim 0.3$ g 即可致死。吸入汞蒸气会引起慢性中毒,症状有:食欲不振、恶心、便秘、贫血、骨骼和关节痛、神经衰弱等。汞蒸气的最大安全浓度为 0.1 mg $\cdot$ m^{-3},而 20 ℃时汞的饱和蒸气压为 $0.001\,2$ mmHg,超过安全浓度 100 倍。所以使用汞必须严格遵守安全用汞操作规定。

1) 安全用汞操作规定

① 不要让汞直接暴露于空气中,盛放汞的容器应在汞面上加盖一层水。

② 盛放汞的仪器下面一律放置搪瓷盘,防止汞滴散落到桌面上和地面上。

③ 一切转移汞的操作,也应在搪瓷盘内进行（盘内装水）。

④ 实验前要检查装汞的仪器是否放置稳固,橡皮管或塑料管连接处要缚牢。

⑤ 储汞的容器要用厚壁玻璃器皿或瓷器。用烧杯暂时盛汞,不可多装以防破裂。

⑥ 若有汞掉落在桌上或地面上,应先用吸汞管尽可能将汞珠收集起来,然后用硫磺盖在汞溅落的地方,并摩擦使之生成 HgS。也可用 $KMnO_4$ 溶液使其氧化。

⑦ 擦过汞或汞齐的滤纸或布必须放在有水的瓷缸内。

⑧ 盛汞器皿和有汞的仪器应远离热源,严禁把有汞的仪器放进烘箱。

⑨ 使用汞的实验室应有良好的通风设备,纯化汞应有专用的实验室。

⑩ 手上若有伤口,切勿接触汞。

2) 汞的纯化

汞中有两类杂质:一类是外部沾污,如盐类或悬浮脏物。可用多次水洗及用滤纸刺一小孔过滤去除。另一类是汞与其他金属形成的合金,例如极谱实验中,金属离子在汞阴极上还原成金属并与汞形成合金。这种杂质可选用下面几种方法纯化：

① 易氧化的金属（如 Na、Zn 等）可用硝酸溶液氧化去除，主要步骤为：把汞倒入装有毛细管或包有多层绸布的漏斗，汞分散成细小汞滴洒落在 10% 的 HNO_3 中，自上而下与溶液充分接触，金属被氧化成离子溶于溶液中，而纯化的汞聚集在底部。一次酸洗如不够纯净，可酸洗数次。

② 蒸馏。汞中溶有重金属（如 Cu、Pb 等），可用蒸汞器蒸馏提纯。蒸馏应在严密的通风橱内进行。

③ 电解提纯。汞在稀 H_2SO_4 溶液中阳极电解可有效地去除轻金属。电解电压为 5～6 V，电流为 0.2 A 左右，此时轻金属溶解在溶液中，当轻金属快溶解完时，汞才开始溶解，此时溶液变混浊，汞面有白色 $HgSO_4$ 析出。这时降低电流继续电解片刻即可结束。将电解液分离掉，汞在洗汞器中用蒸馏水多次冲洗。

3. 高压钢瓶的使用及注意事项

（1）气体钢瓶的颜色标记

我国气体钢瓶常用的标记如表 1-2-3 所列。

表 1-2-3　气体钢瓶常用标记

气体类别	瓶身颜色	标字颜色	字样
氮气	黑	黄	氮
氧气	天蓝	黑	氧
氢气	深蓝	红	氢
压缩空气	黑	白	压缩空气
二氧化碳	黑	黄	二氧化碳
氨	棕	白	氨
液氨	黄	黑	氨
氯	草绿	白	氯
乙炔	白	红	乙炔
氟氯烷	绿白	黑	氟氯烷
石油气体	灰	红	石油气
粗氩气体	黑	白	粗氩
纯氩气体	灰	绿	纯氩

（2）气体钢瓶的使用

① 在钢瓶上装上配套的减压阀。检查减压阀是否关紧，方法是逆时针旋转调压手柄至螺杆松动为止。

② 打开钢瓶总阀门，此时高压表显示出瓶内贮气的总压力。

③ 慢慢地顺时针转动调压手柄，至低压表显示出实验所需压力为止。

④ 停止使用时，先关闭总阀门，待减压阀中余气逸尽后，再关闭减压阀。

（3）注意事项

① 钢瓶应存放在阴凉、干燥、远离热源的地方。可燃性气瓶应与氧气瓶分开存放。

② 搬运钢瓶要小心轻放,钢瓶帽要旋上。

③ 使用时应装减压阀和压力表。可燃性气瓶(如 H_2、C_2H_2)气门螺丝为反丝;不燃性或助燃性气瓶(如 N_2、O_2)为正丝。各种压力表一般不可混用。

④ 不要让油或易燃有机物沾染在气瓶上(特别是气瓶出口和压力表上)。

⑤ 开启总阀门时,不要将头或身体正对总阀门,防止万一阀门或压力表冲出伤人。

⑥ 不可把气瓶内气体用光,以防重新充气时发生危险。

⑦ 使用中的气瓶每三年应检查一次,装腐蚀性气体的钢瓶每两年检查一次,不合格的气瓶不可继续使用。

⑧ 氢气瓶应放在远离实验室的专用小屋内,用紫铜管引入实验室,并安装防止回火的装置。

4. 高温装置的使用安全

物理化学实验中很多实验涉及高温装置的使用,如电炉、热电偶、热分析仪等,一旦操作错误,容易发生烧烫伤事故,还有可能引起火灾或爆炸危险等。因此,高温装置使用时操作必须十分谨慎,主要注意事项如下:

① 注意防护高温对人体的辐射。使用高温装置时,如果需要长时间注视炽热物质或高温火焰,则需要佩戴防护眼镜(使用视野清晰的绿色眼镜较好)。对于能发出很强紫外线的等离子流焰及乙炔焰的热源,除使用防护面具保护眼睛外,还要注意保护皮肤。处理熔融金属或盐等高温流体时,还需穿上皮靴类的防护鞋。

② 使用高温装置的实验,要求在防火建筑内或配备有防火设施的室内进行,并保持室内通风良好。当置于耐热性差的实验台上进行实验时,装置与台面之间要保留 1 cm 以上的间隙,以防台面着火。按照实验性质,配备最合适的灭火设备,如粉末、泡沫或二氧化碳灭火器等。

③ 熟悉高温装置的使用方法,并细心地进行操作,不得触摸高温仪器及周围的试样。

④ 按照操作温度的不同,选用合适的容器材料和耐火材料。注意,选定时亦要考虑到所要求的操作气氛及接触的物质的性质。

⑤ 高温实验禁止接触水。高温物体中一旦混入水,水即急剧汽化,发生所谓水蒸气爆炸。高温物质落入水中时,也同样产生大量爆炸性的水蒸气而四处飞溅。因此,要佩戴用难以吸水材料做的干燥手套,防止手套潮湿,导热性增大,导致手套中的水分汽化变成水蒸气而有烫伤手的危险。

5. X 射线的防护

X 射线被人体组织吸收后,对人体健康是有害的。一般晶体 X 射线衍射分析用的软 X 射线(波长较长、穿透能力较低)比医院透视用的硬 X 射线(波长较短、穿透能力较强)对人体组织伤害更大。轻的造成局部组织灼伤,如果长期接触,重的可造成白血球下降,毛发脱落,发生严重的射线病。但若采取适当的防护措施,上述危害是可以防止的。最基本的一条是防止身体各部(特别是头部)受到 X 射线照射,尤其是受到 X 射线的直接照射。因此要注意将 X 光管窗口附近用铅皮(厚度在 1 mm 以上)挡好,使 X 射线尽量限制在一个局部小范围内,不让它散射到整个房间,在进行操作(尤其是对光)时,应戴上防护用具(特别是铅玻璃眼镜)。操作人员站的位置应避免直接照射。操作完,用铅屏把人与 X 光机隔开;暂时不工作时,应关好窗

口,非必要时,人员应尽量离开 X 光实验室。室内应保持良好通风,以减少由于高电压和 X 射线电离作用产生的有害气体对人体的影响。

6. 学生实验注意事项

① 进入实验室必须遵守物理化学实验室安全守则,始终穿着实验服,佩戴防护眼镜或者防护面罩和丁腈橡胶手套,长发同学必须将头发扎起来,不得穿裙子、短裤、拖鞋、有洞凉鞋以及高跟鞋。

② 进入物理化学实验室后,需要了解消防安全设备的位置及使用方法,如灭火器、灭火毯、报警装置、安全冲淋器及洗眼器、紧急出口、急救包等。

③ 实验开始前清点仪器,如发现有破损或缺少,应立即报告教师。实验过程中如有仪器损坏,除向教师说明原因外,还应进行登记。未经教师同意,不得擅自拿用其他位置上的仪器。

④ 实验过程中,遵守实验纪律,保持肃静,集中精力,认真操作。仔细观察现象,如实记录结果,积极思考问题,严禁在实验室中嬉戏追逐打闹,注意用电、用水、用气安全,严禁在实验室中饮食。

⑤ 实验室废弃物应遵照废弃物处理规范,将废弃物按照类别分别投放到指定的收集容器中,切不可随意倾倒、丢弃到下水道中,防止发生安全事故及造成环境污染。

⑥ 实验时要小心地使用仪器和实验设备,注意节约水、电及药品。发现仪器出现故障时,应立即停止使用,并及时报告指导教师。

⑦ 实验时必须按实验要求进行操作,了解用电常识,注意用电安全。

⑧ 实验完毕后将玻璃仪器洗涤干净,放回原处。整理好桌面,打扫干净水槽和地面,最后洗净双手。

⑨ 实验完毕后必须检查电源是否切断,水龙头是否关闭等。实验室内的一切物品(仪器、药品等)不得带离实验室。

三、物理化学实验的数据记录与处理

物理化学研究中,实验往往需要借助仪器设备对某一物理化学性质和化学反应性能进行测定,测定结果多为间接的。因此,需要对实验数据进行大量计算,数据处理繁琐,其中部分实验需要通过数据处理、图形绘制、数据分析等对实验测量数据进行表达。如采用图解法直观显示研究变量的变化趋势,还可以通过图中的曲线外推、拐点或转折点,以及函数线性拟合等对数据进行处理;采用列表法表示测定的实验数据,将自变量和因变量对应起来,获得不同自变量下因变量的数值;采用方程式法将各个变量之间的关系通过函数关系式表示出来,如利用线性方程的斜率和截距求出需测的物理量,等等。采用计算机软件辅助处理数据可以减少误差,实验结果精确可靠,且快速便捷。因此,数据信息的处理与图形表达在物理化学实验中有着非常重要的地位。

有关数据记录及误差处理在之前的化学实验课程中已经有详细的讲解,本部分主要介绍借助 Excel 和 Origin 软件处理实验数据的基本方法。

1. Excel 软件处理实验数据的操作简介

Excel 是物理化学实验课程中常用的实验数据处理软件之一,使用过程中主要包括数据导入、作图及线性拟合等。下面对其操作进行简要介绍。

首先，将数据通过"数据"这一模块导入 Excel 表。可以直接输入或粘贴进来，还可以对 Access、网站、文本、其他来源等方式的数据进行导入。

然后，根据线性规划要求处理数据，对原始数据进行作图。通过选中数据（可以随便选）→插入→图表→散点图过程完成。具体为：认真选择数据并处理，右击图表→选择数据→选择 X 和 Y 的数据。选择的时候可以直接拉动选择单元格区域，有时候选择的数据太多，这时就可以用到快捷键。对于连续区域，先选中你所需要表格的最左上角，然后按 Shift 键，单击图表右下角，就可以选中了。若不连续，则可以按 Ctrl 键并单击所选单元格，就可以选中；再单击"确定"按钮，就可以得到原始的图。

如需进一步处理，比如线性相关拟合，就需要用到函数，比如求斜率、截距、相关性系数等。同时，如果需要将线性函数显示在图上，则可以通过再做一张表实现。具体做法为：建一列横坐标，与原来的横坐标一模一样，纵坐标＝斜率×横坐标＋截距，下拉自动填充，然后添加数据到图表，就会显示得到处理的数据。

2. Origin 软件处理实验数据的操作简介

Origin 是由 OriginLab 公司开发的一款科学绘图、数据分析软件，支持各种各样的 2D/3D 图形。Origin 软件数据处理的基本功能有对数据进行函数计算或输入表达式计算，数据排序，选择需要的数据范围，数据统计、分类、计数、关联、t-检验等。Origin 软件图形处理基本功能有数据点屏蔽、平滑、FFT 滤波、差分与积分、基线校正、水平与垂直转换、多个曲线平均、插值与外推、线性拟合、多项式拟合、指数衰减拟合、指数增长拟合、S 形拟合、Gaussian 拟合、Lorentzian 拟合、多峰拟合、非线性曲线拟合等。

在物理化学实验数据处理过程中，主要用到 Origin 软件的功能包括对数据进行函数计算或输入表达式计算、数据点屏蔽、线性拟合、插值与外推、多项式拟合、非线性曲线拟合、差分等。下面简要介绍一下这些操作。

在对数据进行函数计算或输入表达式计算的操作时，常用到工具栏的 File、Edit 和 Analysis。首先在工作表中输入实验数据（或采用粘贴文本以及其他来源等方式对数据进行导入），右击需要计算的数据行顶部，从快捷菜单中选择 Set Column Values，在文本框中输入需要的函数、公式和参数，单击 OK 按钮，即刷新该行的值。

Origin 可以屏蔽单个数据或一定范围的数据，用以去除不需要的数据。屏蔽图形中的数据点操作时，首先打开 View 菜单中 Toolbars，选择 Mask，然后单击 Close。单击工具条上 Mask point toggle 图标，双击图形中需要屏蔽的数据点，数据点变为红色，即被屏蔽。单击工具条上 Hide/Show Mask Points 图标，隐藏屏蔽数据点。

在线性拟合的操作时，首先绘出散点图，选择 Analysis 菜单中的 Fit Linear 或 Tools 菜单中的 Linear Fit，即可对该图形进行线性拟合。结果记录中显示拟合直线的公式、斜率和截距的值及其误差，以及相关系数和标准偏差等数据。

在插值与外推的操作时，线性拟合后，在图形状态下选择 Analysis 菜单中的 Interpolate/Extrapolate，在对话框中输入最大 X 值和最小 X 值及直线的点数，即可对直线进行插值和外推。

同时，Origin 提供了多种非线性曲线拟合方式：

① 在 Analysis 菜单中提供了如下拟合函数：多项式拟合、指数衰减拟合、指数增长拟合、

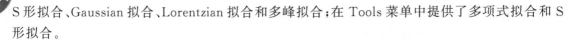

S 形拟合、Gaussian 拟合、Lorentzian 拟合和多峰拟合;在 Tools 菜单中提供了多项式拟合和 S 形拟合。

② Analysis 菜单中的 Non-linear Curve Fit 选项提供了许多拟合函数的公式和图形。

③ Analysis 菜单中的 Non-linear Curve Fit 选项可让用户自定义函数。

多项式拟合适用于多种曲线,且方便易行。操作时,首先对数据作散点图,选择 Analysis 菜单中的 Fit Polynomial 或 Tools 菜单中的 Polynomial Fit,打开多项式拟合对话框,设定多项式的级数、拟合曲线的点数、拟合曲线中 X 的范围,单击 OK 按钮或 Fit 即可完成多项式拟合。结果记录中显示拟合的多项式公式、参数的值及其误差,R^2(相关系数的平方)、SD(标准偏差)、N(曲线数据的点数)、P 值($R^2 = 0$ 的概率)等。

差分即对曲线求导,在需要作切线时用到。可对曲线拟合后,对拟合的函数手工求导,或用 Origin 对曲线差分,操作时,首先选择需要差分的曲线,点击 Analysis 菜单中 Calculus/Differentiate,即可对该曲线差分。

另外,Origin 可打开 Excel 工作簿,调用其中的数据,进行作图、处理和分析。Origin 中的数据表、图形以及结果记录可复制到 Word 文档中,并进行编辑处理。关于 Origin 软件的其他更详细的用法,请参照 Origin 用户手册及有关参考资料。

第二部分　物理化学测量技术与方法

一、温度及其控制技术

1. 温　标

温度是表征物体冷热程度的物理量。温度只能通过物体随温度变化的某些特性来间接测量,而用来量度物体温度数值的标尺叫温标,它规定了温度的读数起点(零点)和测量温度的基本单位。目前国际上用得较多的温标有华氏温标、摄氏温标、热力学温标和国际实用温标。

摄氏温标(单位℃)规定:在标准大气压下,冰的熔点为 0 ℃,水的沸点为 100 ℃,中间划分 100 等份,每等份为 1 ℃。

华氏温标(单位℉)规定:在标准大气压下,冰的熔点为 32 ℉,水的沸点为 212 ℉,中间划分 180 等份,每等份为 1 ℉。

热力学温标(符号 T)又称开尔文温标(单位 K),或绝对温标,它规定分子运动停止时的温度为绝对零度。

国际温标:国际实用温标是一个国际协议性温标,它与热力学温标相接近,而且复现精度高,使用方便。目前国际通用的温标是 1975 年第 15 届国际权度大会通过的《1968 年国际实用温标》(1975 年修订版),即 IPTS-68(REV-75)。但由于 IPTS-68 温度存在一定的不足,国际计量委员会在第 18 届国际计量大会第 7 项决议授权予 1989 年会议通过了 1990 年国际温标 ITS-90,用 ITS-90 替代 IPTS-68。我国自 1994 年 1 月 1 日起全面实施 ITS-90 国际温标。

1990 年国际温标:

温度单位:热力学温度是基本物理量,它的单位为开尔文(K),定义为水三相点的热力学温度的 1/273.16,使用了与 273.15 K(冰点)的差值来表示温度,因此现在仍保留这个方法。根据定义,摄氏度的大小等于开尔文,温差亦可用摄氏度或开尔文来表示。国际温标 ITS-90 同时定义了国际开尔文温度(符号 T_{90})和国际摄氏温度(符号 t_{90})。

国际温标 ITS-90 的通则:ITS-90 由 0.65 K 向上到普朗克辐射定律,使用单色辐射实际可测量的最高温度。ITS-90 是这样制定的,即在全量程,任何于温度采纳时 T 的最佳估计值,与直接测量热力学温度相比,T_{90} 的测量要方便得多,而且更为精密,并且有很高的复现性。

ITS-90 的定义:

第一温区为 0.65～5.00 K 之间,T_{90} 由 3He 和 4He 的蒸汽压与温度的关系式来定义。

第二温区为 3.0 K 到氖三相点(24.566 1 K)之间,T_{90} 是由氦气体温度计来定义的。

第三温区为平衡氢三相点(13.803 3 K)到银的凝固点(961.78 ℃)之间,T_{90} 是由铂电阻温度计来定义的,它使用一组规定的定义内插法来分度。银凝固点(961.78 ℃)以上的温区,T_{90} 是按普朗克辐射定律来定义的,复现仪器为光学高温计。

2. 温度计

(1) 水银温度计

水银温度计是实验室常用的温度计,具有水银容易提纯、热导率大、比热容小、膨胀系数较均匀、不易附着在玻璃壁上、不透明、便于读数等优点。水银温度计适用范围为 238.15～633.15 K(水银的熔点为 234.45 K,沸点为 629.85 K),如果用石英玻璃作管壁,充入氮气或氩气,最高使用温度可达到 1 073.15 K。如果水银中掺入 8.5% 的铊(Tl),则可以测量到 213.2 K 的低温。

水银温度计的读数误差来源主要有:玻璃毛细管的内径不均匀导致水银膨胀不均匀;温度计的水银球受热后体积改变;使用中,水银温度计有部分处于被测体系之外。

因此在使用温度计时要进行读数校正,通常只对后面两种因素引起的误差进行读数校正。

1) 读数校正(零点校正)

一方面,可以纯物质的熔点或沸点作为标准进行校正。另一方面,也可以标准水银温度计为标准,与待校正的温度计同时测定某一体系的温度,将对应值一一记录,作出校正曲线。使用时利用校正曲线对温度计进行校正。

标准水银温度计由多支测量范围不同的温度计组成,每支都经过计量部门的鉴定,读数准确。

2) 露茎校正

"非全浸"的温度计常在背后附有浸入量的校正刻度。一般常用的多是"全浸"温度计,但在使用时往往不可能做到"全浸"状态,因此必须按照图 2-1-1 进行校正,计算公式如下:

$$t_c = t + kh(t - t_0) \tag{2-1-1}$$

式中:t 是温度的正确值;t_c 是温度计的读数值;t_0 是辅助温度计的读数值(放置在露出器外水银柱一半位置处);h 是露出待测体系外部的水银柱长度,称为露茎高度(以读数表示);k 是水银对于玻璃的膨胀系数,使用摄氏度时,$k = 0.000 16$。

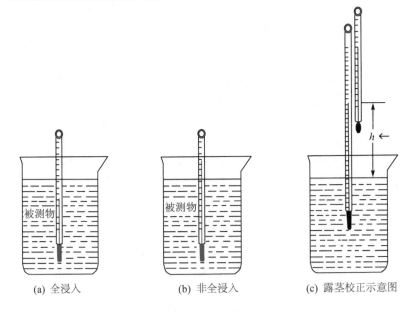

(a) 全浸入 (b) 非全浸入 (c) 露茎校正示意图

图 2-1-1 温度计的露茎校正

使用水银温度计的注意事项主要包括：

① 温度计应尽可能垂直放置，以免温度计内部水银压力不同而引起误差。

② 防止骤冷骤热，以免引起破裂和变形。

③ 不能以温度计代替搅拌棒。

④ 根据测量需要，选择不同量程、不同精度的温度计。

⑤ 根据测量精度需要对温度计进行各种校正。

⑥ 温度计插入待测体系后，待体系温度与温度计之间的热传导达到平衡后再进行读数。

（2）贝克曼（Beckmann）温度计

贝克曼温度计是一种能够精确测量温差的温度计，见图 2-1-2。有些实验，如用燃烧热、凝固点降低法测相对分子质量等，要求测量的温度准确到 0.002 ℃，显然一般的水银温度计不能满足要求，但贝克曼温度计可以达到此测量精度要求。它不能测量温度的绝对值，但可以很精确地测量温差。它与普通温度计的区别在于下端有一个大的水银球，球中的水银量根据不同的起始温度而定，它是借助于温度计顶端的贮汞槽来调节的，刻度范围只有 5~6 ℃，每度又分为 100 等份。借助于放大镜可以读准到 0.01 ℃，估计到 0.002 ℃。调节时只要把一定的水银移出或移入毛细管顶端的贮汞槽就可以了。显然，被测体系的温度越低，水银量就要越大。

贝克曼温度计的调节方法如下：

① 接通水银柱。通过甩和温热水银球的方法使上下水银接通，中间任何地方不准断开。

② 调节水银量。首先测量（或估计）a 到 b 一段长度所对应的温度。将贝克曼温度计与另一支普通温度计插入盛水的烧杯中，加热烧杯，贝克曼温度计中的水银柱就会上升，由普通温度计可以读出 a 到 b 段长度所对应的温度值，设为 R ℃。

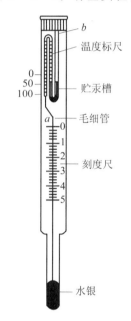

图 2-1-2 下降式贝克曼温度计
（a 为最高刻度；b 为毛细管末端）

把温度计的水银球插入比待测温度高出 $(5+R)$℃（沸点升高的确定）或高出 R ℃（对凝固点降低的测定）的水中（水的温度可由一支水银温度计量出），待平衡后，迅速将贝克曼温度计取出，用甩或轻轻振动的方法使水银在毛细管与贮槽接点处断开，把多余的水银移到贮汞槽处。

③ 验证所调温度。把调好的贝克曼温度计断开水银丝后，插入 t ℃的水中，检查水银柱是否落在预先确定的刻度内，如不合适，应检查原因，重新调节。

由于不同温度下水银密度不同，因此在贝克曼温度计上每 100 小格未必真正代表 1 ℃，因此在不同温度范围内使用时，必须作刻度的校正，校正值如表 2-1-1 所列。

贝克曼温度计下端水银球的玻璃很薄，中间的毛细管很细，价格较贵。因此，使用贝克曼温度计时要特别小心，不要将其同任何硬的物件相碰，不要骤冷、骤热，用后必须立即放回盒内，不可任意放置。

表 2-1-1　贝克曼温度计读数校正值表

调整温度/℃	读数 1 ℃相当的摄氏度数	调整温度/℃	读数 1 ℃相当的摄氏度数
0	0.993 6	55	1.009 3
5	0.995 3	60	1.010 4
10	0.996 9	65	1.011 5
15	0.998 5	70	1.012 5
20	1.000 0	75	1.013 5
25	1.001 5	80	1.014 4
30	1.002 9	85	1.015 3
35	1.004 3	90	1.016 1
40	1.005 6	95	1.016 9
45	1.006 9	100	1.017 6
50	1.008 1		

（3）其他液体温度计

其他液体温度计也是利用液体热胀冷缩的原理指示温度。水银温度计测量的下限为 238.15 K，更低的温度必须用其他方法测量。最简单的方法就是将水银温度计中的水银改用凝固点更低的液体，而其结构不变。常用的液体含有 8.5% 铊汞齐（可测至 213 K）、甲苯（可测至 173 K）和戊烷（可测至 83 K）等。普通的酒精温度计也属于这一类，但酒精在各温度范围内体积膨胀线性不好，准确度较差，一般仅在精确度要求不高的工作中使用。有机溶剂组成的温度计还常常加入一些有色物质，以便于观察。

（4）电阻温度计

电阻温度计是利用物质的电阻随温度变化的特性制成的测温仪器。任何物体的电阻都与温度有关，因此都可以用来测量温度。但是，能满足温度测量要求的物体并不多。在实际应用中，不仅要求感温物质有较高的灵敏度，而且要求有较高的稳定性和重现性。目前，按感温元件的材料来分，用于电阻温度计的材料有金属导体和半导体两大类。金属导体有铂、铜、镍、铁和铑铁合金。目前大量使用的材料为铂、铜和镍。铂制成的为铂电阻温度计，铜制成的为铜电阻温度计等，都属于定型产品。半导体有锗、碳和热敏电阻（氧化物）等。

1）铂电阻温度计

铂容易提纯，化学稳定性高，电阻温度系数稳定且重现性很好。所以，铂电阻与专用精密电桥或电位差计组成的铂电阻温度计有极高的精确度，被选定为 13.81～903.89 K 温度范围的标准温度计。

铂电阻温度计用的纯铂丝，必须经 933.35 K 的退火处理，绕在交叉的云母片上，密封在硬质玻璃管中，内充干燥的氦气，成为感温元件，用电桥法测定铂丝电阻。

2）热敏电阻温度计

由金属氧化物半导体材料制成的电阻温度计也叫热敏电阻温度计，热敏电阻的电阻值会随着温度的变化而发生显著的变化，它是一个对温度变化极其敏感的元件。它对温度的灵敏度比铂电阻、热电偶等其他感温元件高得多。目前，常用的热敏电阻能直接将温度变化转换成电性能，如电压或电流的变化，测量电性能变化就可得到温度变化的结果。

热敏电阻与温度之间并非线性关系,但当测量温度范围较小时,可近似为线性关系。实验证明,其测定温差的精度足以和贝克曼温度计相比,而且还具有热容量小、响应快、便于自动记录等优点。现在,实验中已用此种温度计制成的温差测量仪代替贝克曼温度计。

(5)热电偶温度计

两种不同金属导体构成一个闭合线路,如果连接点温度不同,回路中将会产生一个与温差有关的电势,称为温差电势,这样的一对金属导体称为热电偶(见图2-1-3),可以利用其温差电势测定温度。但也不是任意两种不同材料的导体都可做热电偶。对热电偶材料的要求是,物理化学性质稳定,在测定的温度范围内不发生蒸发和相变现象,不发生化学变化,不易氧化、还原,不易腐蚀;热电势与温度呈简单函数关系,最好是呈线性关系;微分热电势要大,电阻温度系数要比电导率高;易于加工,重复性好;价格便宜。不同材质的热电偶适用温度范围及热电势系数如表2-1-2所列。

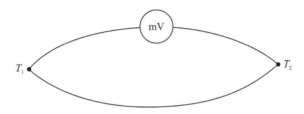

图2-1-3 热电偶示意图

表2-1-2 热电偶基本参数

材质及组成	新分度号	旧分度号	适用温度范围/K	热电势系数/(mV·K^{-1})
铁-康铜(CuNi40)		FK	0~1 073	0.054 0
铜-康铜	T	CK	73~573	0.042 8
镍铬 10-考铜(CuNi43)		EA-2	273~1 073	0.069 5
镍铬-考铜		NK	273~1 073	
镍铬-镍硅	K	EU-2	273~1 573	0.041 0
镍铬-镍铝(NiAl2Si1Mg2)			273~1 373	0.041 0
铂-铂铑 10	S	LB-3	273~1 873	0.006 4
铂铑 30-铂铑 6	B	LL-2	273~2 073	0.000 34
钨铼 5-钨铼 20		WR	273~473	

这些热电偶可用相应的金属导线熔接而成。铜和康铜熔点较低,可蘸以松香或其他非腐蚀性的焊药在煤气焰中熔接。但其他几种热电偶则需要在氧焰或电弧中熔接。焊接时,先将两根金属线末端的一小部分拧在一起,在煤气灯上加热至200~300 ℃,沾上硼砂粉末,然后让硼砂在两金属丝上熔成一个硼砂球,以保护热电偶丝不被氧化,再利用氧焰或电弧使两金属熔接在一起。

应用时一般将热电偶的一个接点放在待测物体(热端)中,而另一接点则放在储有冰水的保温瓶(冷端)中,这样可以保持冷端的温度稳定,如图2-1-4所示。有时为了使温差电势增大,提高测量精确度,可将几个热电偶串联成热电堆使用,热电堆的温差电势等于各个热电偶电势之和。

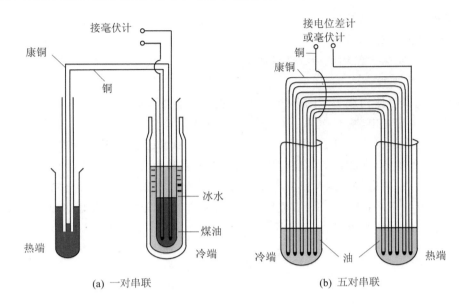

(a) 一对串联   (b) 五对串联

图 2-1-4 热电偶的连接方式

温差电势可以用电位差计或毫伏计测量。精密的测量可使用灵敏检流计或电位差计。使用热电偶温度计测定温度,就得把测得的电动势换算成温度值,因此就要作出温度与电动势的校正曲线。

1) 热电偶的校正方法

① 利用纯物质的熔点或沸点进行校正:由于纯物质发生相变时的温度是恒定不变的,因此,挑选几个已知沸点或熔点的纯物质分别测定其加热或步冷曲线(mV-T 关系曲线),曲线上水平部分所对应的 mV 数即相应于该物质的熔点或沸点,据此作出 mV-T 曲线,即为热电偶温度计的工作曲线。在以后的实际测量中,只要使用的是这套热电偶温度计,就可使用这条工作曲线确定待测体系的温度。

② 利用标准热电偶校正:将待校热电偶与标准热电偶(电势与温度的对应关系已知)的热端置于相同的温度处,进行一系列不同的温度点的测定,同时读取 mV 数,借助于标准热电偶的电动势与温度的关系而获得待校热电偶温度计的一系列 mV-T 关系,制作工作曲线。高温下,一般常用铂-铂铑为标准热电偶。

2) 使用热电偶温度计应注意的问题

易氧化的金属热电偶(铜-康铜)不应插在氧化气氛中,易还原的金属热电偶(铂-铂铑)则不应插在还原气氛中。

热电偶可以和被测物质直接接触的,一般都直接插在被测物中;如不能直接接触的,则需将热电偶插在一个适当的套管中,再将套管插在待测物中,且在套管中加适当的石蜡油,以便改进导热情况。

冷端的温度需保证准确不变,一般放在冰水中。

接入测量仪表前,须先小心判别其"+""-"端。

选择热电偶时应注意,在适用温度范围内,温差电势与温度最好呈线性关系,并且选温差电势的温度系数大的热电偶,以提高测量的灵敏度。

（6）恒温技术及装置

物质的物理化学性质，如粘度、密度、蒸气压、表面张力、折光率等都随温度而改变，要测定这些性质必须在恒温条件下进行。一些物理化学常数如平衡常数、化学反应速率常数等也与温度有关，这些常数的测定也需恒温，因此，掌握恒温技术非常必要。

恒温控制可分为两类，一类是利用物质的相变点温度来获得恒温，如液氮（77.3 K）、干冰（194.7 K）、冰-水（273.15 K）、$NaSO_4 \cdot 10H_2O$（305.6 K）、沸水（373.15 K）、沸萘（491.2 K）等。这些物质处于相平衡时构成一个"介质浴"，将需要恒温的研究对象置于这个介质浴中，就可以获得一个高度稳定的恒温条件；如果介质是纯物质，则恒温的温度就是该介质的相变温度，而不必另外精确标定。其缺点是恒温温度不能随意调节。另外一类是利用电子调节系统进行温度控制，如电冰箱、恒温水浴、高温电炉等。此方法控温范围宽，可以任意调节设定温度。

电子调节系统种类很多，但从原理上讲，它必须包括三个基本部件，即变换器、电子调节器和执行系统。变换器的功能是将被控对象的温度信号变换成电信号；电子调节器的功能是对来自变换器的信号进行测量、比较、放大和运算，最后发出某种形式的指令，使执行系统进行加热或制冷（见图 2-1-5）。电子调节系统按其自动调节规律，可以分为断续式二位置控制和比例-积分-微分（PID）控制两种。

图 2-1-5　电子调节系统的控温原理

1）断续式二位置控制

实验室常用的电烘箱、电冰箱、高温电炉和恒温水浴等，大多采用这种控制方法。变换器的形式有多种，简单介绍如下：

① 双金属膨胀式。利用不同金属的线膨胀系数不同，选择线膨胀系数差别较大的两种金属，线膨胀系数大的金属棒在中心，另外一个套在外面，两种金属内端焊接在一起，外套管的另一端固定，如图 2-1-6 所示。在温度升高时，中心的金属棒便向外伸长，伸长长度与温度成正比。通过调节触点开关的位置，可使其在不同温度区间内接通或断开，达到控制温度的目的。其缺点是控温精度差，一般有几 K 范围。

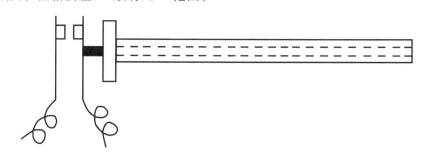

图 2-1-6　双金属膨胀式温度控制器示意图

② 导电表。若控温精度要求在 1 K 以内，实验室多用导电表（水银接触温度计）作变换器。接触温度计的控制主要是通过继电器来实现的。

③ 动圈式温度控制器。温度控制表、双金属膨胀类变换器不能用于高温，而动圈式温度控制器可用于高温控制。采用能工作于高温的热电偶作为变换器，动圈式温度控制器的原理

如图 2-1-7 所示。

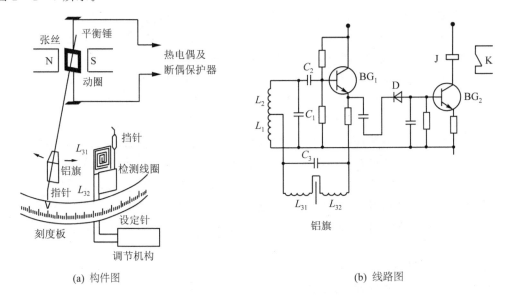

(a) 构件图   (b) 线路图

图 2-1-7 动圈式温度控制器

插在电炉中的热电偶将温度信号变为电信号,加于动圈式毫伏表的线圈上。该线圈用张丝悬挂于磁场中,热电偶的信号可使线圈有电流通过而产生感应磁场,与外磁场作用使线圈转动。当张丝扭转产生的反力矩与线圈转动的力矩平衡时,转动停止。此时动圈偏转的角度与热电偶的热电势成正比。动圈上装有指针,指针在刻度板上指出了温度数值。指针上装有铝旗,在刻度板后装有前后两半的检测线圈和控温指针,可机械调节左右移动,用于设定所需的温度。当加热时铝旗随指示温度的指针移动,且上升到所需温度时,铝旗进入检测线圈,与线圈平行切割高频磁场,产生高频涡流电流使继电器断开而停止加热;当温度降低时,铝旗走出检测线圈,使继电器闭合又开始加热。这样使加热器断、续工作。炉温升至给定温度时,加热器停止加热;炉温低于给定温度时,再开始加热,温度起伏大,控温精度差。

2) 比例-积分-微分控制(PID)

随着科学技术的发展,要求控制恒温和程序升温或降温的范围日益广泛,要求的控温精度也大大提高,在通常温度下,使用上述的断续式二位置控制器比较方便,但是由于只存在通、断两个状态,电流大小无法自动调节,控制精度较低,特别在高温时精度更低。20 世纪 60 年代以来,控温手段和控温精度有了新的进展,广泛采用 PID 调节器,使用可控硅控制加热电流随偏差信号大小而作相应变化,提高了控温精度。

可控硅自动控温仪仍采用动圈式测量机构,但其加热电压按比例(P)积分(I)和微分(D)调节,达到精确控温的目的。

PID 调节中的比例调节是调节输出电压与输入量(偏差电压)的比例关系。比例调节的特点是,在任何时候输出和输入之间都存在一一对应的比例关系,温度偏差信号越大,调节输出电压越大,使加热器加热速度越快;温度偏差信号变小,调节输出电压变小,加热器加热速率变小;当偏差信号为 0 时,比例调节器输出电压为 0,加热器停止加热。这种调节,速度快,但不能保持恒温,因为停止加热会使炉温下降,下降后又有偏差信号,再进行调节,使温度总是在波动。为改善恒温情况,而再加入积分调节。积分调节是调节输出量与输入量随时间的积分成比例关系,偏差信号存在,经长时间的积累,就会有足够的输出信号。若把比例调节、积分调节结合起来,在偏差信号大时,比例调节起作用,调节速度快,很快使偏差信号变小;当偏差信号接近零时,积分调节起作用,仍能有一定的输出来补偿向环境散发的热量,使温度保持不变。微分调节是调节输出量与输入量变化速度之间的比例关系,即微分调节是由偏差信号的增长速度的大小来决定调节作用的大小。不论偏差本身数值有多大,只要这个偏差稳定不变,微分调节就没有输出,不能减小这个偏差,所以微分调节不能单独使用。控温过程中加入微分调节可以加快调节过程,在温差大时,比例调节使温差变化,这时再加入微分调节,根据温差变化速度输出额外的调节电压,加快了调节速度。当偏差信号变小,偏差信号变化速率也变小时,积分调节发挥作用,随着时间的延续,偏差信号越小,发挥主要作用的就越是积分调节,直到偏差为0、温度恒定。所以 PID 调节具有调节速度快、稳定性好、精度高的自动调节功能。

实验室常用的可控硅自动控温仪有两种:一种是各部分装在一起,组成一台完整的仪器,只要把热电偶连上就可以使用了;另外一种是由 XCT - 191 动圈式温度指示调节仪和 ZK - 1 型可控硅电压调节器两部分组成的,用时要根据炉子的功率配上合适的可控硅,根据说明书连在一起。电路情况和操作步骤参阅说明书。另外,随着科学技术的发展,控温更精确的智能控温仪也被研发出来,并广泛地应用到各个领域。

3. 控温与恒温

物质的许多物理化学性质,如粘度、折光率、表面张力、密度以及化学反应平衡常数、速率常数等都与温度密切相关,因此控制温度使研究的对象处于恒温状态在大多数化学实验中都是必要的。通常恒温状态可以分成高温(>250 ℃)、常温(室温～250 ℃)以及低温(室温～-128 ℃)三类,这里主要介绍常温控温。

（1）控温的原理

常温区间的控温装置通常是恒温槽。恒温槽内的液体介质由于有较大的热容和较好的导热性,使控温的稳定性和灵敏度都有很大的提高。根据不同的控温范围,选择不同的液体介质:一般在 0～90 ℃采用水浴控温;当温度超过 50 ℃时,为防止水分蒸发,可在水面上铺展一层液体石蜡;超过 90 ℃常用液体石蜡、甘油或甘油水溶液;更高的温度可用硅油作介质。低温(-60～30 ℃)可用乙醇或乙醇水溶液作介质。

控温的原理有两种:一种是利用物质的相变点来获得恒温,如冰水混合物;另一种是采用负反馈的调节电路来控制加热器的开关状态,这是广泛使用的恒温方法(见图 2 - 1 - 8)。

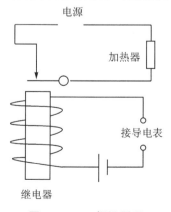

图 2 - 1 - 8　恒温原理

（2）恒温槽主要部件

恒温槽的主要部件有温控器、加热器、搅拌器、槽体以及精密温度计等。

温控器是恒温槽的核心部件,直接关系到恒温器的性能。实验室常用的有水银接点温度计(也称导电表)(见图 2－1－9)、热敏电阻元件等。导电表的下半段是水银温度计,但毛细管内有一根可上下移动的金属丝;另外,从末端水银槽内也引出一根金属丝,它们与电子继电器相连。导电表顶端的永磁铁帽旋转产生的力矩通过一根螺杆传动到毛细管内的金属丝上,使其产生上下移动。毛细管后部的刻度标牌即为温度刻度。调节温度时通过转动磁帽使螺杆上的金属指示块指定在所需的温度上。当加热器加热使水银柱上升到与毛细管内金属丝接触时,通过负反馈电路停止加热,从而达到控温的目的。

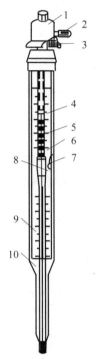

1—调节帽;2—固定螺丝;3—磁铁;
4—指示铁块;5—钨丝;6—调节螺杆;
7—铂丝接点;8—铂弹簧;9—水银柱;
10—铂丝接点

图 2－1－9　水银接点温度计

由于导电表内的金属丝允许通过的电流很小,加热器不能直接与其相连,因此在二者之间加进一继电器,它的作用是将导电表中弱的信号电流经控制电路放大后去开关加热器。

由于电子技术和传感器的发展,现在更多的是使用热敏电阻作为感温元件。当热敏电阻感受的温度低于预设的温度时,通过直流电桥电压比较器输出电压,使加热器加热;当热敏电阻感受温度高于或等于预设的温度时,则电压输出为 0,停止加热,直到温度下降到一定程度后加热器重新启动,可见这仍然是一个负反馈的控制过程。

加热器通常是电加热,其功率大小根据恒温槽容积大小和需要的温度高低来确定。若是小型恒温槽恒温在 25 ℃附近,采用 100 W 白炽灯泡即可。对加热器总的要求是导热优良,散热面积大,功率适当。

搅拌器的作用是对液体介质进行搅动,保证恒温槽各部分的温度均匀。搅拌效果与搅拌器的功率、形状、位置均有关系,搅拌器的桨叶应处于加热器的附近,使高温区的液体迅速流至恒温区。搅拌器功率与恒温槽容积应相匹配,桨叶应该有适当的片数及面积。

槽体是液体介质的容器,应有足够的容积使其有较大的热容,若是利用液体循环来恒温,则工作槽容积应较小,减少温度控制的滞后性。对于需要直接观察恒温系统变化的情形,宜采用玻璃槽体。

温度计通常采用 1/10 温度计,对于更精确的测定可采用热敏电阻温度计、贝克曼温度计等。

实验室中另一经常使用的恒温槽是超级恒温器,其结构及原理与普通恒温槽相同,仅多一个循环泵,能将浴箱中的恒温介质泵出,循环流经待测体系,使体系获得恒温效果。其优点是不必将整个测量系统均浸没在介质中。

（3）恒温控制

由于热量在介质中传递需要时间,在控温过程中往往出现加热时温度高于指定的温度,降温时又会出现滞后的现象,因此所谓"恒温"并不是控制温度固定不变,而是在一定范围内波动。恒温槽越灵敏,即表示其波动范围较小,温度越均匀,灵敏度是衡量恒温槽性能的主要参数。其测定方法是在指定温度下测定液体介质随时间的变化,每隔一定时间记录一次温度值,绘出温度-时间曲线(见图 2-1-10),在曲线上的最高温度 T_1 与最低温度 T_2 差值的一半定义为灵敏度 T_E,即 $T_E = \pm \dfrac{T_1 - T_2}{2}$。$T_E$ 越小,恒温槽灵敏度越高,性能越佳,它与恒温槽各个部件的性能、质量有关,还与这些部件的相互配置及搅拌有关。一般来说,液体介质的导热性好、热容大,则精度高;加热器的热容小、功率小,则精度高;搅拌越充分,温度越均匀,波动越小。另外,加热器与搅拌器要充分接近,温度计也应在搅拌器附近,使介质能迅速达成热平衡,待测体系则应放置在温度计附近。

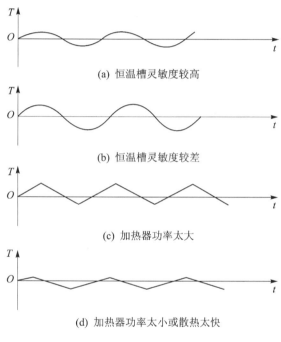

(a) 恒温槽灵敏度较高

(b) 恒温槽灵敏度较差

(c) 加热器功率太大

(d) 加热器功率太小或散热太快

图 2-1-10　恒温效果的评价方法

二、压力及其测量技术

1. 压力及其测量

压力是描述体系状态的一个重要物理量。在化学热力学和动力学的研究中,许多物理化学性质,如熔沸点、蒸气压等都与压力有关。因此,压力的测量具有重要的意义。

在物理化学实验中,根据实验条件的不同,经常涉及的压力包括高压、中压、常压和负压(真空度)。不同压力范围,其测量方法也不一样。

（1）压力的表示

压力指均匀而垂直作用于单位面积上的力,对应于物理概念中的压强,用符号 p 表示。在国际单位制中,压力的单位为帕斯卡(Pascal),简称帕,用符号 Pa 表示,其物理意义是 1 N

力垂直均匀地作用于 1 m² 面积上所产生的压力,称为 1 Pa,即

$$1 \text{ Pa} = \frac{1 \text{ N}}{1 \text{ m}^2}$$

目前,在工程技术上,工程大气压、物理大气压、巴、毫米汞柱和毫米水柱等压力单位仍在使用。我国已规定国际单位帕斯卡为压力的法定计量单位。

在具体测量中,压力有三种表示方式,即绝对压力、表压力、真空度或负压;此外,还有压力差(差压)。

绝对压力是指被测介质作用在物体单位面积上的全部压力,是物体所受的实际压力。

表压力是指绝对压力与大气压力的差值。当差值为正时,称为表压力,简称压力;当差值为负时,称为负压或真空。该负压的绝对值称为真空度。

差压是指两个压力的差值。习惯上把较高一侧的压力称为正压力,较低一侧的压力称为负压力。但应注意的是正压力不一定高于大气压力,负压力也并不一定低于大气压力。

各种测量仪表通常是处于大气之中,也承受着大气压力,只能测出绝对压力与大气压力之差,所以经常采用表压和真空度来表示压力的大小。所以,一般的压力测量仪表所指示的压力也是表压或真空度。因此,以后所提压力,除有特殊说明外,均指表压力。

(2)压力的测量方法

目前,压力的测量方法很多,按照信号转换原理的不同,一般可分为四类。

1)液柱式压力测量

该方法是根据流体静力学原理,把被测压力转换成液柱高度差进行测量。一般采用充有水或水银等液体的玻璃 U 形管或单管进行小压力、负压和差压的测量,如福廷式气压计、U 形管压力计等。

2)弹性式压力测量

该方法是根据弹性元件受力变形的原理,将被测压力转换成弹性元件的位移或力进行测量。该方法只能测量表压和负压,通过传动机构直接对被测的压力进行就地指示。常用的弹性元件有弹簧管、弹性膜片和波纹管。实验室常用的是单管弹簧式压力计,当被测压力系统的气体从弹簧管固定端进入时,通过弹簧管自由端的位移带动指针运动,指示压力值。该测量方法具有结构简单、使用方便和价格低廉的特点,应用范围广,测量范围宽,因此在工业生产中使用十分普遍。但是基于弹性元件的各种压力测量的共同特点是:只能测量静态压力。

3)电气式压力测量

该方法是利用敏感元件将被测压力直接转换成各种电量进行测量,如电阻、电容量、电流及电压等。

4)活塞式压力测量

该方法是根据液压机液体传送压力的原理(见图 2 - 2 - 1),将被测压力转换成活塞面积上所加平衡砝码的重力进行测量。它普遍被用作标准仪器对压力测量仪表进行检定,如压力校验台。

在工业生产过程中,常使用弹性式压力仪表进行就地显示,使用电气式压力仪表进行压力信号的远传。

2. 真空技术

真空是指低于一个大气压的气体空间,同正常的大气相比,是比较稀薄的气体状态。因

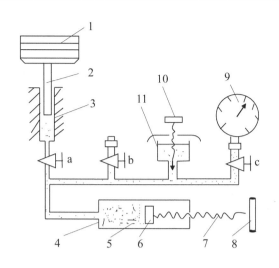

1—砝码;2—测量活塞;3—活塞柱;4—螺旋压力发生器;5—工作液;6—工作活塞;

7—丝杠;8—手轮;9—被校压力表;10—进油阀;11—油杯;a、b、c—切断阀

图 2-2-1　活塞式压力计原理

此,真空是相对的,绝对的真空是不存在的。

在真空技术中对于真空度的高低,可以用多个参量来度量,最常用的有"真空度"和"压强"。此外,也可用气体分子密度、气体分子的平均自由程、形成一个分子层所需的时间等来表示。"真空度"和"压强"是两个概念,不能混淆,压强越低意味着单位体积中气体分子数越小,真空度越高;反之,真空度越低则压强就越高。由于真空度与压强有关,所以真空的度量单位是用压强来表示的。

在真空技术中,压强所采用的法定计量单位是帕斯卡(Pascal),系千克米每秒制单位,简称帕(Pa),是目前国际上推荐使用的国际单位制(SI)。托(Torr)这一单位在最初获得真空时就被采用,是真空技术中的独特单位,实际上也是 1 mm Hg 柱所产生的压强。两者的关系为 1 Torr = 133.322 Pa。目前在实际工程技术中几种旧的单位(Torr、mmHg、bar、atm)仍有采用;另外,完全改变以前的试验数据并不容易,因而压强单位也采用 Torr。

(1) 真空区域的划分

为了研究真空和实际应用方便,常把真空划分为粗真空、低真空、高真空和超高真空四个等级。随着真空度的提高,真空的性质逐渐变化,并经历由气体分子数的量变到真空质变的过程。

1) 粗真空($1 \times 10^5 \sim 1 \times 10^2$ Pa)

在粗真空状态下,气态空间的特性和大气差异不大,气体分子数目多,并仍以热运动为主,分子之间碰撞十分频繁,气体分子的平均自由程很短。通常,在此真空区域,使用真空技术的主要目的是获得压力差,而不要求改变空间的性质。电容器生产中所采用的真空浸渍工艺所需的真空度就在此区域。

2) 低真空($1 \times 10^2 \sim 1 \times 10^{-1}$ Pa)

低真空时每立方厘米内的气体分子数为 $10^{16} \sim 10^{13}$ 个。气体分子密度与大气时有很大差别,气体中的带电粒子在电场作用下,会产生气体导电现象。这时,气体的流动也逐渐从粘稠滞流状态过渡到分子状态,这时气体分子的动力学性质明显,气体的对流现象完全消失。因此,如果在这种情况下加热金属,可基本上避免与气体的化合作用,真空热处理一般都在低真空区域进行。此外,随着容器中压强的降低,液体的沸点也大为降低,由此而引起剧烈的蒸发,而实现所谓"真空冷冻脱水"。在此真空区域,由于气体分子数减少,分子的平均自由程可以与容器尺寸相比拟;并且分子之间的碰撞次数减少,而分子与容器壁的碰撞次数大大增加。

3) 高真空($1\times10^{-1}\sim1\times10^{-6}$ Pa)

此时气体分子密度更加降低,容器中分子数很少。因此,分子在运动过程中相互间的碰撞很少,气体分子的平均自由程已大于一般真空容器的限度,绝大多数的分子与器壁相碰撞。因而在高真空状态蒸发的材料,其分子(或微粒)将按直线方向飞行。另外,由于容器中的真空度很高,容器空间的任何物体与残余气体分子的化学作用也十分微弱。在这种状态下,气体的热传导和内摩擦已变得与压强无关。

4) 超高真空($<1\times10^{-6}$ Pa)

此时每立方厘米的气体分子数在 10^{10} 个以下。分子间的碰撞极少,分子主要与容器壁相碰撞。超高真空的用途之一是得到纯净的气体,其次是可获得纯净的固体表面。此时气体分子在固体表面上是以吸附停留为主。

(2) 真空的获得

利用真空技术可获得与大气情况不同的真空状态。由于真空状态的特性,真空技术已广泛用于工业生产、科学实验和高新技术的研究等领域。电子材料、电子元器件和半导体集成电路的研制及生产与真空技术有着密切的关系。

真空系统的种类繁多,典型的真空系统应包括:待抽真空的容器(真空室)、获得真空的设备(真空泵)、测量真空的器具(真空计)以及必要的管道、阀门和其他附属设备。能使压力从1个大气压开始变小,进行排气的泵常称为"前级泵",另一些却只能从较低压力抽到更低压力,这些真空泵常称为"次级泵"。

对于任何一个真空系统而言,都不可能得到绝对真空($P=0$),而是具有一定的压强 P_u,称为极限压强(或极限真空),这是该系统所能达到的最低压强,是真空系统能否满足镀膜需要的重要指标之一。另一个主要指标是抽气速率,指在规定压强下单位时间所抽出气体的体积,它决定抽真空所需要的时间。

真空泵是一个真空系统获得真空的关键。表2-2-1列出了常用真空泵的种类、排气原理、工作压强范围。图2-2-2示出了几种常用真空泵的抽速范围。可以看出,至今还没有一种泵能直接从大气一直工作到超高真空。因此,通常是将几种真空泵组合使用,如机械泵+扩散系统和吸附泵+溅射离子系+钛升华泵系统,前者为有油系统,后者为无油系统。

表2-2-1 主要真空泵的排气原理与工作范围

种 类		排气原理	工作压强范围/Pa
机械泵	油封机械泵(单级)	利用机械力压缩和排出气体	$101\,325\sim1.33\times10^{-2}$
	油封机械泵(双级)		$101\,325\sim1.33\times10^{-4}$
	分子泵		$10^{-3}\sim10^{-10}$
	罗茨泵		$1.3\times10^2\sim1.3$

续表 2 - 2 - 1

种　类		原　理	工作压强范围/Pa
蒸气喷射泵	水银扩散泵	靠蒸气喷射的动量把气体带走	$10^{-2} \sim 10^{-7}$
	油扩散泵		$10^{-2} \sim 1.3 \times 10^{-6}$
	油喷射泵		$1.3 \times 10 \sim 1.3 \times 10^{-2}$
干式泵	溅射离子泵	利用溅射或升华形成吸气、吸附排除气体	$1.3 \times 10^{-3} \sim 1.3 \times 10^{-9}$
	钛升华泵		$10^{-2} \sim 10^{-8}$
	吸附泵	利用低温表面对气体进行物理吸附排除气体	$1.3 \times 10^{-2} \sim 1.01 \times 10^{5}$
	冷凝泵		$10^{-12} \sim 10^{-1}$
	冷凝吸附泵		$10^{-9} \sim 10^{-1}$

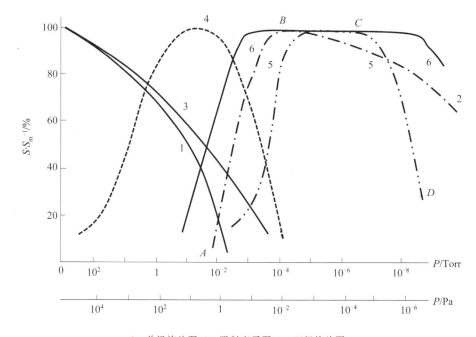

1—单级旋片泵;2—溅射离子泵;3—双级旋片泵;
4—罗茨泵;5—扩散泵;6—分子泵

图 2 - 2 - 2　几种真空泵的抽速比较

1) 机械泵

常用机械泵有旋片式、定片式和滑阀式等。其中旋片式机械泵噪声较小,运行速度高,应用最为广泛。其结构主要由定子、旋片和转子组成,这些部件全部浸在机械泵油中,转子偏心地置于定子泵内,如图 2 - 2 - 3 所示。其工作原理建立在玻-马洛特定律基础上,由于压强与体积的乘积等于一个与温度有关的常数,因此,在温度一定的情况下,容器的体积就与气体的压强成反比。图 2 - 2 - 4 示出了机械泵转子在连续旋转过程中的几个典型位置。一般旋片将泵腔分为三个部分:从进气口到旋片分离的吸气空间、由两个旋片同泵壁分隔出的膨胀压缩空间和排气阀到旋片分隔的排气空间。图 2 - 2 - 4(a)表示正在吸气,同时把上一周期吸入的气体逐步压缩;图 2 - 2 - 4(b)表示吸气截止,此时,泵的吸气量达到最大并将开始压缩;

图 2-2-4(c)表示吸气空间另一次吸气,而排气空间继续压缩;图 2-2-4(d)表示排气空间内的气体,当压强超过 1 个大气压时,气体便推开排气阀由排气管排出。如此不断循环,转子按箭头方向不停旋转,不断进行吸气、压缩和排气,于是与机械泵连接的真空容器便获得了真空。

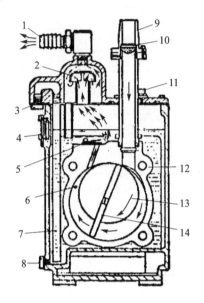

1—出气口;2—油阱;3—压力吸油口;4—油面观察窗;
5—出气活门;6—气隙空气进口;7—吸油管;
8—重力吸油口;9—真空接头;10—滤气网;11—充油口;
12—定子;13—转子;14—旋片

图 2-2-3 单级旋片式机械泵的结构

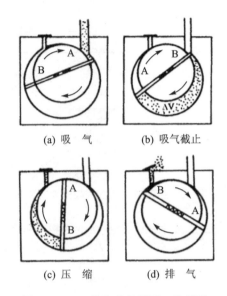

(a) 吸 气   (b) 吸气截止

(c) 压 缩   (d) 排 气

图 2-2-4 旋片式机械泵工作原理

由于泵的转子和定子全部浸泡在油箱内,因此机械泵油的作用很重要,对机械泵油的基本要求是饱和蒸气压低,要具有一定的润滑性和粘度,以及较高的稳定性。

使用油封机械泵的注意事项如下:

① 油泵不能用来直接抽吸易液化的蒸气,如水蒸气、挥发性液体(例如乙醚和苯等)。如果遇到这些场合,必须在油泵的进气口前接吸收塔或冷阱。例如,用氯化钙或五氧化二磷吸收水汽,用石蜡油吸收烃蒸气,用活性炭或硅胶吸收其他蒸气。冷阱所用的制冷剂通常为干冰(-78 ℃)或液氮(-196 ℃)。

② 油泵不能用来抽吸腐蚀性气体,如氯化氢、氯气或氧化氮等,因为这些气体能侵蚀油泵内精密机件的表面,使真空度下降。遇到这种场合时,应当先经过固体苛性钠吸收塔处理。

③ 油泵由电动机带动,使用时应先注意马达的电压。运转时电动机的温度不能超过60 ℃。在正常运转时,不应有摩擦、金属撞击等异声。

④ 停止油泵运转前,应使泵与大气相通,以免泵油冲入系统。为此,在连接系统装置时,应当在油泵的进口处连接一个与大气相通的玻璃活塞。

2)扩散泵

扩散泵是利用被抽气体向蒸气流扩散的现象来实现排气作用的。扩散泵的结构和工作原理如图2-2-5所示。当扩散泵油被加热后会产生大量的油蒸气,油蒸气沿着蒸气导管传输到上部,经伞形喷嘴向外喷射出来。由于喷嘴外的压强较低,于是蒸气会向下喷射出较长距离,形成一高速定向的蒸气流。其射流的速度可高达200 m·s^{-1}左右,且其分压强低于扩散泵进气口上方被抽气体的分压强,两者形成压强差。这样真空室内的气体分子必然会向着压强较低的扩散泵喷口处扩散,一方面同具有较高能量的超声速蒸气分子相碰撞而发生能量交换,驱使被抽气体分子沿蒸气流方向高速运动并被带至出口处,被机械泵抽走;另一方面从喷嘴射出的油蒸气流喷到水冷的泵壁冷凝成液体,流回泵底再重新被加热成蒸气。这样,在泵内保证了油蒸气的循环,使扩散泵能连续不断地工作,从而使被抽容器获得较高的真空度。

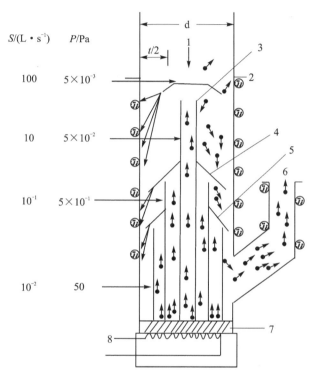

1—进气口;2—水冷泵壁;3—第一级喷嘴;4—第二级喷嘴;
5—第三级喷嘴;6—出气口;7—扩散泵油;8—加热盘

图2-2-5　扩散泵的结构及工作原理

加热器扩散泵必须与机械泵配合使用才能组成高真空系统,单独使用扩散泵是没有抽气作用的。经验指出,扩散泵的口径一般是镀膜钟罩的1/3,而扩散泵的抽速为钟罩的4~5倍,由此便可选择合适抽速的机械泵。

扩散泵油是扩散泵的重要工作物质,泵油应具有较好的化学稳定性(无毒、无腐蚀)、热稳定性(在高温下不分解)、抗氧化性和具有较低的饱和蒸气压(≤10^{-4} Pa)以及在工作时应有尽可能高的蒸气压。几种常用扩散泵油的技术性能如表2-2-2所列。

油蒸气向真空室的反扩散会造成膜层污染。如无阻挡装置,返油率可高达10^{-3} mg/(cm^2·s)。因此,常在进气口安装水冷挡板或液氮冷阱,返油率可大大降低,为原来的1/10~1/1 000。

表 2-2-2　几种国产扩散泵油的技术性能

种　类	代　号	相对分子质量	粘度/cp(50 ℃)	外　观	蒸气压/Pa(20 ℃)	极限压强/Pa(20 ℃)
扩散泵油	KB-1	350	≤65	淡黄	≤5.3×10⁻⁶	3.3×10⁻⁴
扩散泵油	KB-2	350	≤65	淡黄	≤5.3×10⁻⁶	3.3×10⁻⁵
扩散泵硅油	274	484	≤38(25 ℃)	无色	≤2.6×10⁻⁶	8.0×10⁻⁶
扩散泵硅油	275	546	≤65(25 ℃)	无色	—	3.0×10⁻⁶
增压泵油	—	330	≤1.5	水白色	≤4×10⁻³	—

3）分子泵与罗茨泵

当气体分子碰撞到高速移动的固体表面时,总会在表面停留很短的时间,并且在离开表面时将获得与固体表面速率相近的相对切向速率,这就是动量传输作用。涡轮分子泵就是利用这一现象而制成的,即它是靠高速转动的转子碰撞气体分子并把它驱向排气口,由前级泵抽走,而使被抽容器获得超高真空的一种机械真空泵。分子泵的结构如图 2-2-6 所示。分子泵的主要特点是:启动迅速,噪声小,运行平稳,抽速大,不需要任何工作液体。

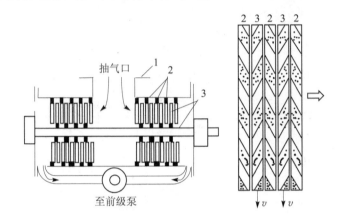

1—外壳;2—定子;3—转子

图 2-2-6　涡轮分子泵结构示意图

罗茨泵又称机械增压泵,如图 2-2-7 所示,它是具有一对同步高速旋转的 8 字形转子的机械真空泵。它既应用了分子泵的原理,又利用了油封机械泵的变容积原理。

罗茨泵的特点是:转子与泵体、转子与转子之间保持一定的间隙(约 0.1 mm),缝隙不需要油润滑和密封,故很少有油蒸气污染;由于这一结构,转子与泵体、转子与转子间没有摩擦,故允许转子有较大的转速(可达 3 000 r/min);此外,罗茨泵还具有启动快、振动小、在很宽的压强范围内(1.3×10² ～1.3 Pa)具有很大的抽速等特点。罗茨泵的极限压强可达 10⁻⁴ Pa（双级泵）。罗茨泵必须和前级泵串联使用。

（3）真空的测量

为了判断和检定真空系统所达到的真空度,必须对真空容器内的压强进行测量。但在真空技术中遇到的气体压强都很低,要直接测量其压力是极不容易的。因此,都是利用测定在低气压下与压强有关的某些物理量,再经变换后确定容器的压强。当压强改变时,这些和压强有

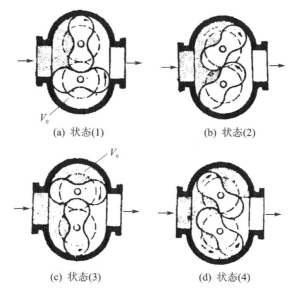

(a) 状态(1)　　　　　　　　(b) 状态(2)

(c) 状态(3)　　　　　　　　(d) 状态(4)

图 2-2-7　罗茨泵及其工作原理

关的特性也随之变化的物理现象,就是真空测量的基础。任何具体的物理特性,都是在某一压强范围内才最显著。因此,任何方法都有其一定的测量范围,这个范围就是该真空计的"量程"。目前,还没有一种真空计能够测量从大气到 10^{-10} Pa 的整个领域的真空度。真空计按照不同的原理和结构可分成许多类型。表 2-2-3 列出了几种真空计的主要特性。

表 2-2-3　几种真空计的工作原理与测量范围

名　　称	工作原理	测量范围/Pa
U 形管压力计	利用大气与真空压差	$10^5 \sim 10^{-2}$
水银压缩真空计	根据玻义耳定律	$10^3 \sim 10^{-4}$
电阻真空计	利用气体分子热传导	$10^4 \sim 10^{-2}(10^{-3})$
热偶真空计		
热阴极电离真空计	利用热电子电离残余气体	$10^{-1} \sim 10^{-5}$
B-A 型真空计		$10^{-1} \sim 10^{-10}$
潘宁磁控电离计	利用磁场中气体电离与压强有关的原理	$10^{-1} \sim 10^{-5}$
气体放电管	利用气体放电与压强有关的性质	$10^3 \sim 1$

下面对在薄膜技术中常用的真空计作一介绍。

1) 热偶真空计

热偶真空计是利用低压强下气体的热传导与压强有关的原理制成的真空计。当压强较高时,气体传导的热量与压强无关,只有当压强降到低真空范围时,才与压强成正比。

电源加热灯丝产生的热量 Q 将以如下三种方式向周围散发,即辐射热量 Q_1、灯丝与热偶丝的传导热量 Q_2 以及气体分子碰撞灯丝而带走的热 Q_3,即

$$Q = Q_1 + Q_2 + Q_3$$

热平衡时,灯丝温度 T 为一定值。此时,Q_1 与 Q_2 为恒量,只有 Q_3 才随气体分子对灯丝

的碰撞次数而变化,即与气体分子数有关,或与气体压强有关。压强越高,气体分子数越多,碰撞次数越多,灯丝被带走的热量就越多,灯丝温度变化就越大。利用测定热丝电阻值随温度变化的真空计称为热阻真空计(见图2-2-8),直接用热电偶测量热丝温度的真空计称为热偶真空计(见图2-2-9)。热电偶有镍铬-康铜、铁-康铜或铜-康铜等。热偶真空计应用十分广泛,热丝表面温度的高低与热丝所处的真空状态有关。真空度越高,则热丝表面温度越高(和热丝碰撞的气体分子少),热电偶输出的热电势也越高;真空度越低,则热丝表面温度越低(和热丝碰撞的气体分子多,带走的热量较多),热电偶输出的电动势也小。

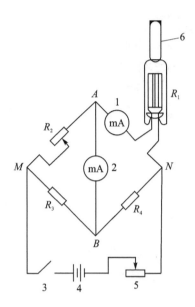

R—电阻;1,2—毫安表;3—开关;
4—电源;5—电位器;6—接真空系统
图 2-2-8 热阻真空计

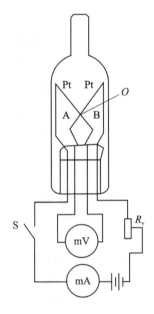

Pt—加热铂丝;A,B—热电偶丝;
O—热电偶接点;R_v—可变电阻
图 2-2-9 热偶真空计

2)电离真空计

电离真空计是目前测量高真空的主要仪器。它是利用气体分子电离的原理来测量真空度的。根据气体电离源的不同,其又分为热阴极电离真空计和冷阴极电离真空计,前者应用极为普遍,其结构如图2-2-10所示,与一只真空三极管类似。在稀薄气体中,灯丝发射的电子经加速电场加速,具有足够的能量,在与气体分子碰撞时,能引起气体分子电离,产生正离子和次级电子。电离概率的大小与电子的能量有关。电子在一定的飞行路途中与分子碰撞的次数(或产生的正离子数),与气体分子密度成正比,因为 $P=nkT$,故在一定温度下,亦即与气体压强 P 成正比。或者说产生的正离子数亦与压强 P 成正比。因此,根据电离真空计离子收集极收集离子数的多少,就可确定被测空间的压强大小,这就是电离真空计的工作原理。

根据以下公式可估算出电离计中离子电流与气体压强的关系。设电子从阴极飞到加速极的总路程长度为 $L(cm)$,则离子电流 $I_i(mA)$ 与压强之间的关系如下:

$$I_i = I_e WLP \qquad (2-2-1)$$

式中,I_e 为阴极(灯丝)的发射电流(常定为 5 mA);W 为 $P=1$ Pa 时每个电子飞行 1 cm 所产生的电子-离子对数,称为电离效率,是电子能量的函数。

热阴极电离真空计的测量范围一般为 $10^{-1} \sim 10^{-5}$ Pa(见图 2-2-11)。在压强大于 10^{-1} Pa 左右时,虽然气体分子数增加,电子与分子的碰撞数增加,但能量下降,电离概率降低,所以当压强增大到一定程度时电离作用达到饱和,使曲线偏离线性,故测量的上限为 10^{-1} Pa。

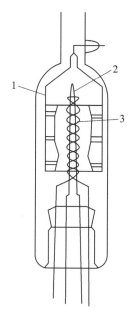

1—板级;2—灯丝;3—栅极

图 2-2-10 DL-2 型热阴极电离真空计规管

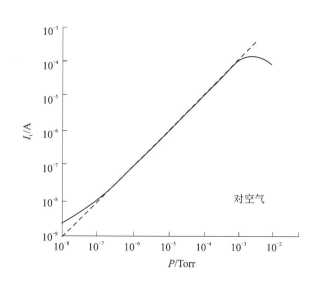

注:1 Torr=133.322 Pa。

图 2-2-11 离子电流与压强的关系

在低压强(小于 10^{-5} Pa)下,具有一定能量的高速电子打到加速极上,产生软 X 射线,当其辐射到离子收集极时,将自己的能量交给金属中的自由电子,会使自由电子逸出金属而形成光电流,导致离子流增加,即这时由离子收集极测得的离子流是离子电流与光电流之和,当二者在数值上可比拟时,曲线也将偏离线性。故 10^{-5} Pa 就成为测量的下限压强值。B-A 型电离真空计将收集极改成针状,把灯丝放在加速极外边,使收集极受软 X 射线照射的面积减小,于是可测量更高的真空度(约 10^{-10} Pa)。

3. 气体钢瓶和减压阀

在物理化学实验中,经常要用到氧气、氮气等气体的专用高压气体钢瓶。在使用时,需要通过减压阀使气体压力降至实验所需范围,再经过其他控制阀门细调,使气体输入使用系统。有关气体钢瓶已经在前面部分介绍了,本部分重点介绍减压阀的工作原理及使用。

(1) 氧气减压阀的工作原理

最常用的减压阀为氧气减压阀,简称氧气阀。氧气减压阀的外观及工作原理如图 2-2-12 和图 2-2-13 所示。

氧气减压阀的高压腔与钢瓶连接,低压腔为气体出口,并通往使用系统。高压表的示值为钢瓶内贮存气体的压力。低压表的出口压力可由调节螺杆控制。

使用时先打开钢瓶总开关,然后顺时针转动低压表压力调节螺杆,使其压缩主弹簧并传动薄膜、弹簧垫块和顶杆而将活门打开。这样进口的高压气体由高压室经节流减压后进入低压

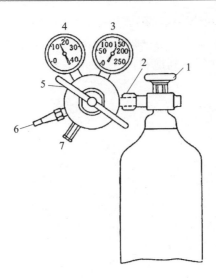

1—钢瓶开关；2—钢瓶与减压表连接螺母；3—高压表；
4—低压表；5—低压表压力调节螺母；6—出口；7—安全阀

图 2-2-12　氧气减压阀与钢瓶连接示意图

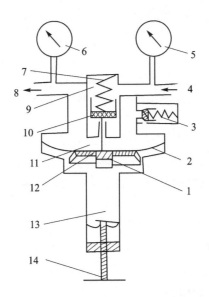

1—弹簧垫块；2—传动装置；3—安全阀；4—进口(接气体钢瓶)；5—高压表；
6—低压表；7—压缩弹簧；8—出口(接使用系统)；9—高压气室；10—活门；
11—低压气室；12—顶杆；13—主弹簧；14—低压表压力调节螺杆

图 2-2-13　氧气减压阀工作原理示意图

室,并经出口通往工作系统。转动调节螺杆,改变活门开启的高度,从而调节高压气体的通过量并达到所需的压力值。

减压阀都装有安全阀。它是保护减压阀并使之安全使用的装置,也是减压阀出现故障的信号装置。如果由于活门垫、活门损坏或由于其他原因,导致出口压力自行上升并超过一定许可值,则安全阀会自动打开排气。

（2）氧气减压阀的使用方法

① 按使用要求的不同，氧气减压阀有许多规格。最高进口压力大多为 15 MPa，最低进口压力不小于出口压力的 2.5 倍。出口压力规格较多，一般为 0.25 MPa；最高出口压力为 4 MPa。

② 安装减压阀时应确定其连接规格是否与钢瓶和使用系统的接头相一致。减压阀与钢瓶采用半球面连接，靠旋紧螺母使二者完全吻合。因此，在使用时应保持两个半球面的光洁，以确保良好的气密效果。安装前可用高压气体吹除灰尘。必要时也可用聚四氟乙烯等材料作垫圈。

③ 氧气减压阀应严禁接触油脂，以免发生火灾事故。

④ 停止工作时，应将减压阀中余气放净，然后拧松调节螺杆以免弹性元件长久受压变形。

⑤ 减压阀应避免撞击振动，不可与腐蚀性物质相接触。

（3）其他气体减压阀

有些气体，例如氮气、空气、氩气等永久性气体，可以采用氧气减压阀。但还有一些气体，如氨等腐蚀性气体，则需要专用减压阀。市面上常见的有氮气、空气、氢气、氨、乙炔、丙烷、水蒸气等专用减压阀。

这些减压阀的使用方法及注意事项与氧气减压阀基本相同。但是，专用减压阀一般不用于其他气体。为了防止误用，有些专用减压阀与钢瓶之间采用特殊连接口。例如氢气和丙烷均采用左牙螺纹，也称反向螺纹，安装时应特别注意。

（4）气体钢瓶减压阀安全使用事项

① 气体减压阀选择应根据气体物理化学性质确定材料的兼容性，应根据气体流量，输出/输入压力，确定减压阀。

② 管路用气体减压阀应可靠固定于操作面板及支架上，气体减压阀气体流向应与管路气体流向一致，连接接头密封要严密，无渗漏，安装完应用氮气打压试漏。

③ 在打开气源前应确定气体减压阀处于关闭状态，即手轮（减压阀调节螺杆）放松。如果减压阀开启时打开气源阀，冲击气流会损坏减压阀。

④ 打开气瓶阀时不要站在减压阀的正面或背面。应缓慢打开气源阀门，此时气体减压阀高压表压力持续上升，直至高压表压力稳定上升，完全打开阀门。（无高压表的气体减压阀打开气源阀门即可。）

⑤ 顺时针旋转气体减压阀手轮（减压阀调节螺杆），减压阀打开，低压表压力上升，直至使用压力。如果压力高于使用压力，应关闭气源放出气体再重新调整。气体减压阀的压力表压力不宜升到最高压力示数的 2/3。

⑥ 气体减压阀不能作截止阀使用，不使用气体时应关闭气源阀门，排空输出端管道内的气体，使压力表指针归零，最后旋松手轮（减压阀调节螺杆）。

⑦ 气体减压阀长时间使用可能有气体泄漏，应特别注意出入口连接处、压力表及接头减压阀压盖。在日常维护时注意检查试漏。

⑧ 气体减压阀会因气体管路中的杂质颗粒污染而失效。如果气体减压阀在关闭状态时打开气源阀门有气体输出，气体减压阀打开调节压力时低压表压力持续升高不止，气体减压阀在输入气体压力稳定时输出压力或流量不能连续调节、不稳定，则说明减压阀失效，应立即关闭气源阀门。

⑨ 气体减压阀应经常维护清洁,严禁油脂污染,严禁敲打撞击。

⑩ 如果气体减压阀漏气、失效,压力表指针不归零、不升起,压力表损坏,则应维修。气体减压阀维修和更换配件应由专业人员进行。减压阀长期受压,应定期送专门检修部门检修,一般一年检修一次。

三、热化学测量技术

热化学测量技术是研究如何测量反应热和输运热,以及如何更准确、更简便地进行测量的技术,无论是在现代工业赖以生存和发展的能源动力工程领域,还是在新兴技术领域,或是在人们的日常生活中,都可以感受到它所发挥的巨大作用,如工业炉窑、热流输送管道的热效率评价,化工中各种反应过程的热变化,电子设备的散热,石油的热采技术,火箭的发射和卫星的回收等;而且,新兴的生物工程、生命科学、人体科学的研究中,也应用到了热化学测量技术。最常见的热化学测量技术包括量热技术、热分析技术等。

1. 量热技术

量热计,或称热量计、卡计,是一种用于热量测定的实验设备,可以用于测量化学反应、物理变化过程的热量变化,或测定材料的热容。

量热计的概念是在 1780 年由"近代化学之父"法国化学家拉瓦锡最先提出的,他用这种装置测量一只豚鼠的发热量。来自豚鼠呼吸的热量融化了热量计周围的雪,表明呼吸是一种燃烧,类似于燃烧蜡烛。

从 1881 年伯斯路特研制出世界上第一台氧弹量热仪开始,氧弹、内筒、外筒就成为氧弹量热仪的基本配置。目前使用的量热仪,都源自 1881 年第一台量热仪诞生以来的基本模式,由氧弹、内筒、外筒、温度传感器、搅拌器、点火装置、温度测量和控制系统以及水构成,有些氧弹量热仪还具有独立的外筒加热、冷却控制系统,为整个量热体系创造一个相对稳定的测量环境。

近年来,随着计算机技术的飞速发展,量热仪在结构和操作模式方面都进行了很大的改进,自动化程度大大提高,测试速度更快,精密度、准确度更高。

氧弹量热仪可用于测量固体或液体样品的热值,测量样品在一个密闭的容器中(氧弹),内部充满氧气,对于燃烧所产生的热,测量的结果称燃烧值、热值、BTU 等。热值结果具有确定其他值的意义,可以确定样品的品质,作为计算价格的依据(如煤炭),也可获得生理(如生态学中的能量分布、动物营养研究中的能量代谢等)、物理以及化学的结论。

测量反应量热器中的热量有四种主要方法:

① 热流量量热仪:冷却/加热夹套控制过程的温度或夹套的温度。通过监测传热流体和过程流体之间的温差来测量热量。另外,必须确定填充体积(即湿润面积)、比热容、传热系数以达到正确的值。这种类型的量热计可以在回流条件下进行反应,精度不是很好。

② 热平衡量热仪:冷却/加热夹套控制过程的温度。通过监测传热流体所获得或损失的热量来测量热量。

③ 功率补偿:功率补偿使用放置在容器内的加热器来保持恒定的温度。供应给该加热器的能量可以根据反应的需要而变化,并且量热信号纯粹来源于该电力。

④ 恒定通量:恒定流量热量测定法(或称为 COFLUX)是从热量平衡量热法得出的,并使

用专门的控制机制来保持穿过血管壁的恒定热流(或流量)。

2. 热分析技术

热分析技术是在程序控制温度的条件下,测量物质的物理性质随温度变化关系的一类技术。该技术包括三个方面的内容:其一,物质要承受程序控温的作用,通常指以一定的速率升(降)温;其二,要选定用来测定的一种物理量,它可以是热学的、力学的、声学的、光学的以及电学的和磁学的等;其三,测量物理量随温度的变化关系。

物质在受热过程中要发生各种物理化学变化,可用各种热分析方法跟踪这种变化。表 2-3-1 中列出了根据所测物理性质对热分析方法的分类。其中以差热分析(DTA)和热重分析(TG)的历史最长,使用也最广泛;微分热重分析(DTG)和差示扫描量热(DSC)近年来也得到较迅速的发展。下面简单介绍 DTA、TG 和 DSC 的基本原理和技术。

表 2-3-1　热分析方法的分类

物理性质	方　　法	简　称	物理性质	方　　法	简　　称
质量	热重分析	TG	机械特性	机械热分析	TMA
	微热重分析	DTG	声学特性	热发声	
	逸出气体检测	EGD		热传声	
温度	差热分析	DTA	光学特性	热光学	
热量	差示扫描量热	DSC	电学特性	热电学	
尺寸	热膨胀	TD	磁学特性	热磁学	

(1) 差热分析

差热分析(DTA)是在程序控制温度下,测量物质与参比物之间的温度差及温度关系的一种技术。差热分析曲线是描述样品与参比物之间的温差(ΔT)随温度或时间的变化关系。在 DTA 试验中,样品温度的变化是由于相变或反应的吸热或放热效应引起的。一般来说,相变、脱氢还原和一些分解反应产生吸热效应;而结晶、氧化和一些分解反应产生放热效应。

图 2-3-1 为差热分析装置示意图,典型的 DTA 装置由温度程序控制单元、稳压电源、差热放大单元和记录仪单元组成。将试样 S 和参比物 R 一同放在加热电炉中进行程序升温,试样在受热过程中所发生的物理化学变化往往会伴随着焓的改变,从而使它与热惰性的参比物之间形成一定的温度差。差热分析中温差信号很小,一般只有几微伏到几十微伏,因此,差热信号经差热放大后才能在记录单元绘出差热分析曲线。从曲线的位置、形状、大小可得到有关热力学和热动力学方面的信息。

在理想条件下,差热分析曲线如图 2-3-2 所示。图中的纵坐标表示试样和参比物之间的温度差 ΔT;横坐标表示温度 T 或升温过程的时间 t。如果参比物的热容和被测试样的热容大致相同,而试样又无热效应,则两者的温度差非常微小,此时得到的是一条平滑的基线 AB。随着温度的上升,试样发生了变化,产生了热效应,在差热分析曲线上就出现一个峰,如图中的 BCD 和 EFG。热效应越大,峰的面积也就越大。在差热分析中通常规定,峰顶向上的峰为放热峰,它表示试样的温度高于参比物的温度;相反,峰顶向下的峰为吸热峰,表示试样的温度低于参比物的温度。

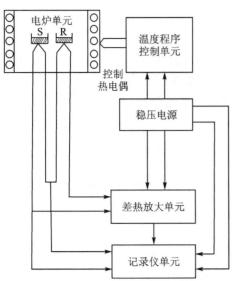

图 2 - 3 - 1　差热分析装置示意图

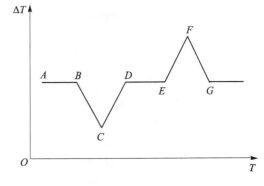

图 2 - 3 - 2　理想的差热分析曲线

差热分析的实验条件、操作因素对实验结果有很大的影响。为便于比较,在谱图上都要标明实验操作条件。实验条件的确定通常可从以下几方面加以考虑:

① 升温速率。升温速率对实验结果的影响比较明显,一般控制在 $2 \sim 20\ ℃ \cdot min^{-1}$,常用 $5\ ℃ \cdot min^{-1}$。升温过快,基线漂移明显,峰的分辨力较差,同时峰顶温度会向高温方向偏移。

② 参比物。要得到平稳的基线应尽可能选择与试样的热容、导热系数、粒度等性质比较相近的热惰性物质作为参比物。常用的参比物有 $\alpha - Al_2O_3$、煅烧过的 MgO 和 SiO_2 等。

③ 气氛和压力。某些样品或其热分解产物可能与周围的气体进行反应,因此应根据需要选择适当的气氛。另一方面,对于释放或吸收气体的反应,出峰的温度和形状还会受到气体压力的影响。

④ 样品的预处理及用量。一般非金属固体样品均应经过研磨。试样和参比物的装填情况应基本一致。样品用量不宜过多,这样可以得到较尖锐的峰,同时将提高其分辨力。

由于各种条件的影响,实际得到的差热分析曲线比理想曲线要复杂些。图 2 - 3 - 3 是一个典型的差热分析曲线。图中 T_{ini} 为基线。开始偏离基线的温度,也就是仪器检测到反应开始进行的温度,它与仪器灵敏度密切相关。仪器的灵敏度高,测得的 T_{ini} 就低些。许多物质的差热曲线开始偏离基线的速度是很慢的,因而要精确确定 T_{ini} 有一定的困难。T_p 称峰顶温度,它表示试样和参比物之间的温差最大,但这并不意味着反应的终结。T_p 受实验条件的影响较大,因此不能作为鉴定物质的特征温度。国际热分析会议决定,用外延起始温度 T_e 作为反应的起始温度,并可用以表征某一特定物质。这是因为 T_e 受实验条件的影响较小,同时它与其他方法求得的反应起始温度也较一致。

（2）热重分析

综合热分析仪能够同时进行热重分析(TG)、差热分析、微分热重分析,并测定温度和时间的关系。

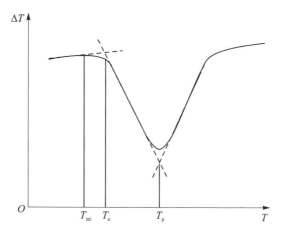

图 2 - 3 - 3   实际测得的差热分析曲线

热重分析是研究试样在恒温或等速升温时其质量随时间或温度变化的关系。专门用于热重分析测定的仪器叫热天平,它包括天平、炉子、程序控温系统、记录系统等几个部分。而具有多种功能联用型的热分析仪,则便于从不同角度对试样进行综合分析。

许多物质在加热过程中常发生质量的变化,如含水化合物的脱水、化合物的分解、固体的升华、液体的蒸发等均会引起试样失重;另一方面,待测试样与周围气氛的化合又将导致质量的增大。热重分析就是以试样的质量对温度 T 或时间 t 作图得到的热分析结果;而测试质量变化速度 dm/dt 对温度 T 的曲线则称为微分热重曲线。

理想热重曲线见图 2 - 3 - 4(a),表示热重过程是在某一特定温度下发生并完成的。曲线上每一个阶梯都与一个热量变化机理相对应。每一条水平线意味着某一稳定化合物的存在;而垂直线的长短则与试样变化对质量的改变值成正比。

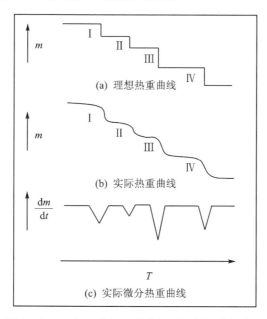

图 2 - 3 - 4   热重分析和微分热重分析曲线示意图

然而由实际热重曲线图 2-3-4(b)可见,热重过程实际上是在一个温度区间内完成的,曲线上往往并没有明晰的平台。两个相继发生的变化有时不易划分,因此,也就难以分别计算出质量的变化值。微分热重曲线图 2-3-4(c)已将热重曲线对时间微分,结果提高了热重分析曲线的分辨力,可以较准确地判断各个热重过程的发生和变化情况。

图 2-3-5 所示的热失重曲线,试样质量的 m_0 在初始阶段有一定的质量损失(m_0-m_1),这往往是吸附在试样中的物质受热解吸所致。水是最常见的吸附质。

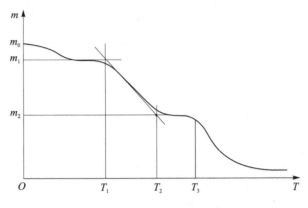

图 2-3-5　热失重曲线

一个热重过程的温度由曲线的直线部分外延相交加以确定。其中的 T_1 为一种稳定相的分解温度。在 $T_2 \sim T_3$ 温度区间内,存在着另一种稳定相,两者的质量差为 m_1-m_2,其质量因子关系当然也可由此进行计算。

测定过程中升温速度过快,会使温度测得值偏高。所以要有合适的操作条件才能得到再现性良好的可靠结果。通常,升温速率可控制在 $5 \sim 10$ ℃·min^{-1} 范围。试样的颗粒如果太小,测得的温度会偏低;颗粒太大,则影响热量的传递。试样还宜铺成薄层,以免逸出的气体将试样粉末带走。

（3）差示扫描量热法

差示扫描量热法(DSC)是在程序控制温度下,测量传输给物质和参比物的功率差与温度关系的一种技术。DSC 和 DTA 仪器装置相似,把固体试样 S 与热惰性的参比物 R 置于同一加热炉中,所不同的是两个坩埚下面还各自安装着一套加热器和测温元件。测定过程中,加热电炉按照一定的速率升温或降温,当试样有热反应发生时,欲维持 S 与 R 之间的温度差为零,则要用电功予以补偿。所以,将两个加热器的补偿功率之差随温度变化的关系记录下来,就可以测量试样受热变化过程中焓变的大小。还有一种热流式的差示扫描量热仪,这里不作介绍。

图 2-3-6 为差示扫描量热仪工作原理示意图。记录仪图纸的横坐标为温度或时间,纵坐标则以焓对时间的微分(dH/dt)来表示。峰面积与受热过程的焓变值 ΔH 成正比。为了准确求得 ΔH,需要选用已知的纯物质作为基准进行标定。根据待测物温度变化范围,本实验以熔点为 156.5 ℃ 的纯铟作为基准物,其熔化热为 28.4 J·g^{-1}。因此,用差示扫描量热法可以直接测量热量,这是与差热分析的一个重要区别。此外,DSC 与 DTA 相比,另一个突出的优点是后者在试样发生热效应时,试样的实际温度已不是程序升温时所控制的温度(如在升温时试样由于放热而一度加速升温)。而前者由于试样的热量变化随时可得到补偿,试样与参比物的温度始终相等,避免了参比物与试样之间的热传递,故仪器的反应灵敏,分辨力高,重现性

好。尽管差示扫描量热分析可以较准确地进行定量计算,但由于仪器制造技术方面的原因,目前最高只能测定到 750 ℃ 左右,高于此温度就只能采用差热分析方法了。

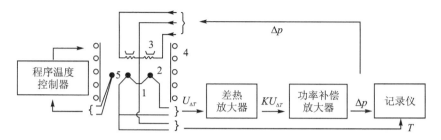

1—温差热电偶;2—补偿电热丝;3—坩埚;4—电炉;5—控温热电偶

图 2-3-6　功率补偿式差示扫描量热仪工作原理示意图

四、电化学测量技术

电化学测量技术是物理学中的一些电学测量在化学领域的具体应用,主要用于测量电导、电动势等参量。电解液的存在,决定了电化学测量的特殊性。这部分主要介绍电化学测量的基础方法,在此基础上,可以进一步理解和应用近现代电化学研究方法。

1. 电导(电导率)的测量

（1）测量原理

区别于依靠自由电子在电场作用下的定向移动而导电的电子导体,离子导体,如电解质溶液、熔融电解质或固体电解质等,主要依靠离子在电场作用下的定向移动而导电。

电解质溶液的导电能力由电导 G 来量度,它是电阻的倒数,即 $G=1/R$。电导的单位是"西门子",符号为"S",$1\ S = 1\ \Omega^{-1}$。

将两块平行的极板(测量电极的有效极板面积为 A),放到被测溶液中(两极板的距离为 L),在极板的两端加上一定的电势(通常为正弦波电压),然后测量极板间流过的电流。根据欧姆定律,电导(G)——电阻(R)的倒数,是由电压和电流决定的。

电导率的测量需两个参数:一个是溶液的电导 G,另一个是溶液中 L/A 的几何关系。电导可以通过电流、电压的测量得到,如下式:

$$G = \kappa A/L \qquad (2-4-1)$$

式中,κ 为电导率,其物理意义是 $L = 1\ m$、$A = 1\ m^2$ 时溶液的电导,其单位为 S/m,其他单位有 $S \cdot cm^{-1}$、$\mu S \cdot cm^{-1}$。

定义电导率常数 K_{cell}:

$$K_{cell} = L/A \qquad (2-4-2)$$

K_{cell} 也被称为电极常数。在电极间存在均匀电场的情况下,电极常数可以通过几何尺寸算出。当两个面积为 $1\ cm^2$ 的方形极板之间相隔 $1\ cm$ 组成电极时,此电极的电导率常数 $K_{cell} = 1\ cm^{-1}$。如果用此对电极测得电导值 $G = 1\ 000\ \mu S$,则被测溶液的电导率 $\kappa = 1\ 000\ \mu S \cdot cm^{-1}$。

一般情况下,电极常形成部分非均匀电场。此时,电极常数必须用标准溶液进行确定。标准溶液一般都使用 KCl(氯化钾)溶液,这是因为 KCl 的电导率在不同的温度和浓度情况下非常稳定、准确。0.1 mol·L⁻¹ 的 KCl 溶液在 25 ℃时电导率为 12.88 mS·cm⁻¹。

（2）电导电极及注意事项

目前测量电导率使用最多的是二电极式电导电极的结构,是将两片铂片烧结在两个平行玻璃片上,或圆形玻璃管的内壁上,调节铂片的面积和距离,就可以制成不同常数值的电导电极。通常有 $\kappa=1$、$\kappa=5$、$\kappa=10$ 等类型。

由于测量溶液的浓度和温度不同,以及测量仪器的精度和频率也不同,电导电极常数 K_{cell} 有时会出现较大的误差,使用一段时间后,电极常数也可能会有变化,因此,新购的电导电极,以及使用一段时间后的电导电极,电极常数应重新测量标定。电导电极常数测量时,应采用配套使用的电导率仪,测量电极常数的 KCl 溶液的温度和浓度,以接近实际被测溶液的温度为好。

电导率仪使用时的注意事项:

① 在测量纯水或超纯水时,为了避免测量值的漂移现象,建议采用密封槽,在密封状态下进行流动测量;如采用烧杯取样测量,则会产生较大的误差。

② 因温度补偿是采用固定的 2%的温度系数,所以,对超、高纯水的测量,尽量采用温度不补偿方式进行,测量后查表。

③ 电极插头座应绝对防止受潮,仪表应安置于干燥环境中,避免因为水滴溅射或受潮,引起仪表的漏电或测量误差。

④ 测量电极是精密部件,不可以分解,不可以改变电极形状和尺寸,且不可以用强酸、碱清洗,以免改变电极常数而影响仪表测量的准确性。

⑤ 为确保测量的精度,电极使用前,应用小于 0.5 μs·cm⁻¹ 的蒸馏水（或去离子水）冲洗两次（铂黑电极干放一段时间后,在使用前,必须在蒸馏水中浸泡）,然后用被测试样水冲洗三次后,方可测量。

2. 电动势的测量

电池电动势的测量,要求能量可逆,因此测量过程中需要电池反应可逆。伏特计不能用来测量电动势,因为电池与伏特计相接后,便形成了通路,有电流通过,电池发生电化学变化,电极被极化,溶液浓度改变,电动势不能保持稳定,且电池本身有内阻,伏特计所量的两极的电位差仅是电池电动势的一部分。利用对消法（或称补偿法）在电池无电流（或极小电流）通过时,测得的两极间的电位差,即为该电池的电动势。

测定电池的电动势,应当在可逆的条件下进行,即通过电池的电流为无限小。若有电流通过电池,由于电池的内电阻,要产生内电势降,测得的只能是两电极间的端电压,其数值要小于电池的电动势。用伏特计测电动势,测量回路中有电流通过,因此测不出电动势,只能测出端电压。鉴于上述原因,需用对消法测定电动势,使用的仪器为电位计,其线路如图 2-4-1 所示。E_W 为工作电池的电动势,与可变电阻 R、均匀滑线电阻 AB 构成的一个回路,使 AB 上产生均匀的电势降。C 为可移动的接触点。当 C 点在 AB 上滑动时,在 AC 上可取得不同的电压,S 为已知电动势的标准电池,X 是待测电池,K 为双向电钥,G 为检流计。测定时,使 K 与 S 接通,标准电池正极与工作电池的正极相接,负极串联 G 与滑动点 C 相接。这就相当于在标准电池的外电路上加了一个方向相反的电势降,其值由滑动点 C 的位置确定。当滑动点移至某点 C 时,检流计中电流为零,则标准电池电动势与 AC 段的电势降等值反向,使 K 与 X 相通。移动滑动点的位置至 C' 时,检流计中无电流通过,则待测电池的电动势 E_X 与 AC' 段的电势降相等,由此可得 E_S：$AC = E_X$：AC',所以 $E_X = E_S \cdot AC/AC'$。AC 与 AC' 的长度可从 AB 上直接读出,已知 E_S,于是可以求得 E_X。

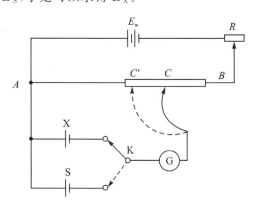

图 2 - 4 - 1　对消法测电动势原理

3. 标准电池

标准电池是一种作为电动势参考标准用的化学电池。标准电池是一种可逆电池,其电动势比较稳定,复现性好。现在国际上通用的标准电池是由美国电气工程师韦斯顿(E. Weston)在 1892 年发明的,故又称韦斯顿电池。根据电池中硫酸镉溶液的情况,分饱和式和不饱和式两种。在 20 ℃时,饱和式的电动势应在 1.018 5～1.018 68 V 范围内;不饱和式的电动势应在 1.018 60～1.019 60 V 范围内。前者的特点是:电动势稳定,温度系数(温度对电动势变化)较大;后者温度系数较小,使用方便。

饱和标准电池和不饱和标准电池的结构基本相同,正极为汞(Hg)、负极为镉汞齐(HgCd齐),二者的区别在于饱和电池的硫酸镉($CdSO_4$)溶液饱和,并有适量的硫酸镉晶体(见图 2 - 4 - 2)。饱和标准电池的内阻约为 700 Ω,随着时间的增加,内阻逐渐稍有增大。若从标准电池中输出电流,则端电压要下降。因此,使用标准电池作为标准的电路时必须具有非常高的阻抗。不过,从标准电池中瞬时输出电流,一般并不永久损坏标准电池,但恢复原状要花时间。一只良好的标准电池若短路 1 s,要花约 6 h 才能恢复。质地优良的饱和标准电池具有长期稳定的电动势。

使用标准电池时需注意:

① 标准电池不允许倾斜,更不允许摇晃和倒置,否则会使玻璃管内的化学物质混成一体,从而影响电动势值和稳定性,甚至不能使用。

② 不能过载。标准电池一般仅允许通过小于 1 μA 的电流,否则会因极化而引起电动势不稳定;流过标准电池的电流不能超过允许值;不要用手同时触摸两个端钮,以防人体将两极短路;绝不允许用电压表或万用表去测量标准电池的电动势值,因为这种仪表的内阻不够大,会使电池放电电流过大。

③ 使用和存放的温度、湿度必须符合规定。温度波动要小,以防滞后效应带来误差。温度梯度要小,以防两电极温度不一致,若两极间温度差为 0.1 ℃,则会有约 30 pV 的电动势偏差。

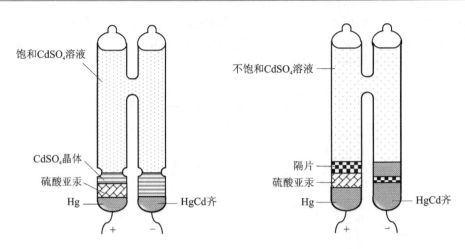

图 2 - 4 - 2　饱和标准电池和不饱和标准电池的结构

④ 不应受阳光、灯光直射。因为标准电池的去极化剂硫酸亚汞是一种光敏物质,受光照后会变质,将使极化和滞后都变得严重。

⑤ 标准电池的极性不能接反。由于齐纳二极管的端电压与反向电流在小范围内的波动几乎无关,也可将其作为电动势标准用于仪器中,代替标准电池。

4. 电极与盐桥

在电化学中,电极电势的绝对值至今无法得到。在实际测量中是以某一电极的电极电势作为零标准,然后将其他的电极(被研究电极)与它组成电池,测量其间的电动势,则该电动势即为该被测电极的电动势。被测电极在电池中的正、负极性,可由它与零标准电极的还原电势比较而确定。通常将氢电极在氢气压力为 101 325 Pa、溶液中氢离子活度为 1 时的电极电势规定为 0 V,称为标准氢电极,然后与其他被测电极进行比较。

(1) **参比电极**

参比电极是测量电极电位的相对标准。因此要求参比电极的电极电位恒定,再现性好。通常把标准氢电极作为参比电极的一级标准。但因制备和使用不方便,已很少用它作参比电极,取而代之的是易于制备、使用又方便的甘汞电极和银-氯化银极。这些电极与标准氢电极比较而得到的电势可以精确测出。

参比电极是可逆电极体系,它在规定的条件下具有稳定的、重现的、可逆电极电位。通常选择参比电极的主要要求是:

① 电极的可逆性比较好,不易极化。这就要求参比电极为可逆电极而且交换电流密度大($>10^{-5}$ A·cm^{-2})。当电极流过的电流密度小于 10^{-7} A·cm^{-2} 时,电极不极化;即使短时间流过稍大的电流,在断电后电位也能很快恢复到原来的数值。

② 电极电位比较稳定,且较靠近零电位,不易极化或钝化。参比电极制备后,静置数天以后其电位应稳定不变。

③ 电位重现性好。不同人或各次制作的同种参比电极,其电位应相同。

④ 温度系数小,即电位随温度变化小,而且当温度回复到原先的温度后,电位应迅速回到原电位值。

⑤ 制备、实际使用和维护比较方便,经久耐用。

能满足上述要求的参比电极有氢电极、甘汞电极、硫酸亚汞电极、氧化汞电极、氯化银电极等。这些电极多数为第二类电极。

（2）几种常用参比电极

1）标准氢电极

标准氢电极（Standard Hydrogenel Ectrode，SHE）是确定电极电位的基准（一级标准）电极。规定在任何温度下，其电极电位值为零。

通常是将镀有一层海绵状铂黑的铂片，浸入到 H^+ 浓度为 1.0 mol·L^{-1} 的酸溶液中，不断通入压力为 100 kPa 的纯氢气，使铂黑吸附 H_2 至饱和，这时铂片就好像是用氢制成的电极一样。

但是氢电极对氢纯度要求高，操作复杂，氢离子的活度必须十分精确，而且氢电极十分敏感，受外界干扰大，使用不方便。在工作中，通常不用氢标准电极作参比电极，往往使用二级标准电极。

2）甘汞电极

甘汞电极是常用的一种参比电极（见图 2-4-3），由汞和氧化亚汞在氯化钾水溶液中的饱和溶液相接触而成。常用的甘汞电极有三种：氯化钾溶液为饱和溶液的是饱和甘汞电极；氯化钾溶液浓度为 1 mol·L^{-1} 的是摩尔甘汞电极；氯化钾溶液浓度为 0.1 mol·L^{-1} 的是 0.1 mol·L^{-1} 甘汞电极。在 298.15 K 时，当量甘汞电极的电极电位是 0.280 1 V。甘汞电极的制备和保存都很方便，电极电位很稳定，所以用途很广。

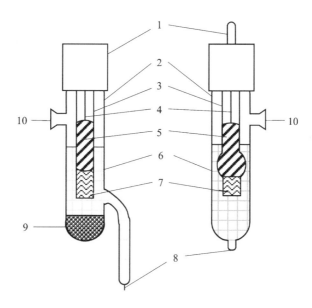

1—导线（接线柱）；2—外套管；3—内套管；4—Pt 丝；5—Hg、Hg_2Cl_2 混合物；
6—内参比溶液；7—棉花；8—塞石棉的毛细孔；9—KCl 晶体；10—加液孔

图 2-4-3 甘汞电极结构

甘汞电极的电极反应和电极符号分别如下：

电极符号：Pt(s)｜Hg(l)｜Hg_2Cl_2(s)｜KCl(饱和)；

电极反应式：$Hg_2Cl_2 + 2e = 2Hg + 2Cl^-$。

甘汞电极在不同氯化钾溶液浓度和温度条件下表现出不同的 $\varphi^{\theta}_{甘汞}$，具体关系如表 2 - 4 - 1 所列。

表 2 - 4 - 1　不同氯化钾溶液浓度的甘汞电极的 $\varphi^{\theta}_{甘汞}$ 与温度的关系

氯化钾溶液浓度/(mol · L⁻¹)	电极电势 $\varphi^{\theta}_{甘汞}$/V
饱和	$0.241\,2 - 7.6 \times 10^{-4}(t-25)$
1.0	$0.280\,1 - 2.4 \times 10^{-4}(t-25)$
0.1	$0.333\,7 - 7.0 \times 10^{-4}(t-25)$

使用甘汞电极时需要注意：

① 甘汞电极由金属汞、氯化亚汞(甘汞)和氯化钾盐桥三部分组成。电极中的氯离子来源于氯化钾溶液,在氯化钾溶液浓度一定的情况下,电极电位在一定温度下是常数,而与水的 pH 值无关。电极内部的氯化钾溶液通过盐桥(陶瓷砂芯)往外渗透,使原电池导通。

② 使用时,必须取下电极侧管口的橡皮塞和下端的橡皮帽,以使盐桥溶液借重力作用维持一定流速渗漏,保持与待测溶液的通路。电极不用时,应套好橡皮塞和橡皮帽,防止溶液蒸发和渗出。长期不用的甘汞电极应充满氯化钾溶液,放置在电极盒内保存。

③ 电极内氯化钾溶液不能有气泡,以防止短路;溶液内应保留少许氯化钾晶体,以保证氯化钾溶液的饱和。但氯化钾晶体不可过多,否则就有可能堵塞与被测溶液的通路,以至产生不规律的读数。同时还应注意排除甘汞电极表面或盐桥与水接触部位的气泡,否则也可能导致测量回路断路读不出数或读数不稳。

④ 测量时,甘汞电极内的氯化钾溶液的液面必须高于被测溶液的液面,以防被测液向电极内扩散而影响甘汞电极的电位。水中含有的氯化物、硫化物、络合剂、银盐、过氯酸钾等成分向内扩散,都将会影响甘汞电极的电位。

⑤ 温度波动较大时,甘汞电极的电位变化有滞后性,即温度变化快,电极电位的变化较慢,电极电位达到平衡所需的时间较长,因此测量时要尽量避免温度大幅度变化。

⑥ 要注意防止甘汞电极陶瓷砂芯被堵塞,当测量浑浊溶液或胶体溶液后特别要注意及时清洗。若甘汞电极陶瓷砂芯表面有粘附物,可用金刚砂纸或在油石上加水轻轻磨去。

⑦ 定期对甘汞电极的稳定性进行检查,可分别测定被检验的甘汞电极与另一只完好的内充液相同的甘汞电极在无水或同一水样中的电位,两个电极的电位差值应小于 2 mV,否则就需要更换新的甘汞电极。

甘汞电极在 70 ℃ 以上时电位值不稳定,在 100 ℃ 以上时电极只有 9 h 的寿命,因此甘汞电极应在 70 ℃ 以下使用,超过 70 ℃ 时应改用银-氯化银电极。

3) 银-氯化银电极

氯化银电极是由表面覆盖有氯化银的多孔金属银浸在含 Cl⁻ 的溶液中构成的电极。

银-氯化银电极的电极反应和电极符号分别如下：

电极符号：$Ag(s)|AgCl(s)|Cl(c)$；

电极反应式：$AgCl + e = Ag + Cl^-$。

氯化银电极电势稳定,重现性很好,是常用的参比电极(见图 2 - 4 - 4)。它的标准电极电势为 $+0.222\,4$ V(25 ℃)。优点是在升温的情况下比甘汞电极稳定。通常有 0.1 mol · L⁻¹ KCl、1.0 mol · L⁻¹ KCl 和饱和 KCl 三种类型(见表 2 - 4 - 2)。该电极用于含氯离子的溶液时,在酸性溶液中会受痕量氧的干扰,在精确工作中可通氮气保护。当溶液中有 HNO_3 或 Br^-、I^-、NH_4^+、CN^- 等离子存在时,则不能应用。此外,它还可用作某些电极(如玻璃电极、离子选择性电极)的内参比电极。

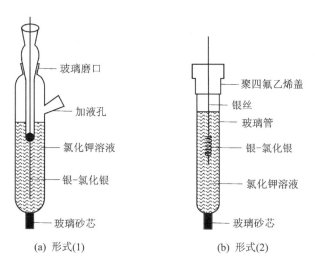

(a) 形式(1)　　　(b) 形式(2)

图 2 - 4 - 4　银-氯化银电极的形式

表 2 - 4 - 2　银-氯化银电极的电极电势

氯化钾溶液浓度/(mol · L^{-1})	电极电势/V
饱和	0.198 1
1.0	0.288
0.1	0.222 3

4）玻璃电极

玻璃电极是用对氢离子活度有电势响应的玻璃薄膜制成的膜电极,是常用的氢离子指示电极。它通常为圆球形,内置 $0.1\ mol · L^{-1}$ 盐酸和氯化银电极或甘汞电极(见图 2 - 4 - 5)。使用前将其浸在纯水中使表面形成一薄层溶胀层,使用时将它和另一参比电极放入待测溶液中组成电池,电池电势与溶液 pH 值直接相关。由于存在不对称电势、液接电势等因素,还不能由此电池电势直接求得 pH 值,而应采用标准缓冲溶液来"标定",根据 pH 值的定义式算得。玻璃电极不受氧化剂、还原剂和其他杂质的影响,pH 值测量范围宽广,应用广泛。

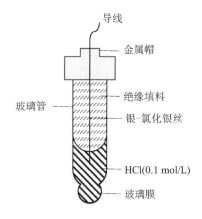

图 2 - 4 - 5　玻璃电极

玻璃电极的主要部分是一个玻璃泡,泡的下半部是对 H^+ 有选择性响应的玻璃薄膜,泡内装有 pH 值一定的 $0.1\ mol · L^{-1}$ 的 HCl 内参比溶液,其中插入一支 Ag - AgCl 电极作为内参比电极,这样就构成了玻璃电极。玻璃电极中内参比电极的电位是恒定的,与待测溶液的 pH 值无关。玻璃电极之所以能测定溶液的 pH 值,是由于玻璃膜产生的膜电位与待测溶液的 pH 值有关。玻璃电极在使用前必须在水溶液中浸泡一定时间,使玻璃膜的外表面形成水合硅胶层,由于内参比溶液的作用,玻璃的内表面同样也形成了内水合硅胶层。当浸泡好的玻璃电极浸入待测溶液时,水合层与溶液接触,由于硅胶层表面和溶液的 H^+ 活度不同,形成活度差,H^+便从活度大的一方向活度小的一方迁移,硅胶层与溶液中的 H^+ 建立了平衡,改变了胶-液两相界面的电荷分布,产生一定的相界电位。同理,在玻璃膜内侧水合硅胶层-溶液界面也存在一定的相界电位。

5)复合电极

把 pH 玻璃电极和参比电极组合在一起的电极就是 pH 复合电极,根据外壳材料的不同,分塑壳和玻璃壳两种。相对于两个电极而言,复合电极最大的好处就是使用方便。pH 复合电极主要由电极球泡、玻璃支持杆、内参比电极、内参比溶液、外壳、外参比电极、外参比溶液、液接界、电极帽、电极导线、插口等组成。

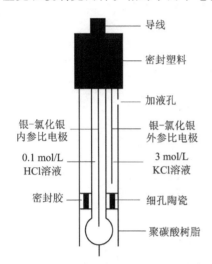

图 2-4-6 复合 pH 电极的结构示意图

有些酸度计,将作为指示电极的玻璃电极和作为参比电极的银-氯化银电极组装在两个同心玻璃管中,看起来好像是一支电极,称为复合电极(见图 2-4-6)。其主要部分是电极下端的玻璃球和玻璃管中的一个直径约为 2 mm 的素瓷芯。当复合电极插入溶液时,素瓷芯起盐桥作用,将待测试液和参比电极的饱和 KCl 溶液沟通,电极内部的内参比电极(另一个银-氯化银电极)通过玻璃球与待测试液接触。两个银-氯化银电极通过导线分别与电极的插头连接。内参比电极与插头顶部相连接,为负极;参比电极与插头的根部连接,为正极。

(3)盐 桥

液接电势指在两个组成不同或浓度不同的电解质溶液互相接触的界面间所产生的电位差,它是由于两个电解质溶液中离子的扩散速度不同而引起的,故又称扩散电势。

为了准确测定电池电动势,必须设法消除液接电势。盐桥是"衔接"和"隔离"不同电解质的重要装置(见图 2-4-7),接通电路的作用是消退或减小液接电位,通常与参比电极组合在一起。甘汞电极和银-氯化银电极的盐桥是 KCl 溶液。

在选用盐桥时应该注意以下几点:

① 盐桥中电解质不含有被测离子。

② 电解质的正、负离子的迁移率应当基本相等。

③ 要保持盐桥内离子浓度尽可能大,以保证减小液接电位。常用作盐桥的电解质有 KCl、NH_4Cl、KNO_3 等。一些液接界面的液接电位,两相溶液浓度差越大,液接电位越小;两相溶液浓度相同,有 H^+、OH^- 存在时,液接电位最大,这是由于二者有最快的迁移速率,引起了最大的液接电位。

5. 电极过程动力学测量

电极过程动力学研究电极反应进程中电极界面及其近旁所发生的各种过程的动力学行

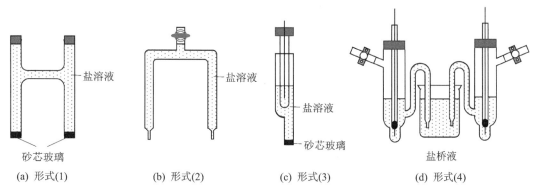

| (a) 形式(1) | (b) 形式(2) | (c) 形式(3) | (d) 形式(4) |

图 2-4-7　盐桥的几种形式

为,包括电化学反应器即各类电池中的电极过程,也包括并非在电化学反应器中进行的一些过程。

电极过程动力学主要关注电极反应的快速发生,它所研究的概念包括电极反应的能量和速率、反应机理、电化学动力学、反应机理的构型变化等。在研究电极过程动力学时,需要考虑电极容量、势能条件以及相关的反应机理。电极容量是指电极表面上的反应物分子的会聚程度,它可以影响电极反应的动力学。势能条件是指反应物和中间体之间的势能差,它可以决定反应物是否能发生反应。而反应机理是指介导电极反应的反应步骤,可以帮助我们更好地理解和控制电极反应。

电极过程动力学的实验方法有很多,如循环伏安法、恒电流极化曲线法、线性电位扫描法、暂态法、交流阻抗法、滴汞电极法和旋转圆盘(环盘)电极法等。

(1) 三电极体系

电化学体系借助于电极实现电能的输入或输出,电极是实施电极反应的场所。一般电化学体系分为二电极体系和三电极体系,用得较多的是三电极体系。相应的三个电极为工作电极、参比电极和辅助电极。三个电极组成两个回路,工作电极和辅助电极(对电极)组成的回路,用来测电流;工作电极和参比电极组成的回路,用来测电极的电位。图 2-4-8 是电化学传感器中常用的三电极体系示意图和两回路示意图。

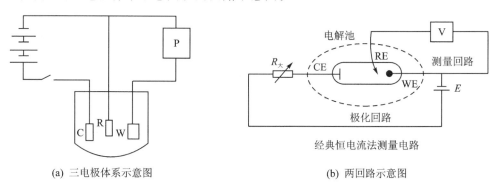

| (a) 三电极体系示意图 | (b) 两回路示意图 |

C—对电极;R—参比电极;W—工作电极;P—电化学工作站

图 2-4-8　三电极与两回路的原理图

工作电极:又称研究电极,是指所研究的反应在该电极上发生。一般来讲,对工作电极的基本要求是：工作电极可以是固体，也可以是液体，各式各样的能导电的固体材料均能用作电极；电极必须不与溶剂或电解液组分发生反应（铂、金、银、铅和导电玻璃等），所研究的电化学反应不会因电极自身所发生的反应而受到影响，并且能够在较大的电位区域中进行测定；电极面积不宜太大，电极表面最好应是均一平滑的，且能够通过简单的方法进行表面净化等。

辅助电极：又称对电极，辅助电极和工作电极组成回路，使工作电极上电流畅通，以保证所研究的反应在工作电极上发生，但必须无任何方式限制电池观测的响应。由于工作电极发生氧化或还原反应时，辅助电极上可以安排为气体的析出反应或工作电极反应的逆反应，以使电解液组分不变，即辅助电极的性能一般不显著影响研究电极上的反应。但减少辅助电极上的反应对工作电极干扰的最好办法可能是用烧结玻璃、多孔陶瓷或离子交换膜等来隔离两电极区的溶液。为了避免辅助电极对测量到的数据产生任何特征性影响，对辅助电极的结构还是有一定的要求的。如与工作电极相比，辅助电极应具有大的表面积使得外部所加的极化主要作用于工作电极上。辅助电极本身电阻要小，并且不容易极化，同时对其形状和位置也有要求。

参比电极：是指一个已知电势的接近于理想不极化的电极。参比电极上基本没有电流通过，用于测定研究电极（相对于参比电极）的电势。在控制电位实验中，因为参比电池保持固定的电势，因而加到电化学池上的电势的任何变化值直接表现在工作电极/电解质溶液的界面上。实际上，参比电极起着既提供热力学参比，又将工作电极作为研究体系隔离的双重作用。根据不同研究体系，可选择不同的参比电极。水溶液体系中常见的参比电极有饱和甘汞电极（SCE）、银-氯化银电极、标准氢电极（SHE 或 NHE）等。许多有机电化学测量是在非水溶剂中进行的，尽管水溶液参比电极也可以使用，但不可避免地会给体系带入水分，影响研究效果，因此，建议最好使用非水参比体系。常用的非水参比体系为 Ag/Ag^+（乙腈）。

对于化学电源和电解装置，辅助电极和参比电极通常合二为一。化学电源中电极材料可以参加成流反应，本身可溶解或化学组成发生改变。对于电解过程，电极一般不参加化学的或电化学的反应，仅是将电能传递至发生电化学反应的电极/溶液界面。制备在电解过程中能长时间保持本身性能的不溶性电极一直是电化学工业中最复杂也是最困难的问题之一。不溶性电极除应具有高的化学稳定性外，对催化性能、机械强度等亦有要求。

（2）极化曲线测量

1）控制电流法

以电流为自变量，按照规定的电流变化程序，测定相应的电极电位随电流变化的函数关系。在恒电流实验时，应当记录电位-时间的变化关系，即充电曲线；此外，还包括断电流法，即在断电流的瞬间，测量电极电位及其变化。控制电流法是在每一个测量点及每一瞬间，电极上流过的电流都被控制在一个规定的数值。当电流保持恒定不变时称为恒电流法，测得相应的极化曲线称为恒电流充电曲线。

2）控制电位法

以电位为自变量，按照规定的电位变化程序，测定相应的极化电流随电位变化的函数关系。在恒电位试验时，是记录相应电流-时间的变化曲线。控制电位法的实质是在每一个测量点及每一瞬间，电极电位都被控制在一个规定的数值。当电位保持恒定不变时称为恒电位法，测得相应的极化曲线称为恒电位充电曲线。

控制电流法和控制电位法按照自变量变化程序可以分为恒电位稳态法、准稳态法和连续扫描法三种。

① 恒电位稳态法是指恒电位测量时与每一个给定电位对应的响应信号（电流）完全达到稳定不变的状态。恒电流稳态法同样如此。在测量技术上要求某参数完全不变是不可能的，考虑到仪器精度及试验要求，例如可以规定所测量的电位在 5 min 内变化不超过 1 mV 就可以认为达到稳态。稳态极化曲线都是用逐点测量技术获得的，此即经典的步阶法。

② 准稳态法是指在给定自变量（恒电位时为电位，恒电流时为电流）的作用下，相应的响应信号（恒电位时为电流，恒电流时为电位）并未达到完全稳态时记录数据。因为稳态法时间太长，且因体系而异，试验测量很不方便，测量结果的重现性和可比性较差。为此，可以人为规定在每一个给定自变量水平上停留规定的同样时间，在保持时间点，读出或记录相应的响应信号，接着调节到程序规定的下一个给定自变量继续试验。例如，可以统一规定在每一个给定自变量的水平上保持 5 min。例如采取逐点测量的步阶法或自动给定的阶梯波阶跃法。

③ 连续扫描法是指利用线性扫描电压控制恒电位仪或恒电流仪的给定自变量（电位或电流），使其按预定的程序以规定的速度连续线性变化，用 X - Y 函数记录仪同步记录给定的信号，自动绘出极化曲线。由此得到的是非稳态极化曲线。控制电位连续扫描所测得的称为动电位极化曲线，控制电流连续扫描所测得的称为动电流极化曲线。控制电位的慢速连续扫描具有恒电位的性质，故又称为控制（恒）电位扫描法。

（3）电化学工作站

电化学工作站（electrochemical workstation）是电化学测量系统的简称，是电化学研究和教学常用的测量设备，可用于较大电流和较高槽压的电化学测量和应用，例如电池、腐蚀、电解、电镀和电分析等。仪器由数字信号发生器、双通道数据采集系统和恒电位仪/恒电流仪组成。其主要有两大类：单通道工作站和多通道工作站，应用于生物技术、物质的定性定量分析等。

电化学工作站可直接用于超微电极上的稳态电流测量。如果与微电流放大器及屏蔽箱连接，则可测量 1 pA 或更低的电流。如果与大电流放大器连接，则电流范围可拓宽为 ±100 A。某些实验方法的时间尺度的数量级可达 10 倍，动态范围极为宽广，一些工作站甚至没有时间记录的限制，可进行循环伏安法、交流阻抗法、交流伏安法、电流滴定、电位滴定等测量。工作站可以同时按两电极、三电极及四电极的工作方式工作。四电极可用于液/液界面电化学测量；对于大电流或低阻抗电解池（例如电池）也十分重要，可消除由于电缆和接触电阻引起的测量误差。仪器还有外部信号输入通道，可在记录电化学信号的同时记录外部输入的电压信号，例如光谱信号、快速动力学反应信号等。这对光谱电化学、电化学动力学等实验极为方便。

五、光学测量技术

光与各种物质相互作用产生各种光学现象，如反射、折射、吸收、散射、偏振以及物质的受激辐射等。这些现象可以反映原子、分子和晶体结构等方面的信息。例如，利用折射率可以测量物质的纯度，利用吸光度可以测定物质的组成，利用旋光度测定分子的手性以及用 X 射线确定晶体结构等。下面结合物理化学实验简要介绍一些常用的光学测量技术。

1. 阿贝折射仪

阿贝折射仪是实验室常用来测量折光率的仪器，具有测量液体物质试液用量少、操作方便、读数准确的优点。

（1）阿贝折射仪的测量原理

阿贝折射仪的外形和内部构造如图 2-5-1 所示，其中 5、6 是两个高折射率玻璃制成的直角棱镜，两棱镜间留有微小的缝隙，用来容纳待测液体。此两个棱镜可以一起转动，棱镜 6 可以向下张开。观测筒内有一个凸透镜、一个目镜和一个交叉法线的圆片。当转动棱镜时，此目镜也相对于刻度线转动。

图 2-5-2 绘出了光程示意图，由反光镜 7 反射来的入射光进入棱镜 6，此棱镜表面为毛玻璃面，入射光在毛玻璃面 AD 上发生漫射，并以各个方向通过两棱镜中间待测液层而进入折射棱镜 P_r 中，此镜面为一光滑面。根据折射定理，当光由光疏媒质（待测液）进入光密媒质（折射棱镜 P_r）时，折射角小于入射角，故各个方向的光均可在折射棱镜 P_r 面发生折射而进入折射棱镜 P_r，当入射角最大（90°）时，折射角也最大，即为临界角。可见，对棱镜面 AD 上的一点来说，当光在 0~90°范围内入射时，只有临界角以内才有折射光，而临界角以外则没有折射光，所以漫射光透过液层在 AD 面折射时，只有临界角以内角度的光进入折射棱镜 P_r。折射光穿过空气经过凸透镜后，即显出一明暗界线，这时调转两棱镜旋转旋钮，可以使这一界线落在交叉法线的交点处，这就是我们从观察镜中看到的明暗分明的现象。此时我们就可以直接读出扇形规上待测液体的折光率。

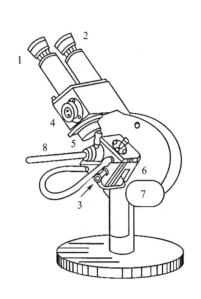

1—目镜；2—放大镜；3—恒温水接头；4—消色补偿器；
5、6—棱镜；7—反光镜；8—温度计

图 2-5-1 阿贝折射仪

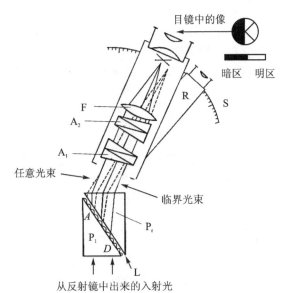

P_r—折射棱镜；P_1—辅助棱镜；A_1、A_2—阿密西棱镜；
F—聚焦棱镜；L—液体层；R—转动臂；S—标尺

图 2-5-2 阿贝折射仪光程示意图

液体不同，临界角不同，使明暗界线落于交叉法线交点时两棱镜转动的位置不一样，因而，折光率的读数也不一样。

（2）数显阿贝折射仪的构造及使用方法

目前，实验中经常使用的是 WYA-2S 数显阿贝折射仪（见图 2-5-3）。下面具体介绍 WYA-2S 数显阿贝折射仪的构造及使用方法。

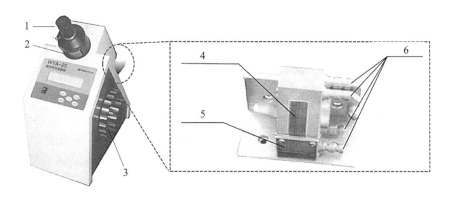

1—目镜；2—色散校正手轮；3—旋转调节手轮；4—进光棱镜；5—折射棱镜；6—恒温通水管

图 2 - 5 - 3　WYA - 2S 数显阿贝折射仪

操作步骤及使用方法：

① 按下"POWER"波形电源开关，聚光照明部件中照明灯亮，同时显示窗显示 00000。有时先显示"–"，数秒后显示 00000。

② 打开折射棱镜部件，移动擦镜纸，这张擦镜纸在仪器不使用时放在两棱镜之间，防止在关上棱镜时，可能留在棱镜上的细小硬粒弄坏棱镜工作表面。擦镜纸只需用单层。

③ 检查上、下棱镜面，并用酒精小心清洁其表面。测定每一个样品以后也要仔细清洁两块棱镜表面，因为留在棱镜上少量的原来样品将影响下一个样品的测量准确度。

④ 将被测样品放在下面的折射棱镜的工作表面上。如样品为液体，可用干净滴管吸 1～2 滴液体样品放在棱镜工作表面上，然后将上面的进光棱镜盖上。

⑤ 转动聚光照明部件的转臂和聚光镜筒使上面的进光棱镜的进光表面得到均匀照明。

⑥ 通过目镜观察视场，同时旋转调节手轮，使明暗分界线落在交叉线视场中。如从目镜中看到视场是暗的，可将调节手轮逆时针旋转。看到视场是明亮的，则将调节手轮顺时针旋转。明亮区域是在视场的顶部。在明亮视场情况下可旋转目镜，调节视度看清晰交叉线。

⑦ 旋转目镜方缺口里的色散校正手轮，同时调节聚光镜位置，使视场中明暗两部分具有良好的反差和明暗分界线具有最小的色散。

⑧ 旋转调节手轮，使明暗分界线准确对准交叉线的交点，最终视场内呈现一个清晰的明暗临界线，如图 2 - 5 - 4 所示。

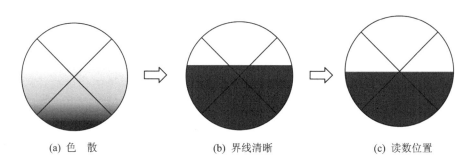

(a) 色　散　　　　　(b) 界线清晰　　　　　(c) 读数位置

图 2 - 5 - 4　目镜成像调节显示图

⑨ 按"READ"读数显示键，显示窗中 00000 消失，显示"–"数秒后"–"消失，显示被测样品

的折射率。当选定测量方式为"BX - TC"或"BX"时，如果调节手轮旋转超出锤度测量范围（0～95%），则按"READ"后，显示窗将显示"·"。

⑩ 检测样品温度，可按"TEMP"温度显示键，显示窗将显示样品温度。除了按"READ"键后，显示窗显示"−"时，按"TEMP"键无效外，在其他情况下都可以对样品进行温度检测。

由于眼睛在判断临界线是否处于准丝点交点上时容易疲劳，为减少偶然误差，应转动手柄，重复测定三次，三个读数相差不能大于0.000 2，然后取其平均值。试样的成分对折光率的影响是极其灵敏的，由于玷污或试样中易挥发组分的蒸发，致使试样组分发生微小的改变，会导致读数不准，因此测一个试样应重复取样三次，测定这三个样品的数据，再取其平均值。

样品测量结束后，必须用酒精或水（样品为糖溶液时）小心进行清洁。

本仪器折射棱镜中有通恒温水结构，如需测定样品在某一特定温度下的折射率，仪器可外接恒温器，将温度调节到所需温度再进行测量。

注意：开闭镜要小心，特别要保护好棱镜面，在用滴管滴加液体时，不要使管口碰及镜面，以免镜面损坏。

2．旋光仪

自然光（像日光）、烛光和灯光等，其振动面在各个方向上都有，如使此类光通过尼克尔棱镜（尼克尔棱镜是将长度约为宽度3倍的透明的方解石沿一定方向锯开后磨光，再用加拿大树胶粘合而成），则只有在一个振动面内振动的光可以透过，而在其他振动面内振动的光被折射而不能透过（见图2-5-5）。这种只在一个振动面内振动的光称偏振光。

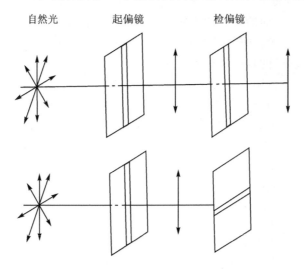

图2-5-5　光通过尼克尔棱镜示意图

当平面偏振光通过含有某些旋光活性物质（如具有不对称碳原子的化合物）的液体或溶液时，能引起旋光现象，使偏振光的振动平面向左或向右旋转。偏振光旋转的度数称为旋光度。旋光度有右旋、左旋之分，偏振光向右旋转（顺时针方向）称为"右旋"，用符号"＋"表示；偏振光向左旋转（逆时针方向）称为"左旋"，用符号"−"表示。通常用于测试旋光度的仪器有多种，其结构的主要部分如图2-5-6所示。

旋光仪起偏镜和检偏镜皆为尼克尔棱镜。由起偏镜出来的偏振光在目镜处观察，如检偏镜和起偏镜两镜偏振面相互平行时，则光线可以全部通过，视场最亮；如两棱镜偏振面相互垂

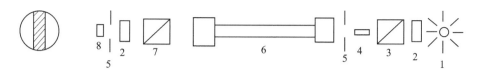

1—光源；2—透镜；3—起偏镜；4—石英片；5—光阑；6—旋光管；7—检偏镜；8—目镜

图 2-5-6 旋光仪光学系统示意图

直,则光线完全不能通过,视场最暗;在两棱镜由垂直转向平行的过程中,通过的光由弱变强,而视场也渐渐由暗变亮,利用这个原理可以测定偏振光被旋光性物质所旋转的角度。

在旋光管内没有放入旋光性物质溶液时,旋转检偏镜使其和起偏镜互相垂直,则视场最暗。然后在旋光管内放入旋光性物质溶液,则由于偏振光的振动面被旋转一角度而能使部分光通过检偏镜,所以视场又稍明亮。再旋转检偏镜使视场变为最暗,则检偏镜所旋转的角度即为旋光性物质使偏振光所旋转的角度。此角度的大小可由和检偏镜相连的指针在固定的刻度盘上读出。但是如果没有一个标准作为对比,而只是观察视场的最暗或最亮,则很难准确测定。为此在旋光仪中装置了一个辅助镜放在起偏镜前面遮去视野的一部分,它的作用是使被它遮住的一部分偏振光在经过它时偏振面被旋转一角度,而未被辅助镜遮挡的部分偏振光其偏振面仍为原来的方向。图 2-5-7 是转动检偏镜时,在目镜中观察到的三种情况。

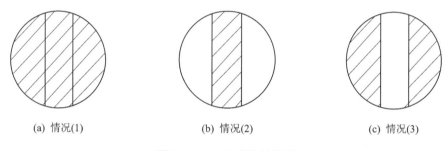

(a) 情况(1)   (b) 情况(2)   (c) 情况(3)

图 2-5-7 旋光仪的视野

在进行测量时,先转动检偏镜使视场中三部分亮度相等,所得的读数即为零点。然后放入旋光性物质,则视场的三部分亮度不同,旋动检偏镜,使视场的三部分亮度重新相等。此时检偏镜所转动的角度即为旋光角。

检偏镜与刻度盘相连,刻度盘为 360°,每度 1 格,游标 10 小格,直读 0.1°,准确度可达 ± 0.1°。

旋光仪和所有光学仪器一样,在使用过程中,须当心使用和妥善保管。使用时,仪器金属部分切忌沾污酸碱;在旋光管中装好溶液后,管的周围及两端的玻璃片均应保持洁净,旋光管用后要用水洗净、擦干。

3. 分光光度计

分光光度计是利用单色仪或特殊光源提供的特定波长的单色光通过标样和被分析样品,比较两者的光强度来分析物质成分的光谱仪器。带有可调节入射光波长单色仪的光度计,可以分析溶液的吸收光谱而进行定性分析,也可以固定入射光波长去测量吸光度对物质进行定量分析。依使用的波长不同,分为可见、紫外、红外分光光度计等。

常用的波长范围为：① 200～400 nm 的紫外光区；② 400～760 nm 的可见光区；③ 2.5～25 μm(按波数计为 4 000～400 cm^{-1})的红外光区。所用仪器为紫外分光光度计、可见光分光光度计(或比色计)、红外分光光度计或原子吸收分光光度计。

单色光辐射穿过被测物质溶液时,被该物质吸收的量 A 与该物质的浓度 c 及液层的厚度(光路长度 L)成正比,即

$$A = -\log(I/I_0) = -\lg T = kLc$$

物质对光的选择性吸收波长,以及相应的吸收系数 k 是该物质的物理常数。当已知某纯物质在一定条件下的吸收系数后,可用同样条件将该供试品配成溶液,测定其吸收度,即可由上式计算出供试品中该物质的含量。在可见光区,除某些物质对光有吸收外,很多物质本身并没有吸收,但可在一定条件下加入显色试剂或经过处理使其显色后再测定,故又称比色分析。由于显色时影响呈色深浅的因素较多,且常使用单色光纯度较差的仪器,故测定时应当用标准品或对照品同时操作。

分光光度计主要由光源、单色器、样品室、检测器、信号处理器以及显示与存储系统组成。

对于光谱范围,包括波长范围为 400～760 nm 的可见光区和波长范围为 200～400 nm 的紫外光区。不同的光源都有其特有的发射光谱,因此可采用不同的发光体作为仪器的光源。

钨灯的发射光谱:钨灯光源所发出的 400～760 nm 波长的光通过三棱镜折射后,可得到由红橙、黄绿、蓝靛、紫组成的连续色谱,该色谱可作为可见光分光光度计的光源。

氢灯(或氘灯)的发射光谱:氢灯能发出 185～400 nm 波长的光,可作为紫外光光度计的光源。

如果在光源和棱镜之间放上某种物质的溶液,此时在屏上所显示的光谱已不再是光源的光谱,它出现了几条暗线,即光源发射光谱中某些波长的光因溶液吸收而消失,这种被溶液吸收后的光谱称为该溶液的吸收光谱。

不同物质的吸收光谱是不同的,因此根据吸收光谱,可以鉴别溶液中所含的物质。

当光线通过某种物质的溶液时,透过的光的强度会减弱。这是因为有一部分光在溶液的表面反射或分散,一部分光被组成此溶液的物质所吸收,只有一部分光可透过溶液。

入射光＝反射光＋分散光＋吸收光＋透过光

如果我们用蒸馏水(或组成此溶液的溶剂)作为"空白"去校正反射、分散等因素造成的入射光的损失,则

入射光＝吸收光＋透过光

第三部分 基本实验

第一章 化学热力学实验

实验一 氧弹量热法测定物质的燃烧热

一、目的要求

1. 掌握量热计的原理、构造、作用和使用方法,能够应用雷诺图解法校正温度改变值。
2. 理解恒压燃烧热与恒容燃烧热的差别及关系。
3. 能够用氧弹量热计设计测定物质的燃烧热,并指导生活、生产和科研等领域的应用实践。

二、基本原理

燃烧热是热化学的基本数据之一,是指在指定温度和压力下,1 mol 物质完全燃烧时的热效应。这里所说的完全燃烧是指燃烧产物中的 C 转化为 $CO_2(g)$,H 转化为 $H_2O(l)$,S 转化 $SO_2(g)$,N 转化为 $N_2(g)$ 等。

燃烧热可以用于计算生成热、反应热,评价燃料的燃烧热值、食品热量,也可以求算化合物的生成热、键能等数据。因此,燃烧热的测定对于指导人们生产、生活、设计航空航天设备所用的材料以及探索未知具有非常重要的实际意义。

测定燃烧热可以在恒容条件下也可以在恒压条件下进行。由热力学第一定律可知,恒容热效应(燃烧热)Q_V 等于系统热力学能(内能)ΔU 的变化。恒压热效应 Q_p 等于系统的焓变 ΔH。

若把参与反应和生成的气体都按照理想气体处理,则根据理想气体状态方程 $\Delta(PV) = \Delta nRT$,存在如下关系式:

$$Q_p = Q_V + \Delta nRT \tag{3-1-1}$$

式中,Δn 为反应前后产物与反应物中气体物质摩尔数之差;R 为气体常数;T 为反应温度(由于是恒温过程热,故可以在实验条件下按室温计算)。

氧弹量热计是常用于测定物质燃烧热的仪器,此仪器有很好的绝热性能,使燃烧所产生的热量可全部用来升高体系的温度。但是,每套仪器的热容量是不同的,因此测定物质燃烧热之前需要先测定仪器的热容量。

本实验采用已知燃烧热的标准物苯甲酸($Q_V = -26.46 \text{ kJ} \cdot \text{g}^{-1}$)来测定氧弹量热计的热

容量。如果一定质量的苯甲酸完全燃烧所放出的热量使体系温度升高 ΔT,则根据能量守恒定律,有如下关系式:

$$mQ_V = -(\rho VC + C_{\rm it})\Delta T - 3.24m_1 \qquad (3-1-2)$$

式中,m 为苯甲酸样品的质量;V 为量热计中所放入水的体积(3 000 mL);ρ 为水的密度;C 为水的比热容(4.18×10^{-3} kJ·g^{-1}·K^{-1});m_1 为引燃丝的质量(本实验中引燃丝为镍铬丝,其燃烧热值为 3.24 kJ·g^{-1}),$C_{\rm it}$ 为量热计的热容量。

基于此,通过计算可以得到 $C_{\rm it}$,进一步以此氧弹量热计来测量待测样品的燃烧热,以便于分析和解决日常饮食的热量控制、生产过程燃料以及航空燃料选择优化等问题。

三、仪器和试剂

1. 仪器:氧弹量热计(BH-ⅡS,见图 3-1-1),氧弹(见图 3-1-2),高压氧气充气机(见图 3-1-3),压片机,容量瓶(1 L),移液管(1 mL)。

2. 试剂:苯甲酸,蔗糖,液体燃料,引燃丝,医用胶囊,去离子水。

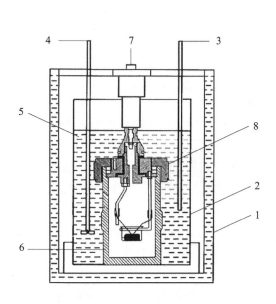

1—外筒;2—内筒;3—温度传感器;4—搅拌器;
5—内筒水浴;6—氧弹;7—上盖点火线;8—底部电极连线

图 3-1-1　氧弹量热计

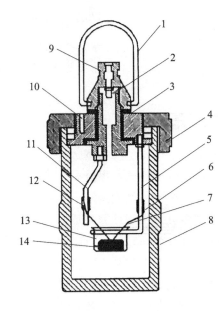

1—氧弹拉环;2—充气口;3—绝缘片;4—氧弹盖;
5—负极电极杆;6—引燃丝固定套;7—引燃丝;8—氧弹筒;
9—正极接口;10—负极接口;11—正极电极杆;
12—引燃丝固定槽;13—坩埚;14—燃烧样品

图 3-1-2　氧弹的构造

四、实验步骤

1. 样品压片及装置氧弹

称取苯甲酸 1.0 g,将所称药品放入压片机模具中,徐徐旋紧丝杆,直至单手稍用劲拧不动

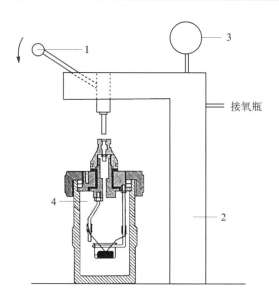

1—拉杆；2—支架；3—充氧压力表；4—氧弹

图 3-1-3　高压氧气充气机示意图

为止，然后松开丝杆，移去垫板，让垫片落下，夹住模具，旋下压棒推出苯甲酸压片，用镊子夹住压片在称量纸上轻轻敲击，将未压实的粉末除去，并将苯甲酸压片在分析天平上准确称量，然后放入燃烧皿。

取 15～20 cm 长的引燃丝(称量其质量)，将引燃丝中部在钢针上绕 5～6 圈，引燃丝两端分别与氧弹上的两个电极 6、7 连接好(操作时注意：两电极不能碰到一起，以免短路)，小圈与燃烧皿中压片表面紧密接触。向氧弹桶中加入 1 mL 去离子水，然后旋紧氧弹盖，用万用表测试两极接线柱。若电阻很小，说明电路已经接通，便可给氧弹充气。

注意：压片的紧实程度应适当，太紧不易燃烧，太松容易裂碎，压片机的套筒和垫片要专用。

2．氧弹充气

将氧弹进气孔置于氧气充气机充气口正下方，轻轻下压充气机操作杆使得进气孔与充气机相通。打开氧气钢瓶总阀，顺时针打开减压阀门，使减压表的指针移至 2 MPa 左右，充气 10 s。然后逆时针关闭减压阀门，关闭钢瓶总阀。取下氧弹，充气完毕。

3．苯甲酸燃烧热测量

连接电源线、上盖点火线。打开电源开关，仪器预热 5 min。用容量瓶在量热计内桶中加入 3 000 mL 自来水，将充好氧气的氧弹慢慢放入量热器中，氧弹下部放置在支架的中间位置(水面盖过氧弹的肩膀位置，露出电极孔，两电极应保持干燥)。如有气泡逸出，说明氧弹漏气，寻找原因，排除；盖上上盖，使得上盖中间电极和氧弹头顶部接触良好。观察燃烧热上面点火状态显示，如果是点火"短路"或者是点火"断路"，则需检查氧弹挂丝充氧、上盖电极接触、燃烧丝长度等，直到显示"允许"点火才可以继续下一步。按面板"搅拌"按钮，开启搅拌，分三个阶段进行测量。

① 前期：即燃烧点火之前，每分钟读取温差测量仪上的温度一次，共读取 10 min。

② 中期：即点火燃烧期，按下控制器上的"点火"控制开关。可以听到点火继电器吸合，由于样品燃烧放出大量的热，十几秒钟后内筒温度迅速上升，点火成功，继续实验，此时应每 0.5 min 记录温度一次，一般至少应记录 20 个点。

注意：若发现温度未迅速上升，应停止实验，检查原因。

③ 后期：燃烧放热结束后，每分钟还应记录温度一次，再读取 10 min。

测量完成后，停止数据记录，停止搅拌，放水口连接水管到放水容器，拉起放水塞，将内筒水放干净。打开上盖，取出氧弹，清理内筒，保持清洁，关闭仪器电源。用放气帽放掉氧弹内气体，旋下氧弹盖，检查样品燃烧情况，并称量剩余引燃丝质量。若样品完全燃烧，实验成功；反之，实验失败，需要检查原因并重做。

实验完成后，保持氧弹内外清洁干燥。

4. 其他待测样品燃烧热测量

（1）固体样品

取清洁干燥氧弹，按上述方法分别测量 1.0 g 蔗糖的燃烧热（或其他食品、煤粉等固体样品的燃烧热）。

注意：在测定新样品燃烧热时，内筒中的水需重新量取。

（2）液体样品

请查阅相关资料，设计方案测定给定的航空煤油、汽油、无水乙醇或其他液体燃料的燃烧热值。

根据提供的样品，此处应取液体燃料 0.5～0.6 g 进行实验。

提示：高沸点液体可以直接置于坩埚中进行测定；低沸点液体可装于医用胶囊中引燃，计算试样热值时，将引燃物和胶囊放出的热值扣除（胶囊热值需要单独测定，称取胶囊质量应为 1 g 左右）。或将液体密封于玻泡中，再将玻泡置于小片苯甲酸上使其烧裂后点燃。

五、数据处理

1. 由于实验过程中受环境的影响而难以从实验数据直接得到燃烧前后的真实温度差 ΔT，所以要进行温度校正。根据实验数据作出温度-时间曲线，如图 3-1-4 所示，有以下三种情况，校正方法如下：从曲线上平均温度（对应 D、F 点）H 点引垂线与线 BF 及 ED 的延长线交于 A、C 两点，则 A、C 点在坐标中所示的温度差就是所求 ΔT。

2. 作出苯甲酸、棉花、蔗糖的实验温度-时间曲线，并在曲线上求出 ΔT。

3. 根据式（3-1-2）及苯甲酸的 Q_V 值计算 $C_{\dagger}$。

4. 根据计算得到的 $C_{\dagger}$，分别求出棉花、蔗糖（或其他食品、燃料）的 Q_V 值。已知燃烧热的文献值：$Q_{V苯甲酸}=-26.46 \text{ kJ} \cdot \text{g}^{-1}$，$Q_{V蔗糖}=-16.49 \text{ kJ} \cdot \text{g}^{-1}$，$Q_{V航空煤油}=-41.84 \text{ kJ} \cdot \text{g}^{-1}$，$Q_{V汽油}=-43.50 \text{ kJ} \cdot \text{g}^{-1}$，$Q_{V乙醇}=-29.64 \text{ kJ} \cdot \text{g}^{-1}$，$Q_{V医用胶囊}=-18.48 \text{ kJ} \cdot \text{g}^{-1}$。

六、预习思考题

1. 写出苯甲酸燃烧的反应方程式。如何根据实验测得的 ΔU 计算 ΔH？

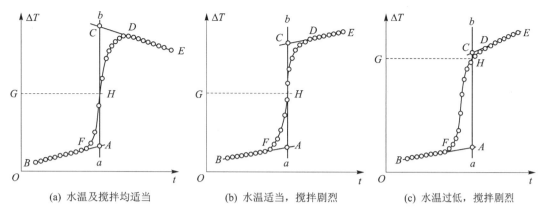

| (a) 水温及搅拌均适当 | (b) 水温适当，搅拌剧烈 | (c) 水温过低，搅拌剧烈 |

图 3-1-4　雷诺校正图

2. 精密数字温差测量仪(贝克曼温度计)测得的温度是相对值还是绝对值?

3. 如何使用氧气钢瓶和氧气减压阀,应该注意哪些规则?

4. 充氧气时,充气机使用中需要注意什么?

5. 用电解水制得的氧气进行实验可以吗,为什么?

6. 实验前为什么要在氧弹中加少量的水,如果水量大会有什么影响?

7. 燃烧热的测量中,忽略引燃丝的燃烧热及生成稀硝酸的反应热,会给结果带来多大误差?

8. 如何选择火箭推进剂及航空航天燃料,其关键问题是什么?

七、实验拓展与设计

请结合有机化学基础,查阅相关资料,总结作为火箭推进剂和燃料的含氮杂环化合物或其他新型高能燃料的设计原理。

八、实验记录

1. 苯甲酸

苯甲酸质量:　　　　　　　　　　　　　　引燃丝消耗质量:

点火前	时间	1	2	3	4	5	6	7	8	9	10
	温度										
燃烧过程	时间	10.5	11	11.5	12	12.5	13	13.5	14	14.5	15
	温度										
	时间	15.5	16	16.5	17	17.5	18	18.5	19	19.5	20
	温度										
后期	时间	21	22	23	24	25	26	27	28	29	30
	温度										

2. 蔗糖(或其他食品、燃料)

蔗糖(或其他食品、燃料)质量：　　　　　　　　　　引燃丝消耗质量：

点火前	时间	1	2	3	4	5	6	7	8	9	10
	温度										
燃烧过程	时间	10.5	11	11.5	12	12.5	13	13.5	14	14.5	15
	温度										
	时间	15.5	16	16.5	17	17.5	18	18.5	19	19.5	20
	温度										
后期	时间	21	22	23	24	25	26	27	28	29	30
	温度										

3. 液体燃料

液体燃料质量：　　　　　　　　　　引燃丝消耗质量：

点火前	时间	1	2	3	4	5	6	7	8	9	10
	温度										
燃烧过程	时间	10.5	11	11.5	12	12.5	13	13.5	14	14.5	15
	温度										
	时间	15.5	16	16.5	17	17.5	18	18.5	19	19.5	20
	温度										
后期	时间	21	22	23	24	25	26	27	28	29	30
	温度										

4. 胶　囊

胶囊质量：　　　　　　　　　　引燃丝消耗质量：

点火前	时间	1	2	3	4	5	6	7	8	9	10
	温度										
燃烧过程	时间	10.5	11	11.5	12	12.5	13	13.5	14	14.5	15
	温度										
	时间	15.5	16	16.5	17	17.5	18	18.5	19	19.5	20
	温度										
后期	时间	21	22	23	24	25	26	27	28	29	30
	温度										

九、燃烧热测定相关资料

1. 氧弹量热计的发展历史

（1）冰量热仪——最早的绝热体系

1780 年,拉瓦锡(法国化学家)和拉普拉斯(法国天文学家、数学家)研制出世界第一台量热仪(冰量热仪/相变量热仪)。将一只几内亚小鼠放到一个冰桶内,为了防止热量向外界散失,冰桶的外部包裹一层冰和水的混合物,老鼠放热将冰融化成水,通过测定下部烧杯中获得的水可以推算出老鼠释放的热量。

由于冰及冰水混合物的温度均为 0 ℃,天然构成了一个绝热体系,我们称之为冰量热仪或相变量热仪。

（2）贝特洛式氧弹

世界上第一台氧弹量热仪是在 1881 年由马塞林·伯斯路特(Berthelot,法国化学家)发明的,他把将样品放在一个密闭耐压容器中燃烧的测量方法发展成为标准的方法,他是首位使用纯氧在高压环境下获得更快速、更完全燃烧的科学家。

1910 年美国科学家 Parr 希望用过氧化钠代替氧气,但由于过氧化物的氧化能力无法保障样品的完全燃烧,且过程中存在较多的副反应,同时会有反应热释放,所以该方法无法完全取代氧气的作用。

20 世纪 30 年代,理查得 Richards 提出了"绝热量热法",测定时绝热式外筒和内筒温度基本保持一致,清除了内外筒之间的热交换。典型代表为德国 IKA 公司的 C310(1942 年)绝热量热仪;其后随着计算机及控制技术的发展相继推出 C4000(1988 年)和 C5000(1996 年)等全自动绝热量热仪。

20 世纪 70 年代,在恒温式量热仪的基础上改进外筒的控温系统,推出周边等温式测定模式,依据牛顿冷却定律,采用瑞方公式、奔特公式、罗李方程作为冷却补偿计算,典型的代表为 IKA C2000 自动量热仪。

1986 年,德国 IKA 公司首推干式量热仪 C700(1986 年)、C7000(1993 年),内筒不再使用水作为导热介质,量热仪的内筒、搅拌器和水被一个金属块代替。氧弹为双层金属构成,其中嵌有温度传感器,氧弹本身组成了量热系统。其优点是:测定速度快,3 min 可以完成一个样品的测定,是世界上速度最快的量热仪。

2. 常用火箭主要推进剂

表 3-1-1 给出了航空航天领域火箭的主要推进剂。

表 3-1-1 常用火箭主要推进剂

推进剂	分子式	密度/(g·mL^{-1})	应用举例
液氧	O_2	1.14	联盟号(煤油/液氧)、长征五号(液氢/液氧)
液氟	F_2	1.50	与液氢组成极高比冲的推进剂,仅小型火箭试用
四氧化二氮	N_2O_4	1.45	长征二号、三号、四号系列$(CH_3)_2NNH_2/N_2O_4$
硝酸	HNO_3	1.55	长征一号$(CH_3)_2NNH_2/HNO_3$
一氧化二氮	N_2O	1.22	SpaceDev 公司小型火箭(N_2O/固体燃料)
五氟化氯	ClF_5	1.9	氧化剂可以和肼、甲基肼组成火箭推进剂
高氯酸铵	NH_4ClO_4	1.95	ACP 公司高比冲火箭(高氯酸铵/铝、镁、锌)
液氢	H_2	0.071	长征五号(液氢/液氧)
甲烷	CH_4	0.423	SpaceX 火箭下一代推进剂、NASA 深空探测火箭
乙醇	C_2H_5OH	0.789	二战时德国 V-2 火箭(75%乙醇+25%水/液氧)

推进剂	分子式	密度/(g·mL^{-1})	应用举例
正十二烷	C$_{12}$H$_{26}$	0.749	阿波罗 8 号
肼	N$_2$H$_4$	1.004	美国发现号航天飞机,单组分推进剂
甲基肼	CH$_3$NHNH$_2$	0.866	美国航天飞机轨道机动系统 CH$_3$NHNH$_2$/N$_2$O$_4$
偏二甲基肼	(CH$_3$)$_2$NNH$_2$	0.791	长征二号、三号、四号系列(CH$_3$)$_2$NNH$_2$/N$_2$O$_4$
铝	Al	2.7	NASASLS 固体火箭助推器(Al/NH$_4$ClO$_4$)
聚丁二烯	(C$_4$H$_6$)$_n$	0.93	长征十一号火箭(HTPB 固体推进剂)
过氧水	H$_2$O$_2$	1.44	航天员训练火箭腰带(H$_2$O$_2$ 单组分推进剂)
三乙基硼烷	C$_6$H$_{15}$B	0.677	SR - 71 侦察机,用三乙基硼烷点燃 JP - 7 燃料
三乙基铝	C$_6$H$_{15}$Al	0.84	土星 5 号 F - 1 火箭;SpaceX 猎鹰 9 号火箭
四氢铝锂	LiAlH$_4$	0.917	火箭燃料添加剂

实验二 静态法测定液体的饱和蒸气压

一、目的要求

1. 掌握液体饱和蒸气压的定义、气液两相平衡的概念,以及纯液体饱和蒸气压与温度的关系,即克劳修斯-克拉贝龙方程式。

2. 掌握静态法测定液体饱和蒸气压的原理和真空实验技术,能够用作图法求被测液体的平均摩尔汽化热。

3. 能够基于饱和蒸气压的特性,分析、分解复杂问题,并指导生活、生产等领域的实际应用。

二、基本原理

在一定的温度下,纯液体与气相达到平衡时的压力,称为该温度下液体的饱和蒸气压;饱和蒸气压是物质的基础热力学数据,它不仅在化学、化工领域,而且在电子、冶金、医药、环境工程乃至航空航天领域都具有重要的地位,因而在工程计算中是必不可少的数据。

饱和蒸气压与温度的关系可用克劳修斯-克拉贝龙方程式表示:

$$\frac{\mathrm{d}(\ln p)}{\mathrm{d}T} = \frac{\Delta H}{RT^2} \qquad (3-2-1)$$

式中,ΔH 为摩尔汽化热,R 为气体常数,T 为热力学温度。如果温度变化不大,则 ΔH 可视为常数。积分上式得

$$\ln p = -\frac{\Delta H}{RT} + c \qquad (3-2-2)$$

由式(3-2-2)可知,$\log p$ 与 $1/T$ 是直线关系,如下式:

$$\log p = -\frac{\Delta H}{2.303RT} + c \qquad (3-2-3)$$

用两点式表示式(3-2-3)得

$$\log p_1 + \frac{\Delta H}{2.303RT_1} = \log p_2 + \frac{\Delta H}{2.303RT_2} \qquad (3-2-4)$$

由式(3-2-4)可求得液体的摩尔汽化热 ΔH,如下式:

$$\Delta H = \frac{2.303R(\log p_1 - \log p_2)}{\frac{1}{T_2} - \frac{1}{T_1}} \qquad (3-2-5)$$

测定液体饱和蒸气压主要有饱和气流法、静态法和动态法三种。

1. 饱和气流法:使干燥的惰性气流通过被测物质,并使其为被测物质所饱和,然后测定所通过的气体中被测物质蒸气的含量,就可根据分压定律算出此被测物质的饱和蒸气压。

2. 静态法:在某一温度下直接测量饱和蒸气压。

3. 动态法:在不同外界压力下测定其沸点。

本实验采用静态法测定液体的饱和蒸气压。所用液体饱和蒸气压测定装置如图3-2-1所示,平衡管是由 A 球和 U 形管 B、C 组成的。平衡管上部与数字压力计相通。压力计通过

缓冲瓶与真空泵相连接。平衡管内装有待测液体环己烷。一定温度下,若平衡管的 A 球内液体上方仅有被测物质环己烷的蒸气,那么 B 管液面上所受到的压力就是蒸气压。当这个压力与 C 管液面上的空气压力相平衡(B、C 液面齐平)时,就可以从数字压力计上测出此温度下的饱和蒸气压 $p_{蒸气}$。

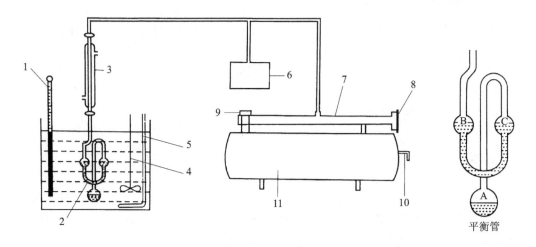

1—感温器;2—平衡管;3—冷凝管;4—搅拌器;5—加热管;6—数字压力计;
7—储气管;8—放气阀;9—调压阀;10—进气阀(接真空泵);11—缓冲瓶

图 3-2-1 液体饱和蒸气压测定装置

三、仪器和试剂

1. 仪器:液体饱和蒸气压测定装置 1 套,数字压力计 1 台,恒温水浴 1 套,真空泵 1 台。
2. 试剂:环己烷。

四、实验步骤

1. 排 气

将冷凝管与自来水接通,开动真空泵抽气。打开进气阀和调压阀,使体系与真空泵连通,减小系统的压力。当数字压力计显示压力 $p \leqslant 130 \text{ mmHg}$(以当前大气压力校准归零后,应抽到 $p \leqslant -630 \text{ mmHg}$)时,关闭进气阀和调压阀,使系统与真空泵隔绝,并关掉真空泵。

2. 加 温

将玻璃恒温水浴的控制器总开关打开,先开动搅拌器以中等速度搅拌,再将温度指示控制器的开关打开,将温度控制器调到 30 ℃,此时水浴内的加热管便开始加热。水浴温度达到所控制的温度时,加热管自动停止加热(指示灯亮灭交替闪烁),恒温 2 min,此时即可进行蒸气压测定。

3. 测定环己烷的饱和蒸气压

缓慢打开放气阀,慢慢放进空气,注意不要让体系内放入的空气过多。当 B、C 管的液面达同一水平面时,关闭放气阀,同时读出数字压力计的压力 p 及水浴的温度 T。然后,调节调压阀,缓缓减小系统内的压力,使液面 C 高于液面 B,此时等系统再平衡 2 min 后,缓缓放气,使得 B、C 管的液面再次达同一水平面,再次读出数字压力计的压力 p,即同一个温度条件下读两组数据,最后取平均值。

按以上 2、3 的方法,每增加 6 ℃,测定相应温度下的环己烷蒸气压(读两次数值)。

实验全部完毕后,缓慢打开放气阀(真空压力计仅有微小示数变化),将空气慢慢放入系统,此时气泡缓缓穿过环己烷,而不致环己烷倒灌到平衡管 A 中,使系统解除真空并关闭压力计。

注意:升温过程中,环己烷的饱和蒸气压不断增大,所以也就应不断从放气活塞中放入空气,否则气化太厉害,环己烷不易冷凝完全。但若放入空气的量太多,外压将会大于环己烷的蒸气压,此时需重新减小系统的压力(轻轻调节调压阀)。

五、数据处理

1. 以蒸气压力 $p_{蒸气}$ 为纵轴、温度 T 为横轴作图。

2. 以式(3-2-3)中 $\log p$ 对 $1/T$ 作图,$\log p$ 为纵轴,$1/T$ 为横轴,可得直线,由斜率 $-\Delta H/2.303R$ 求出环己烷的摩尔汽化热 ΔH。

3. 与环己烷的汽化热数值($\Delta H = 32.764$ kJ·mol^{-1})比较,并计算误差。

六、预习思考题

1. 什么是纯液体的饱和蒸气压、摩尔汽化热、沸点、正常沸点?

2. 纯液体的饱和蒸气压与温度有何定性和定量关系?

3. 测定饱和蒸气压的方法有哪些?各有什么适用范围?

4. 本实验采用什么方法测定环己烷在不同温度下的饱和蒸气压?如何测定?

5. 本次实验需要测量哪些实验数据?应注意哪些问题?为什么?

6. 简述缓冲瓶的工作原理。

7. 试分析同一温度下放入气体较快使得平衡管中液面相平与平衡管中液体气化使得液面恢复相平所得到的数值大小的区别。

8. 如何求被测液体在实验温度范围内的平均摩尔汽化热和正常沸点?

七、实验拓展与设计

1. 已知乙酸丁酯的正常熔点和沸点分别为 77.9 ℃ 和 126.11 ℃。试设计实验方案来获得乙酸丁酯的蒸发焓 $\Delta_{vap}H_m(T)$ 数据,其中温度 $T = 30 \sim 130$ ℃。阐明实验原理,提出实验方法、实验步骤和数据处理方法。

2. 青藏铁路要穿越"千年冻土"区,只有解决"冻土层夏季融沉、冬季冻胀"的问题,才能保证路基坚固、稳定,确保安全。我国科技工作者创造性地解决了这一难题,其中一个关键措施是采用低温热棒技术。请结合所学内容解释并设计一种合理的低温热棒。

八、实验记录

室温：　　　　　　　　　　　　　　大气压：

温度/℃	$p_{蒸气}$ / mmHg		
	1	2	平均值
30			
36			
42			
48			
54			
60			
66			

实验三　分配系数和平衡常数的测定

一、目的要求

1. 掌握测定碘在 CCl_4 - H_2O 体系中的分配系数方法,并能利用分配系数测定 $KI+I_2 = KI_3$ 的平衡常数。

2. 能将复相平衡的概念联系实际,利用分配系数和平衡常数解释学习、生活和生产中的应用。

3. 能够用分配系数和平衡常数的原理及方法,分析、分解并解决复杂应用问题。

二、基本原理

1. 分配系数的测定

在恒定温度下,将溶质 B 溶解在两种互不相溶的溶剂中,当溶解达到平衡且 B 在溶剂相中具有相同的分子存在形态(即不发生解离或缔合)时,溶质 B 在两相溶液中的分配比为一常数,如下式:

$$K = \frac{c_1}{c_2} \tag{3-3-1}$$

注意:严格地说,应为活度比。仅当溶液很稀时,可用浓度代替活度。

本实验中,碘溶解在四氯化碳和水中,一定温度下达平衡时,I_2 在 CCl_4 层和 H_2O 层中浓度比为一常数,如下式:

$$K = \frac{c_{CCl_4}}{c_{H_2O}} \tag{3-3-2}$$

此关系式所表达的就是分配定律。

2. 平衡常数的测定

碘溶解在含有碘离子(I^-)的溶液中,将发生下列反应:

$$I_2 + I^- = I_3^-$$

该反应的平衡常数表示为下式:

$$K = \frac{c_{I_3^-}}{c_{I_2} c_{I^-}} \tag{3-3-3}$$

如果在含碘的水溶液中加入 KI 溶液,水相反应 $KI+I_2 = KI_3$ 将很快达到平衡。平衡时,用硫代硫酸钠($Na_2S_2O_3$)来滴定水溶液中碘的浓度,但滴定过程中 KI_3 又不断地分解为 I_2 和 I^-,因此滴定的结果并非反应达到平衡时 I_2 的含量,而是溶液中所含 I_2 和 I_3^- 量的总和。为解决这个问题,可在上述溶液中加入饱和的碘的四氯化碳溶液,经充分振荡后静置分层,因为 KI 和 KI_3 都不溶于四氯化碳,所以先用 $Na_2S_2O_3$ 滴定下层四氯化碳中含 I_2 的量,再根据分配定律求得上层水溶液中含有 I_2 的量。

为此,设水溶液中 KI_3 和 I_2 的总浓度为 b,KI 初始浓度为 c,CCl_4 层中 I_2 的浓度为 a',由分配定律求得水溶液中 I_2 的浓度 a(即 $K = a'/a$)。再由已知的 c 和所求得的 b,可计算出

$KI + I_2 = KI_3$ 的平衡常数 K_c，如下式：

$$K_c = \frac{c_{KI_3}}{c_{I_2} c_{KI}} = \frac{b - a}{a \left[c - (b - a) \right]} \qquad (3-3-4)$$

注意：硫代硫酸钠与碘的反应方程式为

$$2Na_2S_2O_3 + I_2 = Na_2S_4O_6 + 2NaI$$

本实验通过测定碘在 $CCl_4 - H_2O$ 多相体系中的分配系数方法，进一步测定 $KI + I_2 = KI_3$ 的平衡常数，基于此，为能够用分配系数和平衡常数的原理及方法，分析、分解并解决复杂应用问题奠定基础。

三、仪器和试剂

1. 仪器：具塞三角瓶（磨口）3 个，普通三角瓶 6 个，50 mL 碱式滴定管 1 支，50 mL、20 mL、10 mL 及 5 mL 移液管各 1 支，振荡机 1 台，洗耳球。

2. 试剂：四氯化碳，淀粉指示剂，I_2 的四氯化碳饱和溶液，0.05 mol·L^{-1} 的 KI；0.02 mol·L^{-1} 的 $Na_2S_2O_3$ 溶液。

四、实验步骤

1. 在三个具塞三角瓶（磨口）中，分别准确配制下列三种混合溶液：

编　号	混合溶液的组成			
	H_2O/mL	I_2 在 CCl_4 中的饱和溶液 /mL	0.05 mol·L^{-1}KI/mL	CCl_4/mL
Ⅰ	150	20	0	0
Ⅱ	0	20	150	0
Ⅲ	0	10	150	10

注意：移取 I_2 在 CCl_4 中的饱和溶液时，移液管不要伸到瓶底，以免将未溶解的 I_2 取出。

2. 将以上配好的三种混合溶液在振荡机上水平振荡 15 min 后取下，手持上下振荡 1 min 后静置分层。

3. 用标准浓度的 $Na_2S_2O_3$ 溶液滴定以上三种试液的上、下层溶液，方法如下：

（1）用移液管取Ⅰ号瓶上层液 50 mL，放入已准备好的干净三角瓶中，用 0.02 mol/dm^3 的 $Na_2S_2O_3$ 标准溶液滴定。加淀粉指示剂 4～6 滴，滴定至深蓝色刚好褪去即为滴定终点。此时记下所用 $Na_2S_2O_3$ 标准溶液的体积。再用移液管取Ⅰ号瓶下层溶液 5 mL，用以上方法滴定，并记录所用 $Na_2S_2O_3$ 的体积。

（2）用移液管分别从Ⅱ号瓶及Ⅲ号瓶的试液中取上层溶液各 20 mL，下层溶液各 5 mL 分别放入 4 个瓶中。用（1）的方法分别进行滴定，并记下所用 $Na_2S_2O_3$ 的体积。

4. 做完实验后，含 CCl_4 的废液不准倒入水池，应倒入废液瓶中回收，以防污染环境。

五、数据处理

1. 由Ⅰ号瓶上、下层溶液的滴定结果，计算 I_2 在水层和四氯化碳层的浓度 a_1、a_1' 以及分配系数 K。

2. 由Ⅱ号及Ⅲ号瓶下层溶液的滴定结果，计算 I_2 在四氯化碳层的浓度 a_2'、a_3'。

3. 由Ⅱ号及Ⅲ号瓶上层溶液的滴定结果,计算 I_2 和 KI_3 的总浓度 b_2、b_3。

4. 利用已求出的分配系数 K,计算Ⅱ号及Ⅲ号瓶上层溶液中 I_2 的浓度 a_2、a_3。

5. 由 KI 溶液的初始浓度 c_{KI} 和以上的计算结果,计算出Ⅱ号及Ⅲ号瓶中反应 $KI+I_2 = KI_3$ 的平衡常数 $K_{c,2}$、$K_{c,3}$ 以及它们的平均值 K_c。

6. 根据文献值计算误差:K(文献值)$=86.1$,K_c(文献值)$=740$。

六、预习思考题

1. 分配系数 $K = \dfrac{c_1}{c_2}$ 为一常数,对温度、浓度和溶质在两个互不相溶的溶液中的存在形态有什么要求?

2. 吸取碘的四氯化碳饱和溶液时应该注意什么?

3. 如何吸取静置分层后下层碘的四氯化碳溶液,应该注意什么,如何操作?

4. 滴定下层四氯化碳层时应注意什么?

5. 为了提高滴定四氯化碳层中碘的速度,减少误差,可采用哪些方法?

6. 通过学习分配系数和平衡常数测定实验,请列举实际生产和生活中的具体应用实例。

七、实验拓展与设计

1. 在油基磁性液体/纳米阵列复合界面对水性液体的输运中,油基磁性液体中均匀分散的四氧化三铁纳米颗粒在长期接触与输运水过程中是否会有微量损失? 请设计一个实验研究磁性颗粒在水和油中的分配情况,确定不同油基磁性液体的稳定性,并给出具体设计方案。

2. 屠呦呦研究员因发现具有独特结构的新化合物青蒿素,对治疗疟疾有高效、速效作用,于 2015 年获诺贝尔生理学或医学奖。已知青蒿素水溶性差,在非极性溶剂中平衡溶解度相对大,且高温易分解,请你选择合适的溶剂,通过比较、讨论,确定一种青蒿素提取的可行方案。

八、实验记录

室温: KI 浓度: $Na_2S_2O_3$ 浓度:

实验样品编号		Ⅰ	Ⅱ	Ⅲ
取样体积/mL	H_2O 层	50	20	20
	CCl_4 层	5	5	5
滴定时消耗的 $Na_2S_2O_3$ 的量/mL	H_2O 层			
	CCl_4 层			
分配系数和平衡常数		$K=$	$K_{c,2}=$	$K_{c,3}=$
			$K_c=$	

实验四　分解反应平衡常数及热力学函数的测定

一、目的要求

1. 掌握用静态平衡压力的方法测定固体分解反应的平衡压力,并求出分解反应平衡常数的原理。

2. 理解温度对分解反应平衡常数的影响,计算有关热力学函数。

3. 具备化学实验安全意识,能够用分解反应平衡常数及分解压力指导生活、生产等领域中的应用。

二、基本原理

氨基甲酸铵(NH_2COONH_4)是合成尿素的中间产物,为白色固体,不稳定,加热易发生如下的分解反应:

$$NH_2COONH_4(s) \rightleftharpoons 2NH_3(g) + CO_2(g)$$

该反应是可逆的多相反应。若将气体看成理想气体,并不将分解产物从系统中移走,则很容易达到平衡,平衡常数 K_p 可表示为

$$K_p = p_{NH_3}^2 \cdot p_{CO_2} \qquad (3-4-1)$$

式中,p_{NH_3}、p_{CO_2} 分别为平衡时 NH_3 和 CO_2 的分压,又因固体氨基甲酸铵的蒸气压可忽略不计,故体系的总压 $p_总$ 为

$$p_总 = p_{NH_3} + p_{CO_2} \qquad (3-4-2)$$

称为反应的分解压力,从反应的计量关系知

$$p_{NH_3} = 2p_{CO_2}$$

则有

$$p_{NH_3} = \frac{2}{3}p_总 \qquad 和 \qquad p_{CO_2} = \frac{1}{3}p_总$$

$$K_p = \left(\frac{2}{3}p_总\right)^2 \cdot \left(\frac{1}{3}p_总\right) = \frac{4}{27}p_总^3 \qquad (3-4-3)$$

可见当体系达到平衡,测得平衡总压后就可求算实验温度的平衡常数 K_p,如式(3-4-3)所示。

平衡常数 K_p 称为经验平衡常数。为将平衡常数与热力学函数联系起来,我们再定义标准平衡常数。化学热力学规定温度为 T、压力为 100 kPa 的理想气体为标准态(100 kPa 称为标准态压力)。p_{NH_3}、p_{CO_2} 或 $p_总$ 除以 100 kPa 就得标准平衡常数 $K_p^\ominus$。

$$K_p^\ominus = \left(\frac{2}{3}\frac{p_总}{p^\ominus}\right)^2 \cdot \left(\frac{1}{3}\frac{p_总}{p^\ominus}\right)^2 = \frac{4}{27}\left(\frac{p_总}{p^\ominus}\right)^3$$

温度对标准平衡常数的影响可用下式表示:

$$\frac{d(\ln K_p^\ominus)}{dT} = \frac{\Delta H_m^\ominus}{RT^2} \qquad (3-4-4)$$

式中,$\Delta H_m^\ominus$ 为等压下反应的摩尔焓变即摩尔热效应,在温度范围不大时 $\Delta H_m^\ominus$ 可视为常数,由积分得下式:

$$\ln K_{\mathrm{p}}^{\ominus} = -\frac{\Delta H_{\mathrm{m}}^{\ominus}}{RT} + C \qquad (3-4-5)$$

作 $\ln K_{\mathrm{p}}^{\ominus} - \dfrac{1}{T}$ 图,应得一直线,斜率 $S = -\dfrac{\Delta H_{\mathrm{m}}^{\ominus}}{R}$,由此算得 $\Delta H_{\mathrm{m}}^{\ominus} = -RS$。

反应的标准摩尔吉布斯函数变化与标准平衡常数的关系如下式:

$$\Delta_{\mathrm{r}} G_{\mathrm{m}}^{\ominus} = -RT \ln K^{\ominus} \qquad (3-4-6)$$

用标准摩尔热效应和标准摩尔吉布斯函数变化可近似地计算该温度下的标准熵变,如下式:

$$\Delta_{\mathrm{r}} S_{\mathrm{m}}^{\ominus} = (\Delta_{\mathrm{r}} H_{\mathrm{m}}^{\ominus} - \Delta_{\mathrm{r}} G_{\mathrm{m}}^{\ominus})/T \qquad (3-4-7)$$

因此,由实验测出一定温度范围内不同温度 T 时氨基甲酸铵的分解压力(即平衡总压),可分别求出标准平衡常数及热力学函数:标准摩尔热效应、标准摩尔吉布斯函数变化及标准摩尔熵变。

本实验通过静态平衡压力法测氨基甲酸铵分解压力,再进一步求出分解反应平衡常数。实验中采用数字式低真空测压仪测定系统总压,首先在等压计中加封闭液,通常选用邻苯二甲酸二壬酯、硅油或石蜡油等蒸气压小且不与系统中任何物质发生化学作用的液体,待内部分解压力与外部压力平衡时,通过 U 形压力计部分的液面相平时读数即可。

三、仪器和试剂

1. 仪器:静态平衡压力法测分压装置,数字式低真空测压仪(DPC-2C);
2. 试剂:氨基甲酸铵,硅油。

四、实验步骤

1. 测量装置安装

按图 3-4-1 将装有硅油的等压计和装有干燥氨基甲酸铵的样品管安装好,样品管和真空压力计连接。

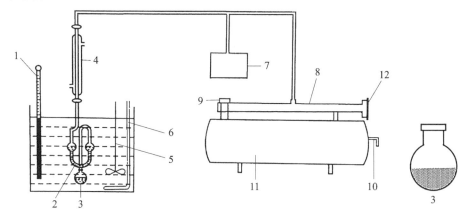

1—感温器;2—U 形平衡管;3—样品瓶;4—冷凝管;5—搅拌器;
6—加热管;7—数字压力计;8—储气管;9—调压阀;
10—进气阀(接真空泵);11—缓冲瓶;12—放气阀

图 3-4-1　等压法测氨基甲酸铵分解压装置图

2. 测 量

(1) 打开真空压力计,在系统与外界大气相通的条件下,将压力示数置零,即以当前实际大气压为基准(读取实验室大气压力计得到 $p_{大气}$)。

(2) 调节恒温水浴温度为 25.00 ℃。先关闭放气阀,再开启进气阀和真空泵,抽气至系统达到一定真空度(−93.00 kPa 以下)以排出系统内空气,关闭进气阀(和调压阀),停止抽气。

(3) 缓慢调节放气阀,小心地将空气逐渐放入系统,直至等压计 U 形管两臂硅油齐平,关闭放气阀并同时读数,记下压力值 $p_{测}$。微微调节调压阀,使液面相平再读数一次。

(4) 设定恒温槽的温度为 30 ℃,再按上面的方法进行测试。依次测定 35 ℃、40 ℃、45 ℃、50 ℃的分解压($p_{分解压}=p_{大气}+p_{测}$)。

3. 复 原

实验完毕后缓慢打开放气阀(真空压力计仅有微小示数变化),将空气慢慢放入系统(只有少量气泡穿过硅油,而硅油不会倒灌到样品中),使系统解除真空并关闭压力计。

五、数据处理

1. 记录不同温度时的氨基甲酸铵分解压。

2. 以 $\ln \dfrac{1}{T}-K_p^{\ominus}$ 作图,计算氨基甲酸铵分解反应的平均等压反应热效应 $\Delta_r H_m^{\ominus}$、25 ℃时反应的标准摩尔吉布斯函数变化 $\Delta_r G_m^{\ominus}$ 及标准熵变 $\Delta_r S_m^{\ominus}$。

提示:由 $\ln \dfrac{1}{T}-K_p^{\ominus}$ 直线图可求斜率 S。

所以 $\Delta_r H_m^{\ominus}=-RS$;

25 ℃时,反应的标准摩尔吉布斯函数变化 $\Delta_r G_m^{\ominus}=-RT\ln K^{\ominus}$;

标准熵变 $\Delta_r S_m^{\ominus}=(\Delta_r H_m^{\ominus}-\Delta_r G_m^{\ominus})/T$。

3. 氨基甲酸铵分解文献值:

恒温温度/ ℃	25.00	30.00	35.00	40.00	45.00	50.00
分解压/kPa	11.73	17.06	23.79	32.93	45.32	62.92

根据文献值计算误差,$\Delta_r H_m^{\ominus}$(文献)$=159.32\ \text{kJ}\cdot\text{mol}^{-1}$。

六、注意事项

1. 恒温槽温度只要控制在一个接近设定温度的温度即可,但一定要保证温度波动较小(稳定 3~5 min),记录该实际温度(因为体系的温度变化会较大程度地改变氨基甲酸铵的分解压)。

2. 测量过程中放进空气的操作要缓慢,以避免空气穿过等压管汞柱进入平衡体系中,否则得重新进行抽气。

3. 实验中如果在 40 ℃以上长时间抽气,就会使得氨基甲酸铵蒸气在管道系统冷凝结晶,这时需要及时将此部分样品局部去除,以免影响结果。一方面可以利用其加热分解的特点,通过电吹风加热并抽真空去除;另一方面,可以利用水清洗管道将其去除。

七、预习思考题

1. 什么叫分解压？怎样测定氨基甲酸铵的分解压？

2. 为什么要抽净小球泡中的空气？若系统中有少量空气,对实验结果有何影响？

3. 如何判断氨基甲酸铵分解已达到平衡？

4. 根据哪些原则选用等压计中的密封液？

5. 氨基甲酸铵蒸气在管道系统冷凝结晶对测得的结果有什么样的影响？

八、实验拓展与设计

请根据本实验的原理及方法,设计测试碳酸氢铵分解反应(20~50 ℃)的等压反应热效应 $\Delta_r H_m^{\ominus}$ 和标准熵变 $\Delta_r S_m^{\ominus}$,并给出具体设计方案。

九、数据记录

记录不同温度时的氨基甲酸铵分解压。

室温: 大气压:

温　度			测压仪读数/kPa		分解压/kPa	K	$\ln K$
$t/$ ℃	T/K	T^{-1}/K^{-1}	第一次	第二次			

实验五　回流冷凝法绘制双液体系气液平衡相图

一、目的要求

1. 掌握回流冷凝法测定沸点时气相和液相组成的原理和折射仪的使用方法。

2. 掌握绘制双组分液相物质的沸点-成分组成图的方法,并能够通过沸点-成分组成图确定液体恒沸点及恒沸组成。

3. 能够基于沸点-成分组成图的恒沸特征,分析、分解实际复杂问题,用于指导生活、生产中液体的提纯。

二、基本原理

纯液体或液体混合物的蒸气压与外压相等时就会沸腾,此时气液两相平衡,所对应的温度为沸点(T_f)。完全互溶的双组分液体混合物的沸点不仅与外压有关,还会随其组成(x)改变而变化。在恒定外压下,完全互溶的双组分液体气液两相达到平衡时,表示混合液体沸点及两相组成关系的相图称为沸点-成分图($T-x$ 图),即蒸馏曲线。基于该曲线的气液平衡数据是用精馏法分离液体混合物的基础。

完全互溶的双组分液体的 $T-x$ 图可分为三类:

(1) 对于理想系统或具有一半正偏差、一半负偏差的系统,其溶液沸点介于两纯物质沸点之间(见图 3-5-1(a))。

(2) 各组分对拉乌尔定律发生最大负偏差的系统,其溶液有最高沸点(见图 3-5-1(b))。

(3) 各组分对拉乌尔定律发生最大正偏差的系统,其溶液有最低沸点(见图 3-5-1(c))。

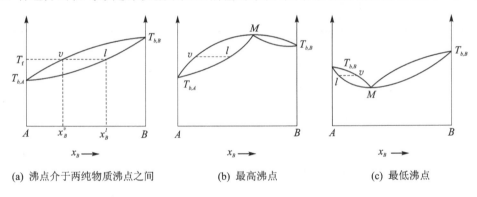

(a) 沸点介于两纯物质沸点之间　　(b) 最高沸点　　(c) 最低沸点

图 3-5-1　沸点组成图

为了绘制蒸馏曲线,需要在气液两相达到平衡后,同时测定气相组成、液相组成,以及混合溶液的沸点。与沸点 T_f 对应的气相组成是气相线上 v 点对应的组成 x_B^v,液相组成是液相线上 l 点对应的组成 x_B^l。测定出整个浓度范围内不同组成溶液气、液相的平衡后的沸点和组成,就可绘出蒸馏曲线 $T-x$ 图。

气液两相的组成可以根据相对密度或其他方法测定。本实验中,根据完全互溶的二组分混合液体的折光率随其组成而变,采用阿贝折射仪来测定折光率分析液相和气相的组成。首先测出在一定的温度下一系列已知组成的二组分混合液的折光率,绘出折光率-组成的标准曲线,然后通过测定折光率,从工作曲线上确定相应的组成。

本实验采用简单的蒸馏装置,如图 3-5-2 所示,电阻丝被直接放入溶液中加热,以减少过热现象(防止暴沸)。蒸馏瓶上的冷凝管使平衡时气相样品凝集在下面的小室内,然后从中取样分析气相成分,绘制双液体系气液平衡相图。

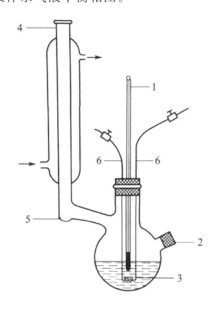

1—温度计;2—加液口;3—电热丝;4—冷凝管;5—气相取样口;6—电极

图 3-5-2　沸点测定仪

三、仪器与试剂

1. 仪器:阿贝折射仪(WYA-2S)1 台;蒸馏装置 1 套;1/10 温度计 1 支;调压变压器 1 台;长、短胶头滴管数支;放大镜 1 个(读温度时用)。

2. 试剂:乙醇-正丙醇标准液 1 套(用于测定标准曲线);乙醇-正丙醇混合液(用于测沸点及气-液相组成)。

四、实验步骤

1. 测定标准液含正丙醇量 0%、20%、40%、60%、80%、100% 的折光率,绘制折光率-组成的标准曲线。

2. 将蒸馏装置按图 3-5-2 安装好,将电阻丝对应电极与调压变压器接好。

3. 用已安装好的蒸馏装置测定正丙醇含量约 10% 的乙醇-正丙醇混合液的沸点及气液平衡时气相、液相样品的折光率。具体操作如下:

(1) 加待测液体:在干燥的蒸馏瓶中加入适量的试液(从侧面加液口加入),液面约在支管口下 1 cm(不超过瓶体积的 2/3),塞好瓶盖。

(2) 测沸点:先接通冷凝水,然后接通电源,缓缓旋转调节器转盘,调节电压加热至溶液微沸腾(注意:电阻丝施加最高电压不超过 30 V)。当沸腾温度恒定 1~2 min 后,记下温度计读数,即为混合液沸点,然后将变压器电压调到零,拔下电源插头。

（3）测气相、液相折光率：用短滴管从液相取样口（加液口）取出一定量的试液,冷却至室温后测其折光率,记下数值；然后再用长滴管从气相取样口取出冷凝后的气相液体,测折光率并记下数值。测完后应把试液倒回原瓶,不要和其他瓶内的溶液混淆。

注意：整个操作过程中,不要取出电阻丝和温度计,电阻丝两端以及电阻丝和温度计之间不要接触。

（4）按照上面的操作方法,将所提供的其他浓度的乙醇-正丙醇混合待测试液依次进行测试。

（5）全部测定完毕后,关闭电源及水源。

五、数据处理

1. 根据乙醇-正丙醇标准混合液所测得的折光率作出折光率-组成的标准曲线。

2. 根据测得的乙醇-正丙醇混合待测液的折光率,通过上面得到的折光率-组成的标准曲线求出相应的气相、液相的组成。

3. 绘制蒸馏曲线：以横坐标为组成、纵坐标为沸点温度,绘出正丙醇含量在 $0\sim100\%$ 范围的气相线及液相线。

六、注意事项

1. 为了防止蒸气在进入冷凝器之前部分冷凝,进气支管口位置不宜太高且应向下倾斜,以便于气体传输,蒸馏瓶上部宜采取保温措施。

2. 在简单蒸馏瓶中,温度计水银球刚接触液面时,所测温度与气液平衡温度接近；温度计插入过深,测得的温度偏高；在液面以上,则测得的温度偏低。

3. 应该考虑温度计露茎校正,沸点做大气压校正。

七、预习思考题

1. 在一定压力下,完全互溶的双组分液体气液两相达平衡时,沸点恒定吗？为什么？

2. 蒸馏时,如何判断气相、液相达到平衡状态？

3. 每次加入蒸馏瓶中的待测液量是否需要精确计量？为什么？

4. 收集气相冷凝槽的大小对实验结果有无影响？

5. 测定纯乙醇和正丙醇的沸点时为什么要求蒸馏瓶必须是干的,而测定混合液沸点和组成时则可不必将原先附在瓶壁上的混合液绝对弄干？

6. 本实验中,为什么要作乙醇-正丙醇混合标准溶液的折光率-组成标准曲线？

7. 测量完样品后,应打开棱镜。如何处理测量过的溶液,以便准确测量下一个样品？为什么？

八、实验拓展与设计

在蒸馏过程中,如果遇到恒沸混合物,请分析讨论如何实现原两组分的提纯。

提示：加入第三组分改变原两组分的相对挥发度,再进行萃取蒸馏或恒沸蒸馏。

九、实验记录

1. 标准液折光率

室温： 　　　　　　　　　　大气压：

正丙醇体积分数/%	0	20	40	60	80	100
折光率						

2. 实验液折光率

室温： 　　　　　　　　　　大气压：

参考浓度/%							
沸点/℃							
气相	折光率						
	正丙醇/%						
液相	折光率						
	正丙醇/%						

实验六　二组分固液相图的绘制

一、目的要求

1. 掌握用热分析法测绘 Pb - Sn 二元合金相图的原理、金属相图（步冷曲线）实验装置的基本原理和使用方法。

2. 能够绘制并准确理解固液相图的含义及基本特点。

3. 能够基于固液相图特征,分析、分解实际复杂问题,用于指导生活、生产和航空航天等领域的材料设计及应用。

二、实验原理

相图是一种表达不均匀体系中"相"关系的图,是化学及材料科学的重要组成部分。相图的研究始于 19 世纪对钢铁体系相图的测量和绘制,并一直持续至今。随着现代合金材料的发展,三组分及以上的合金材料不断发展,但是二组分合金相图仍然是所有研究工作的基础。如常用的著名武德合金是由铅(25%～31%)、锡(12.5%～15%)、镉(12.5%～16%)、铋(38%～50%)组成的四元合金,熔点低至 60～70 ℃,常用作保险丝,应用于自动灭火设备、锅炉安全装置、信号仪表,以及制作消防热敏电阻等。

1. 二组分固液相图

相图可以用来直观地表示多相平衡体系中物质存在的状态与组成、温度等因素的关系。以体系所含物质的组成为自变量、温度为因变量所得的 $T - x$ 图是常见的一种相图。图中能反映出相平衡情况,包括相的数目及性质等,二元或多元的相图已经广泛应用于冶金工业中的钢铁、合金冶炼过程,以及化学工业原料分离制备过程等。

二组分体系的自由度与相的数目有以下关系:

$$自由度＝组分数－相数＋2$$

由于一般物质其固、液两相的摩尔体积相差不大,所以固-液相图受外界压力的影响颇小。这是它与气液平衡体系最大的差别。

2. 热分析法和步冷曲线

对于相图的制作有很多手段,统称为物理化学分析;而对凝聚相研究(如固-液、固-固相等),最常用的手段是借助过程中温度变化而产生的。观察这种热效应的变化情况以确定一些体系的相态变化关系,最常用的方法就是热分析及差热分析方法。本实验就是用热分析法绘制二元金属相图。热分析法是相图绘制中常用的一种实验方法。按一定比例配成均匀的液相体系,让它缓慢冷却。以体系温度对时间作图,则为步冷曲线。曲线的转折点表征了某一温度下发生相变的信息。由体系的组成和相变点的温度作为 $T - x$ 图上的一个点,众多实验点的合理连接就组成了相图上的一些相线,并构成若干相区。这就是用热分析法绘制固-液相图的过程。

二元体系相图种类很多,其步冷曲线也各不相同,但步冷曲线的基本类型可分为三类:Ⅰ、Ⅱ、Ⅲ,如图 3 - 6 - 1 所示。一个系统若在步冷过程中相继发生几个相变过程,那么步冷曲线将是一个很复杂的形状,对此曲线要逐段分析,大致看出都是由几个基本类型组合而成的。

图 3-6-1 中步冷曲线 I 为单元体系步冷曲线。当冷却过程中无相变发生时,冷却速度是比较均匀的(ab 段),到 b 点开始有固体析出,这时放出的凝固潜热与环境散热达成平衡体系,此时 $f=0$,温度不变。当液体全部结晶完了,温度才开始下降(cd 段)。固态下无相变,温度也均匀下降。

步冷曲线 II 为二元体系,ab 段与上述相同。当到 b 点时有固相析出,此时固相与液相组成不同,但在整个相变过程中只有一个固相(固溶体)与液相平衡,自由度 $f=1$,由于有凝固潜热放出,故温度随时间变化比较缓慢;当到 c 点时液相消失,只有一个固相(固溶体),若无相变,温度又均匀下降(cd 段)。

步冷曲线 III 为二元体系,ab 段与上述相同,到 b 点有固相析出,此时体系失去了一个自由度,继续冷却到 c 点,除了一个固相外还有另一个固相析出,此时体系又减少了一个自由度,$f=0$,冷却曲线上出现了一个水平台(cd 段);当液相消失后,又增加了一个自由度,$f=1$,温度继续下降。若无相变,均匀冷却(de 段)。

对纯净金属及由纯净金属组成的合金,当冷却十分缓慢又无振动时,有过冷现象出现,液体的温度可下降至比正常凝固点更低的温度才开始凝固,固相析出后又逐渐使温度上升到正常的凝固点。如图 3-6-2 中曲线 I 为无过冷现象时的步冷曲线,而曲线 II 表示纯金属有过冷现象的步冷曲线。

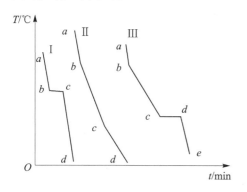

图 3-6-1　步冷曲线

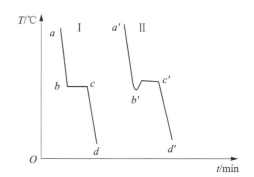

图 3-6-2　无过冷及有过冷步冷曲线

因物性的不同,二元合金相图有多种不同的类型,Pb-Sn 合金相图是具有低共熔点、固态下部分互溶的二元相图,如图 3-6-3 所示。

由步冷曲线作相图,对各种不同成分的合金进行测定,绘制步冷曲线,将步冷曲线上的各恒温点分别连接起来,就得到了相图(见图 3-6-4)。

从相图的定义可知,用热分析法测绘相图要注意以下一些问题,即测量体系要尽量接近平衡态,故要求冷却时不能过快;当晶形转变时,如相变热较小,此方法便不宜采用。此外,对样品的均匀与纯度也要充分考虑。一定要防止样品的氧化、混有杂质(否则会变成另一个多元体系),高温影响下特别容易出现此类实验现象。对于加热温度,为了保证样品均匀冷却,还是稍高一些为好;热电偶放入样品中的部位和深度要适当。测量仪器的热容及热传导也会带来热损耗,其对精确测定也有较大影响,实验中必须注意;否则,会出现较大的误差,使测定结果失真。

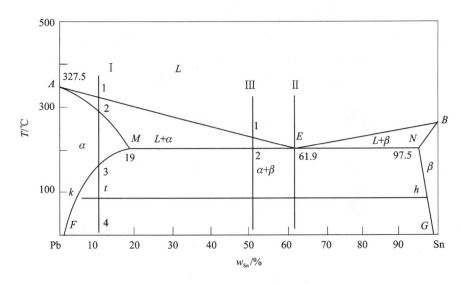

图 3 - 6 - 3 **Pb - Sn 相图**

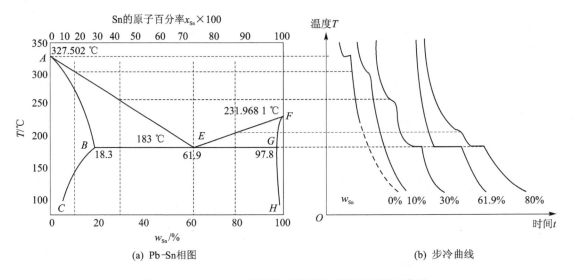

(a) Pb-Sn相图   (b) 步冷曲线

图 3 - 6 - 4 **Pb - Sn 相图和典型步冷曲线的对应示意图**

本实验采用热分析法测定 Pb - Sn 二元金属体系的合金相图。实验中,两种金属的任何一种都能微溶于另一种金属中,是一个部分互溶的低共溶体系,只能得到一个相当于简单的二元低共溶点相图,测不出来固态晶形转变点。

三、仪器和试剂

1. 仪器:ZR-08 型金属相图升降温电炉(含专用钢质样品管 8 支)1 台;ZR - HX 金属相图控温仪 (含温度传感器) 1 台。

2. 试剂:纯 Pb、纯 Sn、石墨粉、硅油。

四、实验设计

采用步冷曲线的方法,通过查阅文献资料,设计 8 组不同 Pb – Sn 含量的配比用于测试,绘制 Pb – Sn 二组分相图,并写出具体实验步骤。

五、数据处理

1. 由测定数据绘出步冷曲线。

(1) 以直接读得温度数据为纵轴、时间为横轴,作出步冷曲线。

(2) 找出步冷曲线上的转折点和停留点,找出对应温度。

2. 将各成分合金的步冷曲线的转折点和停留点的温度画在温度-成分坐标上,绘制出相图。

3. 分析 Pb 质量分数为 15%、38.1%、70% 的步冷过程发生的相变。

六、注意事项

1. 加热样品时,注意温度要适当,温度过高,样品易氧化变质;温度过低或加热时间不够,则样品没有全部熔化,步冷曲线转折点测不出(高于转折点 40 ℃)。

2. 在测定一样品时,可将另一待测样品放入加热炉内预热,以便节约时间,合金有两个转折点,必须待第二个转折点测完后方可停止实验,否则须重新测定。

3. 实验依次从高熔点金属到低熔点金属,可节省时间。

4. 控制好冷却速度是关键,每次熔化后要将合金搅拌均匀。

七、预习思考题

1. 是否可用加热曲线来作相图? 为什么?

2. 为什么要缓慢冷却合金作步冷曲线?

3. 为什么样品管中要严防混入杂质?

4. 以前的印刷工业中所用铅字在铸造时常要加入一定量的锡,这主要起什么作用?

5. 试从相图分析在铅字铸造过程中添加锡的合适浓度范围。

八、实验拓展与设计

学习如何通过热处理改变合金的工艺性能(铸造、热处理、切削加工等)和使用性能(机械、物理、化学等)。

提示:通过热处理改变其显微组织。

九、金属相图测试仪器使用说明

本实验采用的金属相图测试仪由 ZR – 08 型金属相图升降温电炉和 ZR – HX 金属相图控温仪两部分构成,具体使用方法如下:

1. 温度设置:打开测量装置电源,依次将样品管放在加热装置的某一炉孔中,将"加热选择"钮指向该炉孔编号,将测量装置的温度传感器插入管中,通过金属相图控温仪上的设置按钮对目标温度进行设置,然后开始加热至样品完全熔化,且最高温度通常应高于实际样品熔点40 ℃。

2.记录温度:样品冷却过程中,冷却速度保持在 6～8 ℃/min 之间。当环境温度较低时,可按保温键进入保温状态以减缓冷却速度。当环境温度较高时,可打开加热装置内的风扇以加速冷却。当样品均匀冷却时,每当报警时读取温度(或以秒表每间隔 40 s 记录温度一次),直到三相共存温度以下约 50 ℃为止。

实验七　凝固点降低法测摩尔质量

一、目的要求

1. 掌握凝固点降低法的测量原理及测量方法。

2. 能够采用步冷曲线法测定凝固点,并通过凝固点降低测量萘的摩尔质量,加深对稀溶液依数性的理解。

3. 能够基于凝固点降低法探究溶剂凝固点下降常数的测量方法,培养正向和逆向思维能力,以发现、分析和解决化学和材料相关实际工程领域的应用难题。

二、基本原理

溶液具有两大类性质,一类与溶质本身的性质有关,另一类与溶质本身的性质无关,而与溶液中的溶质的粒子数目(浓度)有关,该性质称为溶液的通性,即溶液的依数性。其中,凝固点降低是溶液依数性的一种。

当溶质与溶剂不生成固熔体,而且浓度很稀时,溶液的凝固点降低与溶质的质量摩尔浓度成正比,如下式:

$$\Delta T_f = T_f^* - T_f = K_f m_B \qquad (3-7-1)$$

式中,T_f^* 为纯溶剂的凝固点,T_f 为溶液的凝固点,m_B 为溶液的质量摩尔浓度,K_f 为溶剂的凝固点下降常数。

凝固点下降常数 K_f 只与溶剂的性质有关,常见的几种溶剂的 K_f 值如表 3-7-1 所列。

表 3-7-1　几种常见溶剂的 K_f 值

溶　剂	水	苯	环己烷	乙酸	萘
凝固点 T_f^*/K	273.15	278.65	279.65	289.75	353.35
K_f/(K·kg·mol^{-1})	1.86	5.12	20.00	3.90	6.94

称取 W_A 克溶剂与 W_B 克(摩尔质量为 M_B)溶质配成稀溶液,则如下式:

$$m_B = \frac{W_B \times 1\,000}{M_B W_A} \qquad (3-7-2)$$

将式(3-7-2)代入式(3-7-1),整理得

$$M_B = \frac{K_f W_B \times 1\,000}{\Delta T_f W_A} \qquad (3-7-3)$$

纯溶剂的凝固点是其固液共存的平衡温度。在未凝固时,纯溶剂冷却过程中温度将随时间均匀下降。开始凝固后,由于放出热量而补偿了热损失,体系将保持固液两相共存的平衡温度不变,直到全部凝固,再继续均匀下降(见图 3-7-1 中 a),但在实际过程中经常发生过冷现象,其冷却曲线如图 3-7-1 中 b 所示。

溶液的凝固点是溶液与溶剂的固液两相共存的平衡温度,其冷却曲线与纯溶剂不同。当有溶剂凝固析出时,剩下溶液的浓度逐渐增加,因而溶液的凝固点也逐渐下降,如图 3-7-1 中 c 所示。在实际测量过程中也经常会出现过冷现象,如图 3-7-1 中 d、e 所示。因此,溶液

的凝固点(T_f)常用作图外推法求得。

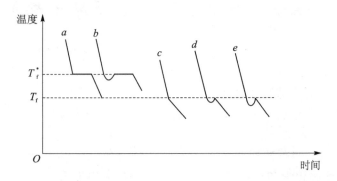

图 3-7-1　溶剂与溶液的冷却曲线(a、b 为溶剂;$c\sim e$ 为溶液)

凝固点降低值的大小直接反映了溶液中溶质有效质点的数量。若溶质在溶液中有离解、缔合、溶剂化和生成配合物等情况,则会影响所测溶质在溶液中的摩尔质量。因此,基于凝固点降低,可以用于研究溶液的一些性质,例如,电解质的电离度、溶质的缔合度、活度和活度系数等。

本实验采用步冷曲线法测定凝固点,并通过凝固点降低测量萘的摩尔质量,基于凝固点降低法探究溶剂凝固点下降常数的测量方法。

三、仪器和试剂

1. 仪器:ZR-3N 自冷式凝固点实验仪,500 mL 烧杯 1 个,25 mL 移液管 1 支,分析天平,压片机。

2. 试剂:环己烷、萘。

四、实验步骤

1. 仪器准备

先将冰浴场上盖板打开,取出样品管,分别用水、乙醇洗净内壁并吹干(注意不要清洗和触碰样品管外侧电阻丝,否则生锈损坏)。

在冰浴场中放入去离子水(约需 300 mL),高度离上盖板 1 cm 左右。

依次打开电源开关、循环泵电源开关,在保证水流循环通畅(否则重开几次循环泵电源开关)的情况下,打开制冷电源开关。

2. 样品准备

取 25 mL 环己烷样品加入样品管中(操作时尽量不要碰触加热丝),插入样品温度探头,设定冰浴场温度为 3.2 ℃ 左右(目标温度),调节样品搅拌旋钮到合适的位置(注意搅拌要匀速,不要太快,中途不要改变速度)。

3. 测　量

(1) 溶剂凝固点的测定

测量时观察样品温度温差显示窗口的温度变化,当温度下降到接近凝固点(如溶剂为环己烷时为 6.6 ℃ 左右)时可观察到结晶体出现,此时发生相变过程,试液温度逐渐平衡至稳定,即为环己烷的近似凝固点。

当平台出现 1 min 左右(不要使平台出现时间过长以免溶剂冻住搅拌子),按一下样品加热开关(自动定时加热 30 s,不用一直按着),使溶剂熔化。当观察到试样温度离开平台升高 0.5～0.6 ℃时(注意:不要使体系温度升得过高,以便让后面的实验顺利进行,取得较好的结果),即可进入下一个凝固点曲线测试过程。同时开始计时,每隔 30 s 读取一次温度值。待温度进入平台(或者开始出现温度下降)后测量 5 min 即可停止实验。重复上述操作 1 次,用作图法确定环己烷的凝固点。

(2)溶液凝固点的测定

按样品加热开关使环己烷晶体熔化,称取 0.1 g 左右的纯萘(可选择压片防止溅到样品管壁),用分析天平称取准确质量后,由上口投入样品管中,搅拌使其完全溶解,按照上述测量环己烷的方法测定含萘溶液的凝固点,测定 2 次。

在此溶液的基础上,再加入用分析天平准确称量过的 0.1 g 左右的纯萘,测定 2 次,用作图法来确定溶液的凝固点(见图 3-7-2)。

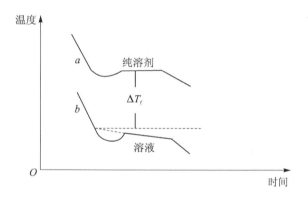

图 3-7-2　作图法测量纯溶剂与溶液凝固点

五、数据处理

1. 用实验获得的冷却数据分别作出纯溶剂和溶液的步冷曲线,用外推法求凝固点 T_f^*、T_f,然后求出凝固点的降低值 ΔT_1、ΔT_2。

2. 某温度下环己烷的密度 $\rho_t/(g \cdot cm^{-3}) = 0.797\ 1 - 0.887\ 9 \times 10^{-3} t$ (t 表示摄氏温度),计算环己烷的质量 m_A。

3. 计算萘在环己烷中的摩尔质量。

4. 将实验值与理论值($M_B = 128.17\ g \cdot mol^{-1}$)比较,计算测量的相对误差。

六、注意事项及提示

1. 如不用外推法求溶液的凝固点,则 ΔT 一般都偏高,所测得的萘摩尔质量在 124～128 $g \cdot mol^{-1}$ 之间。

2. 在高温、高湿季节做此实验时,因水蒸气易进入体系中,容易造成测量结果偏低。

七、预习思考题

1. 当溶质在溶液中有离解、缔合和生成络合物时,对摩尔质量测定值的影响如何?
2. 根据什么原则考虑加入溶质的量,加入太多或太少影响如何?
3. 浴槽温度调节到 3.2 ℃,过高或过低有什么不好?
4. 在本实验中搅拌的速度如何控制? 太快或太慢有何影响?
5. 用凝固点降低法测定相对质量,在选择溶剂时应考虑哪些因素?
6. 在冷却过程中,凝固点管内液体有哪些热交换存在? 它们对凝固点的测定有何影响?
7. 空气套管的作用是什么?

八、实验拓展与设计

1. 请设计实验测定水的凝固点下降常数,并给出具体设计方案。
2. 请设计方案鉴定苯甲酸在苯中的缔合度。

九、数据记录

室温:　　　　　　　　　　　大气压:

环己烷:＿＿ mL		第一片萘质量:＿＿ g		第二片萘质量:＿＿ g	
时间/s	温度/℃	时间/s	温度/℃	时间/s	温度/℃
	1　　2		1　　2		1　　2

十、凝固点实验仪使用说明

本实验采用 ZR-3N 自冷式凝固点实验仪,具体仪器构造和使用方法如下。

1. 仪器构造

ZR-3N 自冷式凝固点测定仪,用于完成凝固点降低法测摩尔质量的实验。仪器构造如图 3-7-3 所示,主要包括前面板(见图 3-7-4)、样品管及冰浴场(见图 3-7-5)和后面板(见图 3-7-6)三个部分。

2. 操作步骤

(1) 将冰浴场上盖板打开,放入冷冻液(水),高度离上盖板 1 cm 左右。

(2) 打开电源开关、循环泵电源开关。在保证水循环正常工作的前提下,开启制冷电源开关。

(3) 按一下冰浴场目标温度设定键,光标在冰浴场温度显示窗口闪烁,按移位制冷复用键可使光标移动到需要的位置,按增加停止复用键可从 0~9 选择所在位的温度值。

(4) 再按一下冰浴场目标温度设定键,光标消失,表示退出冰浴场温度设定。按一下移位制冷复用键,制冷指示灯亮,表示正在制冷。按一下增加停止复用键,制冷指示灯灭,表示停止制冷。

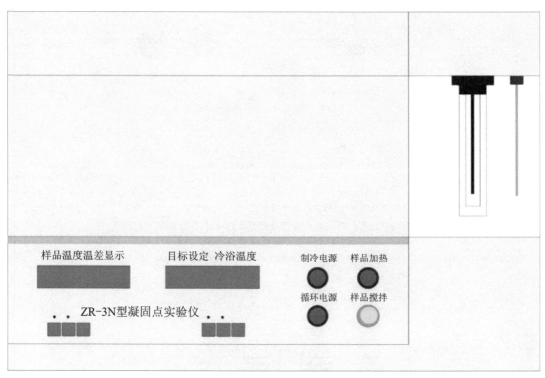

图 3-7-3　ZR-3N 自冷式凝固点测定仪

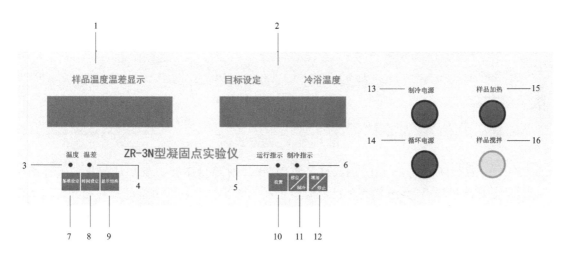

1—样品温度温差显示窗口;2—冰浴场温度显示窗口;3—温度指示灯;4—温差指示灯;
5—运行指示灯;6—制冷指示灯;7—基准设定键;8—时间设定键;9—显示切换键;
10—冰浴场目标温度设定键;11—移位制冷复用键;12—增加停止复用键;
13—制冷电源开关;14—循环泵电源开关;15—样品加热开关;16—样品搅拌开关

图 3-7-4　前面板

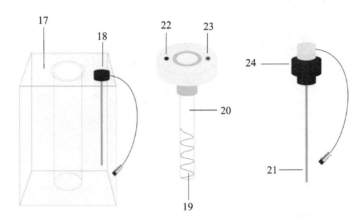

17—冰浴场上盖板;18—冰浴场温度探头;19—样品管加热丝;20—样品管;
21—样品温度探头;22,23—样品管加热丝插孔;24—样品温度探头支架

图 3-7-5　样品管及冰浴场

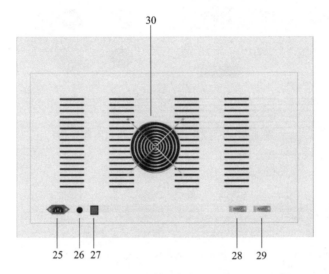

25—电源插座;26—保险丝盒;27—电源开关;28—通信1;29—通信口2;30—风扇

图 3-7-6　后面板

(5) 取样品(如环己烷 25 mL)倒入样品管中(操作时尽量不要碰触加热丝),插入样品温度探头,设定好冰浴场温度(溶剂为环己烷时设定在 3.2 ℃左右),调节样品搅拌钮到合适的位置(注意不要调得太快,中途不要改变速度)。

(6) 手动测量时观察样品温度温差显示窗口的温度变化,按一下显示切换键,温差指示灯亮,表示显示窗口显示的是 1/1 000 精度的温度;再按一下显示切换键,显示的是基准温度;再按一下显示切换键,显示的是 1/100 精度的温度。按一次时间设定键,时间显示值增加 1 s(范围为 5～99 s),时间设定值确定后自动倒计时(如设定 30 s 自动倒计到 0);同时按下时间设定键和显示切换键,在样品温度温差显示窗口最左边出现"!",表示在倒计到 0 时发出提示音,此时可记录数据。

第二章　电化学实验

实验八　原电池电动势及温度系数的测定

一、目的要求

1. 掌握一些电极的制备和处理方法。
2. 掌握电位差计的测量原理和正确使用方法,能够测定 Cu - Zn 等电池的电动势。
3. 掌握温度系数测定的设计方法及热力学函数的计算,能够用于分析、分解实际复杂问题,用于指导材料设计及应用。

二、基本原理

原电池是由正、负两个电极组成的,在放电过程中,正极发生还原反应,负极发生氧化反应,其内部还可能发生其他反应(如离子迁移)。电池反应是电池中所有反应的总和。

电池除可用作电源外,还可以用来研究构成此电池的化学反应热力学性质。在恒温、恒压和可逆条件下,电池反应有如下关系式:

$$\Delta G = -nFE \qquad\qquad (3-8-1)$$

式中,ΔG 是电池反应中吉布斯自由能的增量,F 是法拉第常数(96 500 C·mol^{-1}),n 是电池反应中转移电荷的物质的量,E 是电池的电动势。

式(3 - 8 - 1)将电化学与热力学建立起了桥梁。通过测量电池的电动势 E,即可求得反应的 ΔG,通过 ΔG 可以进一步求得反应的其他热力学函数。

应当注意,对于可逆电池,要求电池电极反应是可逆的,并且不存在任何不可逆的液接界面。另外,电池的充、放电过程都必须在准平衡状态下进行,即只有无限小的电流通过电池。因此,采用电化学方法研究化学反应的热力学性质时,所设计的电池应尽量避免出现液接界;在精度要求不高的测量中,常用"盐桥"来减小液接界电位(液接界电位降至 mV 数量级)。盐桥是一种由正、负离子迁移数比较接近的盐类溶液所构成的,用来连接原来产生显著液接界电位的两种溶液,使其彼此不直接接界,如图 3 - 8 - 1 所示。常用的盐桥有 KCl(饱和)、KNO$_3$、NH$_4$NO$_3$ 等。

在进行电动势测量时,为了使电池反应在接近热力学可逆条件下进行,不能用伏特表来测量(思考一下为什么?)。在实际应用中,我们使用的是根据补偿法原理组装成的电位差计来测量 E_x 的,其补偿法原理及线路如图 3 - 8 - 2 所示。图中 E_w 为工作电池的电动势,E_n 和 E_x 分别为标准电池和待测电池的电动势,E_w 必须大于 E_n 和 E_x。R 为滑动电阻,G 为检流计。

本实验采用电位差计测定可逆电池电动势,求得平衡常数、活度系数、溶解度、配合物的稳定常数、溶液中的离子活度,以及通过测定电动势的温度系数而求得有关反应的热力学函数等。实验室中常用的 pH 计、离子活度计、自动电势测定计等是电势测定实际应用的常见例子。

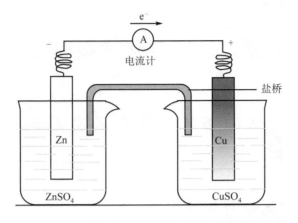

图 3 - 8 - 1　原电池组装示意图

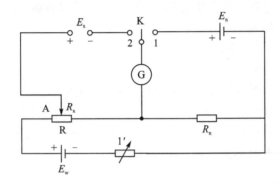

图 3 - 8 - 2　电位差计补偿法原理

三、仪器和试剂

1. 仪器：数字式电位差计（EM - 3C，原理框图如图 3 - 8 - 3 所示），恒温水浴，标准电池，

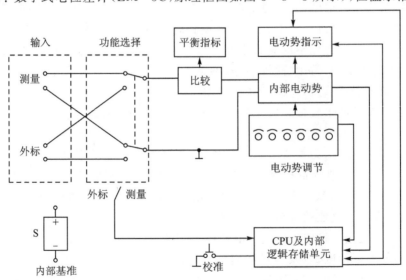

图 3 - 8 - 3　数字式电位差计原理图

饱和甘汞电极,盐桥(自制),大试管 6 支。

2. 试剂:0.100 mol·L^{-1} CuSO$_4$ 溶液,0.100 mol·L^{-1} ZnSO$_4$ 溶液,饱和 KCl 溶液,铜片,锌片,砂纸。

四、实验步骤

1. 用砂纸打磨铜片(铜电极)和锌片(锌电极)表面,直至将表面上的氧化层打磨去除干净。

2. 将打磨后的铜片和锌片用清水洗净,用滤纸擦干,分别插入盛有 0.100 mol·L^{-1} 的 CuSO$_4$ 溶液和 0.100 mol·L^{-1} 的 ZnSO$_4$ 溶液的试管中。

3. 电池组合。将制备好的电极用盐桥连接起来(盐桥的两端要做好标记,让标负号的一端始终与含氯离子的溶液接触),构成下列三组电池,并将其置于恒温水浴中恒温 5 min 左右:

(1) Hg|Hg$_2$Cl$_2$|饱和 KCl‖CuSO$_4$(0.100 mol·L^{-1})|Cu;

(2) Zn|ZnSO$_4$(0.100 mol·L^{-1})‖Hg$_2$Cl$_2$|饱和 KCl|Hg;

(3) Zn|ZnSO$_4$(0.100 mol·L^{-1})‖CuSO$_4$(0.100 mol·L^{-1})|Cu。

4. 电动势测定。连接数字式电子电位差计电源线路,打开电源开关,两组 LED 显示即亮(左上方为"电动势指示"显示窗口,右上方为"平衡指示"显示窗口),预热 5 min。

(1) 外标。将电位差计"功能选择"旋钮旋至"外标",将红、黑测量线按正、负极接在"外标"端口上,红黑测量线鳄鱼夹夹在标准电池上,调节左侧 6 个微触感旋钮,使得左 LED 显示值为已知标准电池电动势值。以设定已知标准电动势值为 1 018.30 mV 为例,将×1 000 mV 旋钮开关旋至 1,将×100 mV 旋钮开关旋至 0,将×10 mV 旋钮开关旋至 1,将×1 mV 旋钮开关旋至 8,将×0.1 mV 旋钮开关旋至 3,旋转×0.01 mV 电位器,使指示 LED 的最后一位显示为 0。这时按下"校准开关"使"平衡指示"为零,完成已知标准电动势的设定。

(2) 测量。测量待测电动势时,"功能选择"旋钮旋至"测量",将红、黑测量线按正、负极接在"测量"端口上。观察右边 LED 显示值,调节微触感旋钮至右边 LED 显示值"00000"附近,等待电动势指示数码显示稳定下来,此即为被测电动势值。需注意的是:"电动势指示"和"平衡指示"数码显示在小范围内摆动属正常(最后一位上数值正负摆动)。其中,"电动势指示"显示待测电动势值;"平衡指示"显示待测电动势值和旋钮设置电动势的差值,如果显示为 OUL,则指示被测电动势与设定的旋钮电动势的差值过大(超出范围,应减小拨盘电压)。

注意:

① 电池有电流存在时会发生极化现象,极化后测得的电动势值比实际偏低。

② 测量过程要迅速,防止氧化。

③ 电极处理干净,温度达到目标测量温度后接上盐桥(温度达到前,盐桥置于旁边的恒温氯化钾饱和溶液中)快速测量。

④ 制得表面带有微米压痕的锌片,可增加锌电极的表面积,减小误差。

五、数据处理

1. 记下所测三组电池在 25 ℃条件下的电动势值,然后测定 Cu - Zn 电池在 25 ℃、28 ℃、31 ℃、34 ℃、37 ℃时的电动势。

2. 已知的 $\varphi_{饱和甘汞电极}$ = 0.241 2 V,根据所测电池的电动势,计算 Cu、Zn 电极的电极电位

$\varphi_{Cu^{2+}/Cu}$、$\varphi_{Zn^{2+}/Zn}$。

3. 根据能斯特方程,计算出 Cu、Zn 电极的标准电极电位,并与手册中查得的标准电极电位比较,求出其相对误差。

4. 绘制 Cu-Zn 电池的 E_t-t 曲线。

5. 根据不同温度下所测 Cu-Zn 电池的电动势计算电池温度系数 $\left(\dfrac{\partial E}{\partial T}\right)_p$ 及相关热力学函数值 $\Delta_r G_m^{\ominus}(298\ K)$、$\Delta_r H_m^{\ominus}(298\ K)$、$\Delta_r S_m^{\ominus}(298\ K)$。

六、预习思考题

1. 补偿法测电动势的基本原理是什么? 电池必须在什么条件下工作,对放电和充电过程的状态和通过电池的电流有什么要求?

2. 在进行电动势测量时,为什么不能用伏特计,而要用电位差计来测量?

3. 在测量电动势的过程中,若检流计光点总朝一个方向偏转,可能的原因是什么?

4. 在实际应用中,电位差计是基于什么原理来测量可逆电池电动势的?

5. 盐桥有什么作用? 应选择什么样的电解质作盐桥?

6. 本实验中测得的电动势和电池中的氯化钾浓度是否有关? 为什么?

七、实验拓展与设计

1. 若已知 $\varphi_{Hg_2Cl_2/Hg}^{\theta}$ 和 $\varphi_{Hg_2^{2+}/Hg}^{\theta}$,请设计电池求出 Hg_2Cl_2 的溶度积 K_s。同理求算 AgCl 的 K_s,并写出设计方案。

2. 已知反应如下:

$$H_2(g) + Hg_2Cl_2(s) \longrightarrow 2Hg\,(l) + 2HCl\,(aq)$$

欲获得上述反应在 298.15 K 时的热力学函数变化值、0.1 mol·kg^{-1} HCl 中的离子平均活度系数 $\gamma_{\pm}$、328.15 K 时的平衡常数。试设计一个实验方案实现上述目标。

要求:阐明实验原理,画出实验装置示意图,指明直接测定的物理量有哪些,阐明数据处理方法,以及怎样得到所需的结果。

八、实验记录

室温:　　　　　　　　　　　　　大气压:

实验温度/℃		25	28	31	34	37
电动势 E/V	电池(1)					
	电池(2)					
	电池(3)					

实验九　希托夫法测定离子迁移数

一、目的要求

1. 掌握希托夫法测定电解质溶液中离子迁移数的基本原理和方法。
2. 测定 $CuSO_4$ 溶液中 Cu^{2+} 和 SO_4^{2-} 的迁移数。
3. 基于电解质溶液中离子的电迁移性质,分析、分解高性能电池用电解质和电化学传感器开发与应用中的复杂问题。

二、基本原理

当电流通过电解质溶液时,溶液中的正、负离子各自向阴、阳两极迁移,并在阴、阳两极发生反应。电解质溶液中离子发生的定向运动称为离子的电迁移。1853 年,希托夫提出各种离子能以不同速率移动,因而到达一个电极的离子比到达另一个电极的离子多,于是便产生了迁移数的概念。离子在电场中的运动速率除了与离子的本性(包括离子半径、离子水化程度、所带电荷等)以及溶剂的性质(如粘度等)有关外,还与电场的电位梯度有关。如果正、负离子的迁移速率不同或所带电荷不等,各自所迁电荷量也必然不同。把离子 B 所运载的电流与总电流之比称为离子 B 的迁移数,用符号 t_B 表示,其定义式为

$$t_B = \frac{I_B}{I} \tag{3-9-1}$$

根据迁移数的定义,则正、负离子迁移数分别如下:

$$t_+ = \frac{I_+}{I} = \frac{r_+}{r_+ + r_-} \tag{3-9-2}$$

$$t_- = \frac{I_-}{I} = \frac{r_-}{r_+ + r_-} \tag{3-9-3}$$

式中,r_+、r_- 分别为正、负离子的运动速率。

由于正、负离子处于同样的电位梯度中,故

$$t_+ = \frac{u_+}{u_+ + u_-} \tag{3-9-4}$$

$$t_- = \frac{u_-}{u_+ + u_-} \tag{3-9-5}$$

式(3-9-4)和式(3-9-5)中,u_+、u_- 分别为单位电位梯度时正、负离子的运动速率,称为离子淌度。

根据以上关系,可得正、负离子迁移数:

$$\frac{t_+}{t_-} = \frac{r_+}{r_-} = \frac{u_+}{u_-} \tag{3-9-6}$$

$$t_+ + t_- = 1 \tag{3-9-7}$$

离子迁移数可以直接测定,方法有希托夫法、界面移动法和电动势法等。

希托夫法测定离子的迁移数至少包括两个假定:

(1) 电荷量的输送者只是电解质的离子,溶剂水不导电,这一点与实际情况接近。

(2) 不考虑离子水化现象,即认为通电前、后阴极区和阳极区的水量不变。

希托夫法根据电解前、后两电极区电解质数量的变化来求算离子的迁移数,该法测得的迁移数又称表观迁移数。

如果用分析的方法求得电极区电解质溶液浓度的变化,再用库仑计求得电解过程中所通过的总电荷量,就可以通过物料衡算计算出离子迁移数。例如,用希托夫法测定 $CuSO_4$ 溶液中 Cu^{2+} 和 SO_4^{2-} 的迁移数时,迁移管中两电极均为 Cu 电极,通电时,$CuSO_4$ 溶液中的 Cu^{2+} 在阴极上发生还原生成金属铜,而在阳极上金属铜溶解生成 Cu^{2+};另一方面阳极区有 Cu^{2+} 迁移出,因而有

$$n_{迁}=n_{前}+n_{电}-n_{后} \qquad (3-9-8)$$

$$t_{Cu^{2+}}=\frac{n_{迁}}{n_{电}} \qquad (3-9-9)$$

$$t_{SO_4^{2-}}=1-t_{Cu^{2+}} \qquad (3-9-10)$$

式中,$n_{迁}$ 表示迁移出阳极区的 Cu^{2+} 的电荷量,$n_{前}$ 表示电解前阳极区 Cu^{2+} 的电荷量,$n_{后}$ 表示电解后阳极区所含 Cu^{2+} 的电荷量,$n_{电}$ 表示电解时 Cu 阳极氧化转变为 Cu^{2+} 的电荷量。

本实验用碘量法测定铜离子浓度,基于测定的不同区域铜离子浓度,计算离子迁移数。碘量法测定铜离子浓度的反应机理如下:

首先在弱酸环境下:

$$2Cu^{2+}+4I^-=2CuI\downarrow+I_2$$

然后用 $Na_2S_2O_3$ 溶液滴定 I_2(淀粉为指示剂):

$$I_2+2S_2O_3^{2-}=S_4O_6^{2-}+2I^-$$

三、仪器和试剂

1. 仪器:U 形迁移管 1 套(含铜电极 2 支);精密直流稳流电源 1 台;铜库仑计 1 台;分析天平 1 台;碱式滴定管 50 mL 1 支;移液管 10 mL 2 支,25 mL 3 支;锥形瓶 250 mL 4 个;烧杯 100 mL 3 个,250 mL 1 个;金相砂纸。

2. 试剂:$CuSO_4$ 电解液;0.05 mol·L^{-1} $CuSO_4$ 溶液;0.050 0 mol·L^{-1} $Na_2S_2O_3$ 溶液;10% KI 溶液;1 mol·L^{-1} HAc 溶液;乙醇;2.5 mol·L^{-1} HCl;1% 淀粉指示剂。

四、实验步骤

1. 清洗迁移管。用水将迁移管洗干净,然后用 0.05 mol·L^{-1} 的 $CuSO_4$ 溶液洗净迁移管,并安装到迁移管固定架上。电极表面氧化层用细砂纸打磨。

2. 处理库仑计。将铜库仑计中阴极铜片取下,先用细砂纸磨光,再用 2.5 mol·L^{-1} HCl 溶液稍微浸洗一下,除去表面氧化层,用蒸馏水洗净,用乙醇淋洗并吹干,在分析天平上称重得 M_1。然后将阴极铜片装入库仑计中,并在库仑计中倒入适量的 $CuSO_4$ 电解液(约占体积的 2/3,组成为:100 mL 水中含 15 g $CuSO_4·5H_2O$,5 mL 98% 浓 H_2SO_4,5 mL 乙醇)。

3. 仪器安装。按图 3-9-1 连接好测试线路,以及迁移管、精密直流稳流电源和库仑计(注意库仑计中的阴、阳极切勿接错)。

4. 接通电源,按下"稳流"键,调节电流大小为 18 mA,连续通电 90 min。

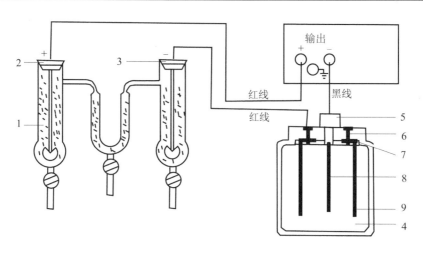

1—Hb 迁移管;2—阳极;3—阴极;4—库仑计;5—阴极插座;
6—阳极插座;7—电极固定板;8—阴极铜片;9—阳极铜片

图 3 - 9 - 1　希托夫法测定离子迁移数装置连接图

5. 停止通电后,先放下中间区溶液,再放下阴、阳极区溶液(从迁移管中取溶液时电极需要稍稍打开,尽量不要搅动溶液)(注意:接液所用的 100 mL 烧杯须在通电时间结束前洗净、烘干、编号和称量,接入液体后再次称量以确定溶液质量;放液时先放下中间区溶液,否则各区会部分串液)。

6. 将库仑计中阴极、阳极铜片取下,用蒸馏水洗净,用乙醇淋洗并吹干(注意:吹干时,温度不能太高,以免铜氧化),在分析天平上称重得 M_2。

7. 通电前、后 $CuSO_4$ 溶液 Cu^{2+} 浓度的滴定。从中间区溶液中取 25 mL 到干净的锥形瓶(锥形瓶需干燥,加入液体前后要进行称量以确定 25 mL 溶液的质量)中,加入 5 mL 10% 的 KI 溶液,5 mL 1 mol·L^{-1} 的 HAc 溶液,置暗振荡,以 0.050 0 mol·L^{-1} 的 $Na_2S_2O_3$ 标准溶液滴定至溶液呈淡黄色,然后加入 1 mL 淀粉指示剂,继续滴定至蓝色恰好消失,记录消耗的 $Na_2S_2O_3$ 标准溶液的体积(中部区域溶液在通电前后浓度不变,因此,该结果应该与 0.05 mol·L^{-1} 的 $CuSO_4$ 溶液基本一致)。

按照上面的方法,分别对通电后 25 mL 阳极区和阴极区溶液进行滴定,分别记录消耗的 $Na_2S_2O_3$ 标准溶液的体积。

五、数据处理

1. 通电前 $CuSO_4$ 溶液的滴定。从中间区溶液的滴定求出每克水所含 $CuSO_4$ 的质量分数 w。

$$(V \times M)_{Na_2S_2O_3} \times \frac{159.6}{1\ 000} = m_{CuSO_4}$$

$$m_{溶液} - m_{CuSO_4} = m_{H_2O}$$

$$w = m_{CuSO_4} / m_{H_2O}$$

由于中部区域溶液在通电前后浓度不变,因此 w 就是通电前 $CuSO_4$ 溶液的浓度。据此,求出通电前阳极区(或阴极区)$CuSO_4$ 溶液中所含 $CuSO_4$ 的质量。

将中部区与原溶液的分析结果做对比,分析误差产生的原因。

2. 根据阳极区溶液的滴定及称量数据,计算出通电后阳极区溶液所含 $CuSO_4$ 的质量就可以进一步算得 $n_{后}$;计算出阳极区溶液所含的水量(视通电前后水量不变)并利用 w 就可以进一步计算得到通电前阳极区溶液中所含 $CuSO_4$ 的质量,最后得到 $n_{前}$。

3. 根据库仑计阴极铜片的质量增量,计算电解铜的物质的量 $n_{电}$,该量就是阳极氧化生成 Cu^{2+} 的物质的量。

$$n_{电} = \Delta m_{Cu} / M_{Cu}$$

4. 由阳极区数据计算离子的迁移数 $t_{Cu^{2+}}$、$t_{SO_4^{2-}}$。

5. 由阴极区数据计算离子的迁移数 $t_{Cu^{2+}}$、$t_{SO_4^{2-}}$,与阳极区的计算结果进行比较、分析。

六、注意事项

1. 实验中的铜电极必须是纯度为 99.999% 的电解铜。

2. 实验过程中凡是能引起溶液扩散、搅动、对流等的因素必须避免。电极阴、阳极的位置能对调,迁移管及电极不能有气泡,两极上的电流密度不能太大。

3. 本实验中不能将阳极区与阴极区的溶液错划入中部,这样会引起实验误差。

4. 阴、阳极区 $CuSO_4$ 溶液的浓度差别很小,为了避免误差,在通电结束后,应尽快放出各区溶液,以避免溶液浓差扩散。

5. 本实验由库仑计的阴极增重计算电量,因此称量及前处理和称量都需仔细进行。

七、预习思考题

1. 通过库仑计阴极的电流密度为什么不能太大?

2. 如果通电后中部区溶液的浓度改变,必须重做实验,为什么?

3. $0.1 \ mol \cdot L^{-1}$ KCl 和 $0.1 \ mol \cdot L^{-1}$ NaCl 中的 Cl^- 迁移数是否相同?为什么?

4. 如以阳极区电解质溶液的浓度计算 $t_{Cu^{2+}}$,应如何进行?

5. 如果不由库仑计求 $n_{电}$,如何由实验条件求 $n_{电}$?

6. 在 $CuSO_4$ 溶液中加入 NH_3 后,离子的迁移数将会发生什么变化?

八、实验拓展与设计

本实验用碘量法测定铜离子浓度,有没有其他方法可以替代?

九、实验记录

1. 通电前后铜电量计阴极铜片质量:

铜电量计阴极铜片质量/g			
通电前	通电后	质量增量	$n_{电}$

2. 通电前后溶液相关数据：

	通电后溶液质量/g		通电后				通电前	
	全部溶液	25 mL 溶液	25 mL 溶液消耗 $Na_2S_2O_3$ 体积/mL	全部溶液 $CuSO_4$ 质量/g	$CuSO_4$ 溶液 w/%	$n_{后}$	$CuSO_4$ 质量/g	$n_{前}$
中间区								
阳极区								
阴极区								

3. 离子迁移数计算结果：

	离子迁移数	
	$t_{Cu^{2+}}$	$t_{SO_4^{2-}}$
根据阳极区数据计算		
根据阴极区数据计算		

实验十　电势–pH曲线的测定

一、目的要求

1. 掌握电极电势、电池电动势和pH值的测定原理和方法；

2. 具备测定Fe^{3+}/Fe^{2+}–EDTA络合体系在不同pH值条件下的电极电势，绘制电势–pH曲线的能力；

3. 能够基于电势–pH曲线，分析、分解电化学中应用的复杂问题。

二、基本原理

有H^+或OH^-离子参与的氧化还原反应，其电极电势与溶液的pH值有关。对此类反应体系，保持氧化还原物质的浓度不变，改变溶液的酸碱度，则电极电势将随着溶液的pH值变化而变化。以电极电势对溶液的pH值作图，可绘制出体系的电势–pH曲线。

本实验研究Fe^{3+}/Fe^{2+}–EDTA体系的电势–pH曲线（见图3–10–1），该体系在不同的pH值范围内，络合产物不同。EDTA为六元酸，在不同的酸度条件下，其存在形态在分析化学中已有详细的讨论。以Y^{4-}为EDTA酸根离子，与Fe^{3+}/Fe^{2+}络合状态可从三个不同的pH值区间来进行讨论。

1. 在一定的pH值范围内，Fe^{3+}和Fe^{2+}能与EDTA形成稳定的络合物FeY^{2-}和FeY^-，其电极反应为

$$FeY^- + e^- \rightleftharpoons FeY^{2-}$$

根据能斯特方程，溶液的电极电势为下式：

$$\varphi = \varphi^\theta - \frac{RT}{F}\ln\frac{a_{FeY^{2-}}}{a_{FeY^-}} \tag{3-10-1}$$

式中，φ^θ为标准电极电势，a为活度。

活度与质量摩尔浓度的关系如下式：

$$a = \gamma \cdot m \tag{3-10-2}$$

将式（3–10–2）代入式（3–10–1），得

$$\varphi = \varphi^\theta - \frac{RT}{F}\ln\frac{\gamma_{FeY^{2-}}}{\gamma_{FeY^-}} - \frac{RT}{F}\ln\frac{m_{FeY^{2-}}}{m_{FeY^-}}$$

$$= (\varphi^\theta - b_1) - \frac{RT}{F}\ln\frac{m_{FeY^{2-}}}{m_{FeY^-}} \tag{3-10-3}$$

式中

$$b_1 = \frac{RT}{F}\ln\frac{\gamma_{FeY^{2-}}}{\gamma_{FeY^-}}$$

当溶液的离子强度和温度一定时，b_1为常数。在此pH值范围内，体系的电极电势只与络合物FeY^{2-}和FeY^-的质量浓度比有关。在EDTA过量时，生成络合物的浓度与配制溶液时Fe^{3+}和Fe^{2+}的浓度近似相等，即

$$m_{FeY^{2-}} \approx m_{Fe^{2+}}$$

$$m_{FeY^-} \approx m_{Fe^{3+}}$$

因此,体系的电极电势不随 pH 值的变化而变化,在电势-pH 曲线上出现平台,如图 3-10-1 中的 bc 段所示。

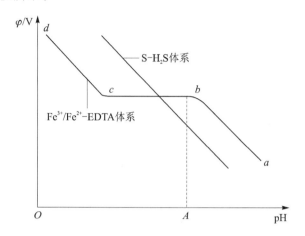

图 3-10-1　电势-pH 曲线

2. 在 pH 值较低时,体系的电极反应为

$$FeY^- + H^+ + e^- = FeHY^-$$

因此,溶液的电极电势为下式:

$$\varphi = \varphi^\theta - \frac{RT}{F}\ln\frac{a_{FeHY^-}}{a_{FeY^-} \cdot a_{H^+}}$$

$$= \varphi^\theta - \frac{RT}{F}\ln\frac{\gamma_{FeHY^-}}{\gamma_{FeY^-}} - \frac{RT}{F}\ln\frac{m_{FeHY^-}}{m_{FeY^-}} - \frac{2.303RT}{F}pH$$

$$= (\varphi^\theta - b_2) - \frac{RT}{F}\ln\frac{m_{FeHY^-}}{m_{FeY^-}} - \frac{2.303RT}{F}pH \qquad (3-10-4)$$

同样,当溶液的离子强度和温度一定时,b_2 为常数,且当 EDTA 过量时,有

$$m_{FeHY^-} \approx m_{Fe^{2+}}$$

$$m_{FeY^-} \approx m_{Fe^{3+}}$$

当 Fe^{3+} 和 Fe^{2+} 浓度不变时,溶液的氧化还原电极电势与溶液 pH 值呈线性关系,如图 3-10-1 中的 cd 段所示。

3. 当 pH 值较高时,体系的电极反应为

$$Fe(OH)Y^{2-} + e^- = FeY^{2-} + OH^-$$

考虑到在稀溶液中可用水的离子积代替水的活度积,可推得

$$\varphi = \varphi^\theta - \frac{RT}{F}\ln\frac{a_{FeY^{2-}} \cdot a_{OH^-}}{a_{Fe(OH)Y^{2-}}}$$

$$= \varphi^\theta - \frac{RT}{F}\ln\frac{\gamma_{FeY^{2-}} \cdot K_w}{\gamma_{Fe(OH)Y^{2-}}} - \frac{RT}{F}\ln\frac{m_{FeY^{2-}}}{m_{Fe(OH)Y^{2-}}} - \frac{2.303RT}{F}pH$$

$$= (\varphi^\theta - b_3) - \frac{RT}{F}\ln\frac{m_{FeY^{2-}}}{m_{Fe(OH)Y^{2-}}} - \frac{2.303RT}{F}pH \qquad (3-10-5)$$

溶液的电极电势同样与 pH 值呈线性关系,如图 3 - 10 - 1 中的 ab 段所示。

用惰性金属电极与参比电极组成电池,监测测定体系的电极电势。用酸、碱溶液调节溶液的酸度并用酸度计监测 pH 值,可绘制出电势-pH 曲线。

利用电势-pH 曲线可以对溶液体系中的一些平衡问题进行研究,本实验所讨论的 Fe^{3+}/Fe^{2+}-EDTA 体系,可用于消除天然气中的 H_2S 气体。将天然气通入 Fe^{3+}-EDTA 溶液,可将其中的 H_2S 气体氧化为元素硫而去除溶液中的 Fe^{3+}-EDTA 络合物,被还原为 Fe^{2+}-EDTA。再通入空气,将 Fe^{2+}-EDTA 氧化为 Fe^{3+}-EDTA,使溶液得到再生而循环使用。

电势-pH 曲线可以用于选择合适的脱硫 pH 值条件。例如,低含硫天然气中的 H_2S 含量为 $0.1 \sim 0.6\ g \cdot m^{-3}$,在 25 ℃ 时相应的 H_2S 分压为 $7.29 \sim 43.56\ Pa$。根据电极反应

$$S + 2H^+ + 2e^- = H_2S(g)$$

在 25 ℃ 时,其电极电势为下式:

$$\varphi(V) = -0.072 - 0.029\ 6\lg\ p_{H_2S} - 0.059\ 1\ pH \qquad (3 - 10 - 6)$$

将该电极电势与 pH 值的关系及 Fe^{3+}/Fe^{2+}-EDTA 体系的电势-pH 曲线绘制在同一坐标中,得到如图 3 - 10 - 1 所示曲线。在曲线平台区,对于具有一定浓度的脱硫液,其电极电势与式(3 - 10 - 6)所示反应的电极电势之差随着 pH 值的增大而增大,到平台区的 pH 值上限时,两电极电势的差值最大,超过此 pH 值,两电极电势之差值不再增大而为定值。由此可知,对指定浓度的脱硫液,脱硫的热力学趋势在它的电极电势平台区 pH 值上限为最大,超过此 pH 值,脱硫趋势不再随 pH 值的增大而增大。曲线中大于或等于 A 点的 pH 值,是该体系脱硫的合适条件。当然,脱硫液的 pH 值不能太大,否则可能会产生 $Fe(OH)_3$ 沉淀。

三、仪器和试剂

1. 仪器:SDC - Ⅱ型数字综合电位分析仪,pH - 2D 型精密酸度计,超级恒温槽,磁力搅拌器,铂电极,甘汞电极,复合电极,氮气钢瓶,恒温反应瓶。

2. 试剂:$(NH_4)_2Fe(SO_4)_2 \cdot 6H_2O$,$NH_4Fe(SO_4)_2 \cdot 12H_2O$,EDTA(二钠盐),NaOH 固体,$4\ mol \cdot L^{-1}\ HCl$,$2mol \cdot L^{-1}\ NaOH$。

四、实验步骤

1. 配制溶液

将反应瓶置于磁力搅拌器上,加入搅拌子,接通恒温水,调节超级恒温槽使温度恒温于 25 ℃。向反应瓶中加入 100 mL 蒸馏水,称取 EDTA 7.44 g 和 NaOH 1 g,加入反应瓶中。开启搅拌器,待 EDTA 溶解后,通入氮气。

称取 $(NH_4)Fe(SO_4)_2 \cdot 12H_2O$ 1.45 g,加入恒温瓶中,搅拌使之完全溶解。再称取 $(NH_4)_2Fe(SO_4)_2 \cdot 6H_2O$ 1.18 g,加入恒温瓶中,同样搅拌至完全溶解。此溶液中含 EDTA $0.2\ mol \cdot L^{-1}$,$Fe^{3+}\ 0.03\ mol \cdot L^{-1}$,$Fe^{2+}\ 0.03\ mol \cdot L^{-1}$。

2. 连接装置

利用标准缓冲溶液校正酸度计。

如图 3 - 10 - 2 所示,在反应瓶盖上分别插入铂电极、甘汞电极和复合电极。连接酸度计和综合电位分析仪。

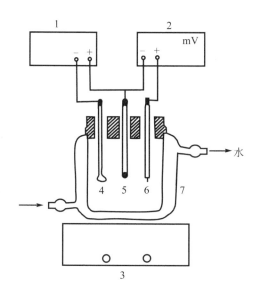

1—酸度计;2—综合电位分析仪;3—电磁搅拌器;4—复合电极;

5—饱和甘汞电极;6—铂电极;7—反应器

图 3-10-2 电势-pH 测定装置图

在搅拌情况下用滴管从加液孔缓缓加入 2 mol·L⁻¹ NaOH,调节溶液 pH 值至 8 左右,调节综合电位分析仪,测定当前电池电动势的值。

3. 测定电势-pH 关系

从加液孔加入 4 mol·L⁻¹ HCl 溶液,使溶液的 pH 值改变约 0.3,等酸度计读数稳定后,调节综合电位分析仪,分别读取 pH 值和电池电动势的值。

继续滴加 HCl 溶液,在 pH 值每改变 0.3 时读取一组数据,直到溶液的 pH 值低于 2.5 为止。

测定完毕后,取出电极,清洗干净并妥善保存。关闭恒温槽,拆解实验装置,洗净反应瓶。

五、注意事项

1. 反应瓶盖上连接的装置较多,操作时要注意安全。

2. 在用 NaOH 溶液调 pH 值时,要缓慢加入,并适当提高搅拌速度,以免产生 $Fe(OH)_3$ 沉淀。

六、数据处理

本实验记录一组溶液电势-pH 数据。

将实验数据输入计算机,根据测得的电池电动势和饱和甘汞电极的电极电势计算 Fe^{3+}/Fe^{2+}-EDTA 体系的电极电势,其中饱和甘汞电极的电极电势以下式进行温度校正:

$$\varphi/V = 0.241\,2 - 6.61 \times 10^{-4}(t-25) - 1.75 \times 10^{-6}(t-25)^2 - 9 \times 10^{-10}(t-25)^3$$

用绘图软件绘制电势-pH 曲线,由曲线确定 FeY^- 和 FeY^{2-} 稳定存在时的 pH 值范围。

七、预习思考题

1. 写出 Fe^{3+}/Fe^{2+}-EDTA 体系在电势平台区、低 pH 值和高 pH 值时,体系的基本电极反应及其所对应的电极电势公式的具体形式,并指出各项的物理意义。

2. 如果改变溶液中 Fe^{3+} 和 Fe^{2+} 的用量,则电势-pH曲线将会发生什么样的变化?

八、数据记录

温度:　　　　　　　　　　大气压:

序　号	pH　值	电池电动势	电极电势 Fe^{3+}/Fe^{2+}-EDTA
1	~8		
2			
3			
4			
5			
6			
⋮	~2.5		

第三章　化学动力学实验

实验十一　旋光法测定蔗糖水解速率常数

一、目的要求

1. 掌握旋光法测定化学反应速率的原理。
2. 掌握旋光仪的原理和使用方法。
3. 掌握测定蔗糖转化反应速度常数和半衰期的方法，能够用一级反应的特点，分析、分解实际应用中的动力学问题。

二、基本原理

蔗糖酸催化转化反应是化学反应动力学定量研究的一个重要实例。1850 年德国的物理学家威廉米进行了研究，30 年后范特霍夫和阿仑尼乌斯再次进行了研究，阿仑尼乌斯还据此研究结果提出了著名的阿仑尼乌斯方程。

蔗糖酸催化转化反应就是蔗糖的水解反应，其反应方程式为

$$C_{12}H_{22}O_{11} + H_2O \xrightarrow{H^+} C_6H_{12}O_6 + C_6H_{12}O_6$$

（蔗糖）　　　　　　　　（葡萄糖）　（果糖）

在水中此反应速度极慢，通常需要在 H^+ 的催化作用下进行。反应中水是大量存在的，仅有少量水分子参加了反应，可以近似认为整个反应过程中水的浓度是恒定的；而且，H^+ 是催化剂，其浓度保持不变。因此蔗糖水解转化反应可看作是一级反应。一级反应的反应速度方程由下式表示：

$$-\frac{dc}{dt} = kc \tag{3-11-1}$$

式中，k 为反应速度常数；令 c_0 为蔗糖开始的浓度，c_t 为时间 t 时蔗糖的浓度。将式（3-11-1）积分得

$$2.303 \lg \frac{c_0}{c_t} = kt \tag{3-11-2}$$

当 $c_t = (1/2)c_0$ 时，t 可用 $t_{1/2}$ 表示，即为反应的半衰期

$$t_{1/2} = \frac{\ln 2}{k} = \frac{0.693}{k} \tag{3-11-3}$$

蔗糖及其转化产物都含有不对称的碳原子，它们都具有旋光性，但是它们的旋光能力不同，故可利用体系在反应过程中旋光度的变化引起的旋光性的变化来度量反应的进程。

测量物质旋光度所用的仪器称为旋光仪，测得的旋光度大小与溶液中所含物质的旋光能力、溶剂性质、溶液的浓度及厚度、光源波长以及温度等均有关系。在其他条件固定时，旋光度 α 与反应物浓度有直线关系，即

$$\alpha = Kc \qquad (3-11-4)$$

其中的比例常数 K 与物质的旋光能力、溶液性质、溶液厚度、温度等均有关。

因为蔗糖、葡萄糖、果糖都是旋光性物质，它们的旋光系数为

$$[\alpha_{\text{蔗}}]_D^{20} = 66.65°, \quad [\alpha_{\text{葡}}]_D^{20} = 52.5°, \quad [\alpha_{\text{果}}]_D^{20} = -91.9°$$

式中，α 表示在 20 ℃用钠黄光作光源测得的旋光度。正值表示右旋，负值表示左旋。由于蔗糖的水解是能进行到底的，即 $c_\infty = 0$，并且果糖的左旋性远大于葡萄糖的右旋性，因此在反应进程中，总反应中溶液的旋光性将逐渐从右旋变向左旋。

本实验通过旋光法测定蔗糖水解速率常数。设开始测得旋光度为 α_0，经过 t 分钟后测得 α_t，到反应完毕测得 α_∞。当测定是在同一台仪器、同一光源、同一长度的旋光管中进行时，浓度的改变正比于旋光度的改变，且比例系数相同。因此，

$$(c_0 - c_\infty) \propto (\alpha_0 - \alpha_\infty), \quad (c_t - c_\infty) \propto (\alpha_t - \alpha_\infty)$$

而

$$c_\infty = 0$$

因此

$$\frac{c_0}{c_t} = \frac{\alpha_0 - \alpha_\infty}{\alpha_t - \alpha_\infty}$$

将其代入式(3-11-2)，整理后得

$$\lg(\alpha_t - \alpha_\infty) = -\frac{k}{2.303}t + \lg(\alpha_0 - \alpha_\infty) \qquad (3-11-5)$$

由式(3-11-5)可以看出，若以 $\lg(\alpha_t - \alpha_\infty)$ 对 t 作图，为一直线，从直线的斜率可求得反应速度常数 k。

三、仪器和试剂

1. 仪器：旋光仪(WXG-4)、旋光管、电子天平、小烧杯各 1 个，100 mL 带塞三角瓶 1 个，50 mL 容量瓶 1 个，25 mL 移液管若干。

2. 试剂：蔗糖，2.5 mol·L^{-1} 盐酸。

四、实验步骤

1. 旋光仪零点的测定

将洁净的旋光管装上蒸馏水，旋紧盖子，管内不要有气泡。用镜头纸将旋光管两侧的玻璃擦拭干净。将旋光管放入旋光仪中，打开钠光灯，调节检偏镜至与三分视场的亮度一致，此时刻度盘读数即为零点。

注意：由于蒸馏水的旋光度是零，此时读数应在"0"附近。若读数偏离"0"太远，则说明检偏镜调节不当，应重新调回到"0"附近。测完后将旋光管内的蒸馏水倒去。

2. 蔗糖水解反应物旋光度测定

用小烧杯称取 10 g 蔗糖(使用电子天平)，加入少量蒸馏水使其溶解，然后倒入 50 mL 的容量瓶中，再加入蒸馏水到刻度，配成 50 mL 蔗糖溶液。如溶液浑浊可待澄清后再用。用移液管吸取 25 mL 蔗糖溶液注入 100 mL 三角瓶中，再用另一支 25 mL 带刻度的移液管吸取 25 mL 2.5 mol/dm^3 的 HCl 溶液注入蔗糖溶液。当 HCl 注入一半时记作该反应的起始时间。轻轻振荡混合物，使其混合均匀。用少许混合液润洗旋光管 1~2 次，然后将该待测液装

入旋光管。按照测零点的方法测量其旋光度。注意蔗糖为右旋糖,开始时旋光度应为正值,以后逐渐降低。隔 5、10、10、15、15、20、20 min 各测量一次,每次读数要迅速。α_∞ 的测定是实验用剩的混合物,需先放在 60~70 ℃的水浴或恒温箱内保温 90 min 后取出,待冷却至 25 ℃后再测定其旋光度,即为 α_∞。

五、数据处理

1. 作 $\alpha_t - t$ 图。

2. 按照式(3-11-5)作 $\lg(\alpha_t - \alpha_\infty) - t$ 曲线,由斜率计算反应速度常数 k 值,并确定此反应级数。

3. 计算蔗糖转化的半衰期 $t_{1/2}$。

六、预习思考题

1. 蔗糖转化反应为什么可看作是一级反应?

2. 在蔗糖水解反应中,旋光性及其数值如何变化?为什么要快速读取旋光度?

3. 如何通过实验获得反应的速度常数 k?反应的半衰期如何获得?

4. 配好 50 mL 蔗糖溶液后,用移液管吸取 25 mL 蔗糖溶液注入 100 mL 带塞三角瓶中,再用另一支 25 mL 移液管吸取 25 mL 2.5 mol/dm³ 的盐酸溶液注入蔗糖溶液。当盐酸注入多少时开始记录时间作为起始时间?能否将蔗糖溶液注入到盐酸中?

5. 蔗糖溶液的浓度对实验有什么样的影响?

6. 本实验是否一定要校正旋光仪的零点?

七、实验拓展与设计

请设计实验确定盐酸的浓度、温度对反应速率常数的影响,并写出实验方案。

提示:蔗糖转化属于酸催化反应,考虑 H^+ 对反应速度的影响,则

$$k = k_0 + k_{H^+} \cdot c_{H^+}$$

式中,k_0 为 $c_{H^+} \rightarrow 0$ 时的反应速率常数;k_{H^+} 为酸催化速率常数;k 为表观速率常数。

用不同浓度的 HCl 溶液进行实验,测得各表观速率常数后,作 $k - c_{H^+}$ 图,从所得直线斜率得 k_{H^+},截距为 k。

八、实验记录

室温:　　　　　　　　　　　　HCl 浓度:

零点:　　　　　　　　　　　　α_∞:

反应时间/min	α_t	$\alpha_t - \alpha_\infty$	$\lg(\alpha_t - \alpha_\infty)$

实验十二　电导法测定乙酸乙酯皂化反应的速率常数和活化能

一、目的要求

1. 掌握测定乙酸乙酯皂化反应的级数、速率常数和活化能的方法。
2. 掌握电导法测量原理和电导率仪的使用方法。
3. 能够用二级反应的特点,分析、分解实际应用中的动力学问题。

二、基本原理

乙酸乙酯的皂化反应是二级反应,反应式为

$$CH_3COOC_2H_5 + OH^- = CH_3COO^- + C_2H_5OH$$

设在时间 t 时生成物浓度为 x,则该反应的动力学方程式为

$$\frac{\mathrm{d}x}{\mathrm{d}t} = k(a-x)(b-x) \qquad (3-12-1)$$

式中,a、b 分别为乙酸乙酯和碱($NaOH$)的起始浓度;k 为反应速率常数。若 $a=b$,则式($3-12-1$)变为

$$\frac{\mathrm{d}x}{\mathrm{d}t} = k(a-x)^2 \qquad (3-12-2)$$

积分式($3-12-2$),得

$$k = \frac{1}{t} \frac{x}{a(a-x)} \qquad (3-12-3)$$

由实验测得不同 t 时的 x 值,则可依式($3-12-3$)计算出不同 t 时的 k 值。如果 k 值为常数,就可证明反应是二级的。通常是作 $\frac{x}{a-x} - t$ 图,若所得的是直线,也就证明是二级反应,并可以从直线的斜率求出 k 值。

不同时间下生成物的浓度可用化学分析法测定(例如分析反应液中的 OH^- 浓度),也可以用物理化学分析法测定(如测量电导)。

本实验用电导法测定 x 值,测定的根据是:

(1) 溶液中 OH^- 的电导率比 Ac^-(即 $CHCOO^-$)的电导率大很多(即反应物与生成物的电导率差别大)。因此,随着反应的进行,OH^- 的浓度不断降低,溶液的电导率也就随着下降。

(2) 在稀溶液中,每种强电解质的电导率 k 与其浓度成正比,而且溶液的总电导率就等于组成溶液的电解质的电导率之和。

依据上述两点,对乙酸乙酯皂化反应来说,反应物与生成物只有 $NaOH$ 和 $NaAc$ 是强电解质。如果是在稀溶液下反应,则

$$k_a = A_1 a, \quad k_\infty = A_2 a$$
$$k_t = A_1(a-x) + A_2 x$$

式中,A_1、A_2 是与温度、溶剂、电解质 $NaOH$ 及 $NaAc$ 的性质有关的比例常数;k_0、k_∞ 分别为反应

开始和终了时溶液的总电导率(注意这时只有一种电解质);k_t 为时间 t 时溶液的总电导率。

由此三式,可得到

$$x = \frac{k_0 - k_t}{k_0 - k_\infty} a \qquad (3-12-4)$$

若乙酸乙酯与 NaOH 的起始浓度相等,将式(3-12-4)代入式(3-12-3),得

$$k = \frac{1}{ta} \frac{k_0 - k_t}{k_t - k_\infty} \qquad (3-12-5)$$

由式(3-12-5)变换为

$$k_t = \frac{k_0 - k_t}{kat} + k_\infty \qquad (3-12-6)$$

作 $k_t - \dfrac{k_0 - k_t}{t}$ 图,由直线斜率 m 可求 k 值,即

$$m = \frac{1}{ka}, \quad k = \frac{1}{ma}$$

反应速率常数 k 与温度 $T(\mathrm{K})$ 的关系一般符合阿累尼乌斯方程,即

$$\frac{\mathrm{d}\ln(k/[\mathrm{k}])}{\mathrm{d}T} = \frac{E_\mathrm{a}}{RT^2} \qquad (3-12-7)$$

积分式(3-12-7),得

$$\lg(k/[\mathrm{k}]) = -\frac{E_\mathrm{a}}{2.303RT} + C \qquad (3-12-8)$$

式中:$[\mathrm{k}]$ 为 k 的量纲,C 为积分常数,E_a 为反应的表观活化能。显然,在不同温度下测定速率常数 k,作出 $\lg(k/[\mathrm{k}])$ 对 $1/T$ 图,应得一直线,由直线的斜率就可算出 E_a 的值。

三、仪器和试剂

1. 仪器:DDS-307 电导率仪,恒温水浴,大试管,100 mL 烧杯,50、100 mL 容量瓶,微量进样器,秒表。

2. 试剂:乙酸乙酯,0.02 mol·L^{-1} NaOH(无 $NaCO_3$、NaCl 等杂质),二次蒸馏水。

四、实验设计

1. 设计配制乙酸乙酯溶液的浓度,并计算 100 mL 该溶液所需乙酸乙酯的量,给出配制过程及注意事项。

2. k_0 的测定。调恒温水浴至 25 ℃,测量实验中所需 NaOH 溶液(恒温水浴恒温 10 min)的电导率值。

3. k_t 的测定。用移液管取 25 mL 新配制的乙酸乙酯溶液于干燥的试管中;用另一支移液管取 25 mL NaOH 溶液于另一干燥的试管中,塞好塞子,以防挥发。将盛有液体的试管放入恒温水浴中,恒温 10 min。然后从恒温水浴中取出试管,将乙酸乙酯溶液倒入 NaOH 溶液中,并混合均匀(互相倾倒),同时开始计时;经溶液充分润洗电导电极后,将电极插入试管混合溶液中(上述过程需 1~1.5 min),自第 4 min 开始读取电导率值,记录 4 min、6 min、8 min……的数据。开始每 2 min 记一次数据,30 min 后每 4 min 记一次数据,共测定 50 min 左右。

4. 将试管洗净、烘干,按 3~4 步骤测量 30 ℃ 和 35 ℃ 的 k_0 和 k_t 值。

5. 实验完成后,将试管洗净、烘干,同时将电极用蒸馏水清洗干净。

五、数据处理

1. 作 25 ℃ 条件下的 k_t－t 图;

2. 由 k_t－t 图中选取 10 个与 t 相应的 k_t 值,按下表处理:

t/s	k_t/ms	$(k_0-k_t)/ms$	$(k_0-k_t) \cdot t^{-1}/(ms \cdot S^{-1})$

3. 作 k_t－$\dfrac{k_0-k_t}{t}$ 图,由直线斜率求出相应温度下的 k 值;

4. 作 $\lg(k/[k])$－$1/T$ 图,由直线斜率求出活化能。

六、预习思考题

1. 配制乙酸乙酯溶液时,在容量瓶中要事先加入什么,为什么?

2. 为什么乙酸乙酯与 $NaOH$ 溶液的浓度必须足够地稀?

3. 若乙酸乙酯与 $NaOH$ 溶液的起始浓度不等,应如何计算 k 值?

4. 为什么要使乙酸乙酯与 $NaOH$ 两溶液尽快混合完毕? 开始一段时间的测定间隔期为什么应短些?

5. 乙酸乙酯皂化反应为吸热反应,它在实验过程中会对测试结果有什么影响? 如何处理这一影响使实验结果更合理?

6. 如何从实验结果验证乙酸乙酯皂化反应为二级反应?

7. 影响实验结果精确度的因素有哪些?

8. 本实验中用二次蒸馏水代替电导水可能会产生的影响是什么?

9. 本实验是在假设反应级数是二的基础上,推导速率方程式。如果反应的级数未知,如何获得速率常数?

七、电导率仪的使用方法和注意事项

本实验采用 DDS－307 电导率仪,具体使用方法和注意事项如下。

1. 使用方法

(1) 打开电源开关,设置温度补偿为 25 ℃。

(2) 调节仪器电极常数,使仪器显示电导池实际常数值与标在电极标签上的数值一致,如电极标签上的数值显示为 0.995,则仪器显示电导池实际常数值应调整为 0.995。

(3) 待测液的电导率测量。电极常数校正完成后,将功能开关置"测量"挡,电极插入被测液中,仪器显示待测液的电导率。

2. 注意事项

测量时,为保证样液不被污染,电极应当用去离子水(或二次蒸馏水)冲洗,并用待测液润洗。

实验十三 BZ 振荡反应

一、目的要求

1. 掌握 Belousov-Zhabotinsli（BZ）反应的基本原理。
2. 掌握通过测定电位-时间曲线求得振荡反应的表观活化能的方法。
3. 理解自然界中普遍存在的非平衡非线性问题,具备分析、分解复杂动力学问题的能力。

二、基本原理

1. 自催化反应

在给定条件下的反应体系,反应开始后逐渐形成并积累了某种产物或中间体,这些产物具有催化功能,使反应经过一段诱导期后出现大大加速的现象,这种作用称为自（动）催化作用。其特征之一是存在着初始的诱导期。

大多数自动氧化过程都存在自催化作用。油脂腐败、橡胶变质以及塑料制品的老化均属于包含链反应的自动氧化过程,反应开始进行得很慢,但都被其所产生的自由基所加速。

2. 化学振荡

有些自催化反应有可能使反应体系中某些物质的浓度随时间（或空间）发生周期性的变化,即发生化学振荡,而化学振荡反应的必要条件之一是该反应必须是自催化反应。化学振荡现象的发生必须满足以下几个条件:

（1）反应必须是敞开体系且远离平衡态,即 $\Delta_r G_m$ 为较负的值。

（2）反应历程中应包含自催化的步骤。

（3）体系中必须要有两个准定态存在。

研究人员曾经提出过不少模型来研究化学振荡的反应机理。下面介绍洛特卡（Lotka）-沃尔特拉（Voltella）的自催化模型。

（1）$A+X \xrightarrow{k_1} 2X$, $\quad r_1 = -\dfrac{d[A]}{dt} = k_1[A][X]$;

（2）$X+Y \xrightarrow{k_2} 2Y$, $\quad r_2 = -\dfrac{d[X]}{dt} = k_2[X][Y]$;

（3）$Y \xrightarrow{k_3} E$, $\quad r_3 = \dfrac{d[E]}{dt} = k_3[Y]$。

其净反应是 $A \rightarrow E$。对这一组微分方程求解得

$$k_2[X] - k_3\ln[X] + k_2[Y] + k_1[A]\ln[Y] = 常数$$

这一方程的具体解可用两种方法表示,一种是用[X]和[Y]对 t 作图,如图 3-13-1 所示,其浓度随时间呈周期性变化;另一种是以[X]对[Y]作图,得反应轨迹曲线,如图 3-13-2 所示,为一封闭椭圆曲线。反应轨迹曲线为封闭曲线,则 X 和 Y 的浓度就能沿曲线稳定地周期变化,反应便呈振荡现象。

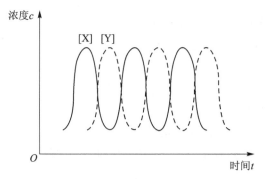

图 3-13-1 [X]和[Y]随时间的周期性变化

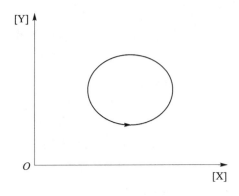

图 3-13-2 反应轨迹曲线

中间产物 X、Y(它们同时也是反应物)的浓度的周期性变化可解释如下：

反应开始时其速率可能并不快，但由于反应(1)生成了 X，而 X 又能自催化反应(1)，所以 X 骤增，随着 X 的生成，使反应(2)发生。开始 Y 的量可能是很少的，故反应(2)较慢，但反应(2)生成的 Y 又能自催化反应(2)，使 Y 的量骤增。但是增加 Y 的同时是要消耗 X 的，则反应(1)的速率下降，生成 X 的量下降，而 X 量的下降又导致反应(2)速率变慢。随着 Y 量变少，消耗 X 的量也减少，从而使 X 的量再次增加，如此反复进行，表现为 X、Y 浓度的周期变化。浓度最高值、最低值所在的点对应着两个准定态。

3. 非平衡非线性理论和耗散结构

非平衡非线性问题是自然科学领域中普遍存在的问题。化学的基本规律是非平衡的，这容易理解，因为处于平衡态的化学反应系统不会发生宏观的化学变化。化学的基本规律又是非线性的。非线性是相对于线性而言的，而线性是指因变量与自变量满足线性关系的函数特性。化学中涉及的许多函数关系都是非线性的，例如化学反应速率通常是参加反应的各种组分的浓度的非线性函数，等等。

传统化学热力学理论(平衡理论)和动力学理论(线性理论)不能解释一些现象，如某些反应系统中自发产生时间上或空间上高度有序状态的现象(自组织现象)，而这可以用非平衡非线性理论加以解释。自 20 世纪 60 年代以来，非平衡非线性理论引起了人们的重视。非平衡非线性理论研究的主要问题就是耗散结构。

耗散结构论认为：一个远离平衡态的开放体系，通过与外界交换物质和能量，在一定条件下，可能从原来的无序状态转变为一种在时间、空间或功能上有序的状态。形成的新的有序结构是靠不断耗散物质和能量来维持的，称为"耗散结构"。

耗散结构是在开放和远离平衡的条件下，在与外界环境交换物质和能量的过程中通过内部的非线性动力学机制来耗散环境传来的能量与物质，从而形成和维持宏观时空有序的结构。

4. BZ 振荡反应

BZ 体系是指在酸性介质中，有机物在有(或无)金属离子催化的条件下，被溴酸盐氧化构成的体系。这个体系在反应过程中某些中间组分的浓度发生周期性变化，外观表现为反应溶液呈黄色和无色的交替变化，即发生化学振荡现象。BZ 化学振荡反应具有耗散结构的特征，是最典型的耗散结构,它是在 1958 年由苏联科学家别诺索夫(Belousov)和柴伯廷斯基(Zhabotinski)发现而得名的。

1972 年,R. J. Fiela、E. Koros、R. Noyes 等人通过 $BrO_3^- - Ce^{4+} - MA - H_2SO_4$ 体系的实验对 BZ 振荡反应作出了解释,即提出了 FKN 机理。其主要思想是:若体系中存在着两个受溴离子浓度控制的过程 A 和 B,则当 $[Br^-]$ 高于临界浓度 $[Br^-]_{crit}$ 时发生 A 过程,当 $[Br^-]$ 低于 $[Br^-]_{crit}$ 时发生 B 过程。也就是说,$[Br^-]$ 起着开关的作用,它控制着从 A 到 B,再由 B 到 A 的过程的转变。在 A 过程,由于反应的消耗 $[Br^-]$ 降低,当 $[Br^-]<[Br^-]_{crit}$ 时,B 过程发生。在 B 过程,$[Br^-]$ 再生,$[Br^-]$ 增加,当 $[Br^-]>[Br^-]_{crit}$ 时,A 过程再次发生,这样体系就在 A、B 过程之间往复振荡。下面以 FKN 机理对 $BrO^{3-} - Ce^{4+} - MA - H_2SO_4$ 体系加以解释。

当 $[Br^-]>[Br^-]_{crit}$ 时,发生下列 A 过程:

$$BrO_3^- + Br^- + 2H^+ \xrightarrow{K_1} HBrO_2 + HOBr \tag{1}$$
$$(K_1 = 2.1 \text{ mol} \cdot L^9 \cdot s^{-1}, 25 \text{ ℃})$$

$$HBrO_2 + Br^- + H^+ \xrightarrow{K_2} 2HOBr \tag{2}$$
$$(K_2 = 2\times10^9 \text{ mol}^{-2} \cdot L^6 \cdot s^{-1}, 25 \text{ ℃})$$

其中第一步是速率控制步,当达到准定态时,有 $[HBrO_2] = \dfrac{K_1}{K_2}[BrO_3^-][H^+]$。

当 $[Br^-]<[Br^-]_{crit}$ 时,发生下列 B 过程,Ce^{3+} 被氧化:

$$BrO_3^- + HBrO_2 + H^+ \xrightarrow{K_3} 2BrO_2 + H_2O \tag{3}$$
$$(K_3 = 1\times10^4 \text{ mol}^{-2} \cdot L^6 \cdot s^{-1}, 25 \text{ ℃})$$

$$BrO_2 + Ce^{3+} + H^+ \xrightarrow{K_4} HBrO_2 + Ce^{4+} \quad (K_4 = 快速) \tag{4}$$

$$2HBrO_2 \xrightarrow{K_5} BrO_3^- + HOBr + H^+ \tag{5}$$
$$(K_5 = 4\times10^7 \text{ mol}^{-1} \cdot L \cdot s^{-1}, 25 \text{ ℃})$$

反应(3)是速度控制步,反应经(3)、(4)将自催化产生 $HBrO_2$,达到准定态时

$$[HBrO_2] \approx \frac{K_3}{2K_5}[BrO_3^-][H^+]$$

由反应(2)和(3)可以看出:Br^- 和 BrO_3^- 是竞争 $HBrO_2$ 的。当 $K_2[Br^-]>K_3[BrO_3^-]$ 时,自催化过程(3)不能发生。自催化是 BZ 振荡反应中必不可少的步骤,否则振荡反应不能发生。Br^- 的临界浓度为

$$[Br^-]_{crit} = \frac{K_3}{K_2}[BrO_3^-] = 5\times10^{-6}[BrO_3^-]$$

Br^- 的再生可通过下列步骤实现:

$$4Ce^{4+} + BrCH(COOH)_2 + H_2O + HOBr \xrightarrow{K_6} 2Br^- + 4Ce^{3+} + 3CO_2 + 6H^+ \tag{6}$$

该体系的总反应是:

$$2H^+ + 2BrO_3^- + 3CH_2(COOH)_2 \longrightarrow 2BrCH(COOH)_2 + 3CO_2 + 4H_2O \tag{7}$$

振荡的控制物种是 Br^-。

5. 实验装置及有关电势曲线的解释

实验装置如图 3-13-3 所示,电池由铂电极、甘汞电极和反应溶液组成。记录仪记录的电势是溶液中各种电对电位的综合电势,其中起主导作用的是 Ce^{4+}/Ce^{3+} 氧化还原电对。

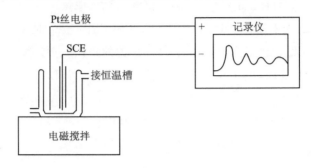

图 3-13-3　BZ 反应实验装置示意图

电势-时间曲线(见图 3-13-4)反映了体系实测电势与时间的关系,曲线也反映了因 Ce^{4+}/Ce^{3+} 电对的活度比变化产生的电势变化特点,曲线也反映了振荡过程中中间组分的浓度-时间的关系,从而可以得到振荡反应的特征并加以研究。

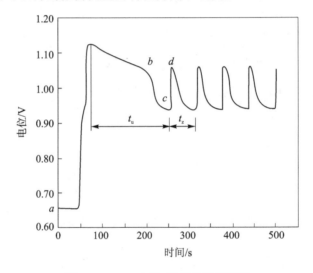

图 3-13-4　电势-时间曲线示意图

当硫酸铈铵溶液加入体系后,体系中主要存在的是 Ce^{4+},而 Ce^{3+} 量较少,此时 $\varphi(Ce^{4+}/Ce^{3+})$ 较大(对应于电势曲线中的 a 点)。反应(6)缓慢地进行,Ce^{4+} 逐渐减少,同时生成 Br^-(对应于 ab 段)。当 $[Br^-]$ 达到 $[Br^-]_{crit}$ 时(对应于 b 点),发生 A 过程,所产生的 HOBr 加速了反应(6)的进行,Ce^{4+} 的量骤减,Ce^{3+} 的量骤增,$\varphi(Ce^{4+}/Ce^{3+})$ 急剧下降(对应于 bc 段),实验现象表现为溶液由黄色逐渐变为无色。随着 Ce^{4+} 的减少,反应(6)的速率减慢,生成 Br^- 量减少,而 A 过程消耗 Br^-,使 $[Br^-]$ 下降。当 $[Br^-]$ 下降到 $[Br^-]_{crit}$ 时(对应于 c 点),发生 B 过程。这是一个自催化过程,Ce^{4+} 的量骤增,Ce^{3+} 的量骤减,$\varphi(Ce^{4+}/Ce^{3+})$ 急剧上升(对应于 cd 段),实验现象表现为溶液由无色逐渐变为黄色。Ce^{4+} 的增多使反应(6)提速,$[Br^-]$ 上升,直到 $[Br^-]_{crit}$(对应于 d 点)。

整个体系处于化学振荡过程中,振荡的控制物种是 Br^-、$[Br^-]$、$[Ce^{4+}]$、$[Ce^{3+}]$ 都周期性变化。c 点 $[Ce^{4+}]$ 有极小值,$[Ce^{3+}]$ 有极大值;d 点 $[Ce^{4+}]$ 有极大值,$[Ce^{3+}]$ 有极小值。这两个点对应着体系的两个准定态。

在不同的温度下测定电势–时间曲线,分别从曲线中得到诱导时间 t_u 和 t_z,根据 Arrhenius 方程,$\ln(1/t_u) = -E/RT + \ln A$(或 $\ln(1/t_z) = -E/RT + \ln A$),分别作 $\ln(1/t_u)$-$1/T$ 和 $\ln(1/t_z)$-$1/T$ 图,从图中曲线斜率分别得到表观活化能 E_u 和 E_z,同时也可得到经验常数 A_u 和 A_z。

三、仪器和试剂

1. 仪器:反应器 100 mL 1 只,超级恒温槽 1 台,磁力搅拌器 1 台,数字电压表 1 台。
2. 试剂:丙二酸(A. R),溴酸钾(G. R),硝酸铈铵(A. R),浓硫酸(A. R)。

四、实验步骤

1. 按图 3 - 13 - 3 连好仪器,打开超级恒温槽,将温度调节至 25.0 ℃。
2. 配制 0.45 $mol \cdot L^{-1}$ 丙二酸 100 mL,0.25 $mol \cdot L^{-1}$ 溴酸钾 100 mL(需水浴加热溶解),硫酸 3.00 $mol \cdot L^{-1}$ 100 mL,4×10^{-3} $mol \cdot L^{-1}$ 硝酸铈铵 100 mL(在 0.20 $mol \cdot L^{-1}$ 硫酸介质中配制)。
3. 在反应器中加入已配好的丙二酸溶液、溴酸钾溶液、硫酸溶液各 15 mL,恒温 5 min 后加入硝酸铈铵溶液 15 mL,观察溶液颜色的变化,由显示的电势曲线到达第一个峰值时记下相应的诱导时间 $t_{诱}$。
4. 用上述方法改变温度为 30 ℃、35 ℃、40 ℃、45 ℃、50 ℃,重复试验(后三个温度需做两次取均值)。

五、注意事项

1. 实验中溴酸钾纯度要求高。
2. 217 型甘汞电极用 1 $mol \cdot L^{-1}$ 硫酸作液接。
3. 配制 0.004 $mol \cdot L^{-1}$ 硫酸铈铵溶液时,一定要在 0.20 $mol \cdot L^{-1}$ 硫酸介质中配制,防止发生水解呈混浊。溴酸钾溶解度小,需用热水浴加热溶解。
4. 反应容器一定要冲洗干净;电极要插入液面下;转子位置和速度要加以控制,不能碰到电极。
5. 反应溶液(包括硫酸铈铵溶液)需预热。

六、数据处理

根据 $t_{诱}$ 与温度数据作 $\ln(1/t_{诱})$-$1/T$ 图,求出表观活化能。

七、预习思考题

1. 影响诱导期的主要因素有哪些?
2. 本实验的电势主要代表什么意思,与 Nernst 方程求得的电位有什么不同?
3. BZ 振荡系统中哪一步反应对化学振荡行为最为关键?为什么?

4. 结合热力学第二定律讨论 BZ 振荡系统的熵变化。

八、实验记录

温度：　　　　　　　　　　　　　　　大气压：

温度/℃	25	30	35	40			45			50		
				1	2	平均	1	2	平均	1	2	平均
$t_诱$												

第四章　胶体化学和界面化学实验

实验十四　固体和溶液界面上的吸附

一、目的要求

1. 理解固体物质在溶液界面上吸附的吸附等温式。
2. 用作图法求吸附等温方程中的经验常数。
3. 能根据吸附特性及理论,分析、分解和解决表界面现象中的实际问题。

二、基本原理

物体的表面具有吸附其他物质的分子或离子的性质,称为吸附。吸附能力的大小与吸附剂及吸附质的种类、温度吸附剂的比表面积、吸附质的平衡浓度有关。

吸附能力的大小,通常是以每克吸附剂上吸附溶质的物质的量来计算,即吸附量,以符号 Γ 表示。在一定温度下,对于一定的吸附剂和吸附质来说,吸附量可以用弗劳因特立希(Freundlich)经验方程式表示:

$$\Gamma = \frac{x}{m} = kc^n \tag{3-14-1}$$

式中,x 为吸附的物质的量;m 为吸附剂的质量;c 为吸附平衡时溶液的浓度(mol·L^{-1});k 和 n 为常数,由温度、溶剂、吸附质及吸附剂的性质所决定(一般 $1/n < 1$)。

将式(3-14-1)取对数可得下式:

$$\lg \Gamma = n\lg c + \lg k \tag{3-14-2}$$

以 $\lg \Gamma - n\lg c$ 作图可得一直线,由直线的斜率与截距可求得 k 与 n 值。Freundlich 经验方程,只适合于浓度不太大或不太小的溶液。从表面上看 k 是当浓度 $c=1$ mol·L^{-1} 时的吸附量,然而此时 Freundlich 经验方程可能已不适用。一般吸附剂与吸附质改变时,n 值变化不大,而 k 改变很大。

Langmiur 吸附方程式系基于吸附过程的理论考虑,认为吸附是单分子层的,即吸附剂一旦表面被占据之后,就不能再吸附。达到吸附平衡时,吸附和解吸速度相等。设 Γ_∞ 为饱和吸附量,即吸附剂表面铺满了一层吸附质分子或离子的吸附量,则在平衡浓度为 c 时的吸附量 Γ 可用下式表示:

$$\Gamma = \Gamma - \frac{kc}{1+kc} \tag{3-14-3}$$

将式(3-14-3)改写,得

$$\frac{c}{\Gamma} = \frac{1}{\Gamma_\infty k} + \frac{1}{\Gamma_\infty} \tag{3-14-4}$$

作 $\frac{c}{\Gamma} - c$ 图,得一直线;由直线斜率可求得 Γ_∞,再结合截距可求得 k。这个 k 实际上带有吸附和解吸平衡的性质,而不同于 Freundlich 方程式中的 k。

依据 Γ_∞ 数值,按照 Langmiur 单分子层吸附的模型,并假定吸附质分子在吸附剂表面是直立的,则每个吸附质(乙酸)分子的面积按 2.43×10^{-15} cm^2 计算(此数值是根据水-空气界面上对直链正脂肪酸测定的结果而得来的),则吸附剂的比面积 S 可按照下式进行计算:

$$S = \Gamma_\infty \cdot N \cdot A \qquad (3-14-5)$$

式中,N 是阿佛加得罗常数,A 为每个吸附质分子的面积。

三、仪器和试剂

1. 仪器:振荡机 1 台,250 mL 带塞磨口三角瓶 5 个,250 mL 普通三角瓶 10 个,漏斗 5 个,滴定管 2 支,称量瓶 1 个,50 mL、25 mL、10 mL、5 mL 移液管各 1 支,滤纸。

2. 试剂:活性炭(20~40 目,比表面积 300~400 m^2·g^{-1},色层分析、干燥处理后用),滤纸,蒸馏水,酚酞,0.1 mol·L^{-1} 标准的 NaOH 溶液,0.4 mol·L^{-1} 乙酸。

四、实验步骤

1. 溶液配制

取 5 个洗净、干燥的带塞磨口三角瓶,编号,每瓶称取约 1 g 活性炭(准确到 0.001 g,用称量瓶称取)。按下列配方进行配制乙酸溶液。

编 号	1	2	3	4	5
0.4 mol·L^{-1} 乙酸 用量/mL	100	50	25	10	5
蒸馏水用量/mL	0	50	75	90	95

配制以上样品时溶液均用移液管量取。配好后放在振荡机上振荡 0.5 h,而后用干漏斗进行过滤。开始收集的滤液约 10 mL 摒弃,随后收集的作为滴定用(思考为什么)。收集滤液用的三角瓶得事先洗净、干燥。

2. 滴 定

用移液管分别吸取 1 号瓶 5 mL、2 号瓶 10 mL、3 号瓶 20 mL、4 号瓶 20 mL、5 号瓶 20 mL 的过滤液于 5 个洗净的三角瓶中(每瓶 2 份),加入几滴酚酞,用标准的 NaOH 溶液滴定。

五、数据处理

1. $\Gamma-c$ 作图,得吸附等温线。

2. 以 lgΓ-lg$c$ 作图得直线,由直线的斜率和截距求 k。

3. 以 $\dfrac{c}{\Gamma}-c$ 作图,求 k 和 Γ_∞。

4. 计算活性炭的比表面积。

六、注意事项

1. 加好样品后,随时盖好瓶塞,以防乙酸挥发,以免引起结果偏差较大。

2. 本实验所用溶液均需用不含 CO$_2$ 的蒸馏水配制,溶液配好摇匀后再放入活性炭。

3. 将 120 ℃下烘干的活性炭约 1 g(准确称量至 0.001 g),放入锥形瓶中,在恒温条件下振荡适当的时间(视温度而定,一般 0.5~2 h,以吸附达到平衡为准)。振荡速度以活性炭可翻动为宜。

4. 本实验的关键是吸附一定要达到平衡,5 个瓶的吸附温度要相同。

5. 活性炭吸附乙酸是可逆吸附,因此使用过的活性炭可回收利用(用蒸馏水浸泡数次,烘干、抽气后即可。

七、预习思考题

1. 影响固体对溶液中溶质的吸附有哪些因素? 固体吸附气体与吸附溶液中的溶质有何不同?

2. 如何加快吸附达到平衡? 如何确定平衡已经达到?

3. 降低吸附温度对吸附有什么影响?

4. Freundlich 吸附公式和 Langmiur 吸附公式的应用要求有什么条件?

5. 过滤时开始收集的滤液为什么要摒弃? 如果不摒弃对滤液浓度有何影响?

6. 本实验计算的吸附剂的比面积常比实际面积小,为什么?

八、数据记录

实验温度: 　　　　　　　　　　大气压:

乙酸浓度: 　　　　　　　　　　NaOH 浓度:

样品编号	1	2	3	4	5
活性炭用量/mg					
滤液用量/mL					
NaOH 溶液用量/mL					
吸附量 $\Gamma=\dfrac{c_0-c}{m}V$					
lg c					
lg Γ					

注:V 为溶液的总体积。

实验十五　最大泡压法测定溶液的表面张力

一、目的要求

1. 掌握最大泡压法测定表面张力的原理和技术,了解影响表面张力测定的因素。
2. 测定不同浓度的正丁醇水溶液的表面张力,计算吸附量与浓度的关系。
3. 能够基于溶液的表面张力和吸附量相关理论,分析、分解和解决表界面相关复杂问题。

二、基本原理

从热力学观点来看,液体表面缩小是一个自发过程,这是使体系总的自由能减小的过程,如欲使液体产生新的表面 ΔS,就需要对其做功,其大小应与 ΔS 成正比,可以用下式表示:

$$-W' = \gamma \Delta S \tag{3-15-1}$$

如果 $\Delta S = 1\ m^2$,则 $-W' = \gamma$ 是在恒温恒压下形成 $1\ m^2$ 新的表面所需的可逆功。故 γ 称为比表面吉布斯表面能,其单位为 $J \cdot m^{-2}$;亦可将 γ 看作是作用在界面上每单位长度边缘上的力,称为表面张力,其单位是 $N \cdot m^{-1}$。

对于纯物质,表面层的组成与内部的相同。在一定温度下,纯液体的表面张力是定值,但溶液的情况却不然。加入溶质后,溶剂的表面张力发生变化,根据能量最低原理,溶质能降低溶剂的表面张力时,表面层中溶质的浓度比溶液内部的大;反之,溶质使溶剂的表面张力升高时,它在表面层中的浓度比在内部的浓度低,这种表面浓度与溶液内部浓度不同的现象叫作溶液的表面吸附。显然,在指定的温度和压力下,溶质的吸附量与溶液的表面张力及溶液的浓度有关,从热力学方法可知它们之间的关系遵守 Gibbs 吸附方程:

$$\Gamma = \frac{-c}{RT}\left(\frac{d\gamma}{dc}\right)_T \tag{3-15-2}$$

式中,Γ 为溶质在表面的吸附量($mol \cdot m^{-2}$);γ 为表面张力($N \cdot m^{-1}$);T 为热力学温度;c 为溶液浓度($mol \cdot L^{-1}$);R 为气体常数($8.314\ J \cdot mol^{-1} \cdot K^{-1}$)。

加入溶质后,溶于溶剂中能使其表面张力降低的物质称为表面活性物质。在工业和日常生活中,表面活性物质被广泛应用于去污剂、乳化剂、润湿剂以及起泡剂等。因此,研究这些物质的表界面效应具有非常重要的意义。

本实验用最大泡压法测定正丁醇水溶液的表面吸附量,通过正丁醇水溶液的表面张力和浓度的测定可求得吸附量 Γ。

测定表面张力的仪器装置如图 3-15-1 所示,将欲测表面张力的液体装于带支管的试管中,使玻璃毛细管($0.2 \sim 0.5\ mm$)的端面与液体刚好接触并相切,毛细管内液面上升。打开盛有水的滴液漏斗的活塞缓慢地滴水,滴水挤压气体导致密闭系统内的压力增大,毛细管内溶液面上受到一个比支管试管中液面上大的压力,毛细管内液面开始下降。当此压力差在毛细管端面上产生的作用力稍大于毛细管口液体的表面张力时,气泡就从毛细管口被压出(见图 3-15-2),这个最大的压力差值 ΔP 可由数字微压差测量仪上读出,符合下式:

$$\Delta P = P_{大气} - P_{系统} \tag{3-15-3}$$

根据拉普拉斯公式,附加压力 ΔP 与溶液的表面张力 γ 成正比,与气泡的曲率半径 R 成

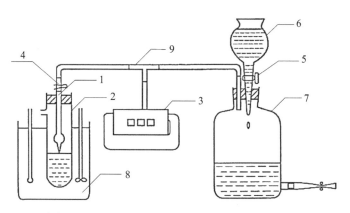

1—玻璃毛细管；2—带支管试管；3—数字微压差测量仪；4—夹子；
5—玻璃旋塞；6—滴液漏斗；7—磨口烧杯；8—恒温容器；9—T形管

图 3-15-1　测定表面张力的装置

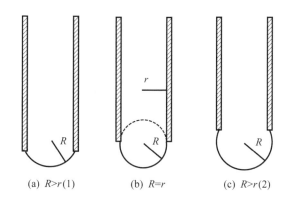

(a) R>r(1)　　　(b) R=r　　　(c) R>r(2)

图 3-15-2　毛细管端形成气泡的曲率半径变化示意图

反比，其关系式为

$$\Delta P = \frac{2\gamma}{R} \tag{3-15-4}$$

若毛细管的管径较小，则形成的气泡可以看成是球形的。气泡刚形成时，由于表面几乎是平的，所以曲率半径 R 极大；当气泡形成半球形时，曲率半径 R 等于毛细管管径 r，此时 R 值为最小；随着气泡的进一步增大，R 又进一步增大，直至逸出液面。

根据上面的讨论可知，当 $R=r$ 时，附加压力最大，为

$$\Delta P_m = \frac{2\gamma}{r} \tag{3-15-5}$$

因此，由压力计上读出最大附加压力值，即可根据 $\gamma = \frac{r}{2}\Delta P_m$ 计算溶液的表面张力。

若用同一支毛细管和压力计，则对两种具有表面张力 γ_1 和 γ_2 的液体而言，有下列关系式：

$$\gamma_1 = \frac{r}{2}\Delta P_1 \tag{3-15-6}$$

$$\gamma_2 = \frac{r}{2}\Delta P_2 \tag{3-15-7}$$

若 γ_2 为已知,则

$$\frac{\gamma_1}{\gamma_2} = \frac{\Delta P_1}{\Delta P_2} \tag{3-15-8}$$

故

$$\gamma_1 = \frac{\gamma_2}{\Delta P_2}\Delta P_1 = K\Delta P_1 \tag{3-15-9}$$

式中,K 值对同一支毛细管是常数,称作仪器常数。因为用已知表面张力 γ_2 的液体作标准,用式(3-15-9)可求出其他液体的表面张力 γ_1。

三、仪器和试剂

1. 仪器:表面张力测定实验装置 1 套,容量瓶(100 mL,8 个),移液管,洗耳球,烧杯等。

2. 试剂:正丁醇(分析纯),正丁醇水溶液(0.01、0.02、0.05、0.1、0.2、0.3、0.4、0.5 mol·L^{-1})。

四、实验步骤

1. 测定仪器常数

首先将预先洗净的表面张力仪装置按图 3-15-1 安装好,然后将自来水加到滴液漏斗中。往带支管试管中注入蒸馏水 20~25 mL,使管内液面刚好与玻璃毛细管的端面相切且保持水平。然后打开滴液漏斗活塞,使水缓慢滴入磨口烧杯中而导致其内逐步增压并传递到玻璃毛细管端口,这样,在气泡脱出的一瞬间,可以很容易地读出数字微压差测量仪示数。

当气泡形成的频率稳定时,记录压差三次,求出其平均值,得 ΔP_2;再查得该温度水的 γ_2 值,代入式(3-15-9)就可求得仪器常数 K 值。

2. 测定 γ 与溶液浓度的关系

以同样的方法,将带支管试管中换以不同浓度的待测正丁醇水溶液进行测量,读得各个 ΔP,用式(3-15-9)求出各个 γ 值。

五、数据处理

1. 在表格中记录不同浓度下各溶液的压力差,并求出仪器常数 K 和不同浓度的正丁醇水溶液的表面张力和浓度的数值。

2. 在方格坐标纸上作 γ-c 图(横坐标浓度从零开始)。

$$m = \left(\frac{\mathrm{d}\gamma}{\mathrm{d}c}\right)_T$$

3. 根据 Gibbs 吸附方程式,求算各浓度的吸附量,并画出吸附量与浓度的关系图。

$$\Gamma = \frac{-c}{RT}\left(\frac{\mathrm{d}\gamma}{\mathrm{d}c}\right)_T$$

4. 由 Γ-c 图求出正丁醇水溶液吸附饱和时的浓度和它的饱和吸附量 $\Gamma_{饱和}$。

六、注意事项

1. 本实验的关键在于毛细管尖端的洁净,所以毛细管必须洗得很干净才能保证产生的气泡均匀、缓慢。

2. 安装毛细管时,要竖直,并与液面刚好相切。

3. 气泡逸出的速率尽可能缓慢,以每分钟不超过 20 个为宜。读取压力计的压差时,应取气泡连续单个逸出时的最大压力差。

4. 测定时,要注意各样品保持恒温。

七、预习思考题

1. 加入溶质后,溶剂的表面张力发生变化。当溶质能降低或增大溶剂的表面张力时,表面层中溶质的浓度与溶液内部的相比,怎样变化?

2. 在指定的温度和压力下,溶质的吸附量与溶液的表面张力及溶液的浓度有关。从热力学方法来看,它们之间的关系怎样描述?

3. 实验结果取决于哪些因素?

4. 用最大泡压法测表面张力时,为什么要读取最大压力值?

5. 气泡逸出速度较快或不成单泡,对实验结果有什么影响?毛细管尖端为什么要刚好接触液面?

6. 你认为应用 Gibbs 方程时有浓度限制条件吗?

八、实验拓展与设计

请根据溶液表面吸附理论,结合吸附等温方程(3-15-2)自主设计实验,测定单个丙酸分子的横截面积 S_0 为多少 nm^2(假定在饱和吸附状态,丙酸在水溶液表面是完整的单分子层吸附)。

提示:测量正丙酸分子的横截面积,是通过测量宏观量来获得微观量的一个实验。正丙酸分子表面活性剂,由亲水、疏水两部分基团构成,在水面定向排列。随浓度的增大,溶液表面正丙酸分子增加,表面吸附逐渐达到饱和。只要知道单位面积的分子个数,即可求得正丙酸分子的横截面积。现在想通过测量宏观性质来表达其正好吸附饱和,即引入表面张力,探究吸附量与表面张力之间的关系。欲求表面张力,方法很多,如毛细管法、吊环法、最大泡压法等。

设计过程中,请回答下面的问题。

1. 你打算通过测定溶液的什么性质开展实验?

2. 你打算用什么方法来测定溶液的这一性质?

3. 该实验需要哪些设备、器材、药品?

4. 通过查阅资料,已知丙酸的浓度在 $0.1\sim2.5\ mol \cdot L^{-1}$ 时,其 $\gamma-c$ 曲线较为光滑,你认为被测物质最好应安排哪 8 组实验浓度?

5. 画出实验装置图,并简述实验步骤。

6. 你打算对数据进行怎样的处理?需要画出几条什么样的曲线?

7. 根据你设计的实验,实验前你应该做哪些实验准备?

8. 请查阅文献,查出单个丙酸分子的横截面积 S_0 大约为多少 nm^2。

九、数据记录

1. 测纯水相关数据

实验温度:　　　　　　　　　　　大气压:

次　　数	1	2	3	平均值
压力差 ΔP				
仪器常数 K				

2. 测正丁醇水溶液相关数据

实验温度:　　　　　　　　　　　大气压:

浓度/$(mol \cdot L^{-1})$	压力差 ΔP				表面张力 γ
	1	2	3	平均值	
0.01					
0.02					
0.05					
0.1					
0.2					
0.3					
0.4					
0.5					

实验十六　表面活性剂胶束形成过程中热效应的测定

一、目的要求

1. 了解表面活性剂的特性及胶束形成原理。

2. 设计方法测定十二烷基硫酸钠的临界胶束浓度,掌握胶束形成过程中的热效应的测定方法。

3. 学习基于表面活性剂胶束的形成与热效应等特性,并能用于分析、分解和解决物质合成与材料制备和性能调控中的复杂问题。

二、基本原理

表面活性剂是具有明显"两亲"性质的分子,既含有亲油的足够长的(大于10～12个碳原子)烃基,又含有亲水的极性基团(通常是离子化的)。表面活性剂分子都是由极性部分和非极性部分组成的,按离子的类型可分为阴离子型表面活性剂、阳离子型表面活性剂和非离子型表面活性剂三大类。

表面活性剂进入水中,为了使自己成为溶液中的稳定分子,有可能采取两种途径:在低浓度时呈分子状态,亲水基留在水中,亲油基伸向油相或空气,并且三三两两地把亲油基团靠拢而分散在水中,定向地吸附在水溶液表面,形成定向排列的分子膜,降低表面张力;当溶液浓度加大到一定程度时,为了减小油基与水的接触面积,表面活性剂分子的亲油基团相互靠在一起,发生定向排列而形成胶束(见图3-16-1)。

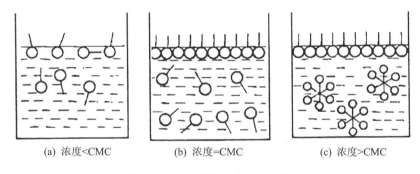

(a) 浓度<CMC　　　(b) 浓度=CMC　　　(c) 浓度>CMC

图 3-16-1　胶束形成过程示意图

随着表面活性剂在溶液中浓度的增长,球形胶束还可能转变成棒形胶束乃至层状胶束,如图3-16-2所示。后者可用来制作液晶,它具有各向异性的性质。

以胶束形式存在于水中的表面活性物质是比较稳定的。表面活性物质在水中形成胶束所需的最低浓度称为临界胶束浓度,以CMC表示。在CMC点上,由于溶液的结构改变导致其物理及化学性质(如表面张力、电导率、渗透压、浊度、光学性质等)同浓度的关系曲线出现明显的转折,如图3-16-3所示,这个现象是测定CMC的实验依据,也是表面活性剂的一个重要特性。

本实验根据表面活性剂溶液性质与浓度之间的关系,测定十二烷基硫酸钠水溶液的临界

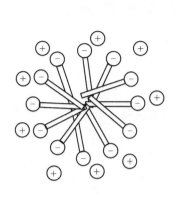

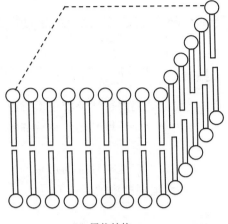

(a) 球形结构   (b) 层状结构

图 3 - 16 - 2　胶束的球形结构和层状结构

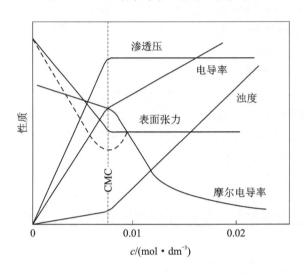

图 3 - 16 - 3　25 ℃时十二烷基硫酸钠水溶液的物理性质与浓度关系图

胶束浓度 CMC 的值,并计算胶束形成过程中的热效应。

三、实验设计

　　根据表面活性剂溶液性质与浓度之间的关系,设计实验测定十二烷基硫酸钠水溶液在某温度下的临界胶束浓度 CMC 的值,计算胶束形成过程中的热效应 ΔH(所需仪器及材料自定)。

四、实验步骤

　　1. 将十二烷基硫酸钠用去离子水准确配制成 0.002、0.004、0.006、0.007、0.008、0.009、0.010、0.012、0.014、0.016、0.018、0.020 $mol \cdot L^{-1}$ 的十二烷基硫酸钠溶液各 100 mL(可以使用已配制好的十二烷基磺酸钠标准液进行稀释)。

　　2. 调节恒温水浴温度至 25 ℃进行恒温。

3. 从稀到浓分别测定上述各溶液的物理量值。

4. 分别测定其他温度(30 ℃、40 ℃)下各溶液相应的物理量并记录如下：

$10^3 \cdot$ 浓度/ $(mol \cdot L^{-1})$ 温度/℃	2	4	6	7	8	9	10	12	14	16	18	20
25												
30												
40												

五、数据处理

1. 分别作出不同温度下某一物理量对浓度的关系图,从图中的转折点处找出相应温度的表面活性剂临界胶束浓度,并分析不同温度下表面活性剂 CMC 的变化特点。

文献值：十二烷基硫酸钠的 CMC 为

25 ℃ 8.0×10^{-3} mol · L^{-1};

30 ℃ 8.3×10^{-3} mol · L^{-1};

40 ℃ 8.7×10^{-3} mol · L^{-1}。

2. 根据不同温度下的 CMC 值。计算表面活性剂形成胶束过程中的热效应 ΔH。

六、注意事项

1. 配制十二烷基硫酸钠溶液时,应防止振摇猛烈,产生大量气泡而影响测定。

2. 作图时应分别对图中转折点前后的数据进行线性拟合,找出两条直线,这两条直线的相交点所对应的浓度才是所求的水溶性表面活性剂的临界胶束浓度。

七、预习思考题

1. 实验中影响临界胶束浓度的因素有哪些?

2. 溶解的表面活性剂分子与胶束之间的平衡同温度及浓度有关,其关系式可表示为

$$\frac{d(\ln c_{CMC})}{dT} = -\frac{\Delta H}{2RT^2}$$

如何设计实验并测出其热效应值?

3. 若想要知道所测得的临界胶束是否准确,可用什么实验方法验证之?

实验十七 粘度法测定高聚物的摩尔质量

一、目的要求

1. 掌握粘度法测定高聚物摩尔质量的原理和方法。
2. 掌握用乌氏粘度计测定粘度的方法。
3. 能用粘度及其随温度、浓度等影响因素的变化规律,分析、分解材料制备与应用中的复杂问题。

二、基本原理

高分子聚合物是一类特殊的大分子,同一高聚物溶液中,由于分子的聚合度不同,常采用高分子的平均相对分子质量来反映高分子的某些特征。因此,高聚物摩尔质量的测量对于聚合和解聚过程机理和动力学的研究,以及改良和控制高聚物产品的性能具有重要的意义。

高聚物溶液具有粘度大的特点,由于其分子链长度远大于溶剂分子,加上溶剂化作用,使其在流动时受到较大的内摩擦力。粘性流体在流动过程中,必须克服内摩擦阻力而做功,所受阻力的大小可用粘度系数 η(简称粘度,单位为 kg·m^{-1}·s^{-1})来表示。

高聚物稀溶液的粘度是液体流动时内摩擦力大小的反映。纯溶剂的粘度反映了溶剂分子间的内摩擦力,记作 η_0。高聚物溶液的粘度则是高聚物分子间的内摩擦力、高聚物分子与溶剂分子间的内摩擦以及 η_0 三者之和。在相同温度下,通常 $\eta > \eta_0$,相对于溶剂,溶液粘度增加的分数称为增比粘度,记作 η_{sp}:

$$\eta_{sp} = \frac{\eta - \eta_0}{\eta_0} \qquad (3-17-1)$$

而溶液粘度与纯溶剂粘度的比值称作相对粘度 η_r:

$$\eta_r = \frac{\eta}{\eta_0} \qquad (3-17-2)$$

η_r 反映的是溶液的粘度行为,而 η_{sp} 则表示已扣除了溶剂分子间的内摩擦效应,仅反映了高聚物分子与溶剂分子间和高聚物分子间的内摩擦效应。两者关系为

$$\eta_{sp} = \frac{\eta}{\eta_0} - 1 = \eta_r - 1 \qquad (3-17-3)$$

高聚物溶液的增比粘度 η_{sp} 往往随质量浓度 c 的增大而增大。为方便比较,将单位浓度下所显示的增比粘度 $\frac{\eta_{sp}}{c}$ 称为比浓粘度,而 $\frac{\ln \eta_r}{c}$ 称为比浓对数粘度。η_{sp} 和 η_r 都是无量纲的量。

为了进一步消除高聚物分子间的内摩擦效应,必须将溶液浓度无限稀释,这时高聚物分子彼此相隔很远,其间相互作用可忽略,这时溶液所呈现出的粘度行为基本上反映了高分子与溶剂分子之间的内摩擦。这一粘度的极限值即为

$$\lim_{c \to 0} \left(\frac{\eta_{sp}}{c} \right) = \lim_{c \to 0} \left(\frac{\ln \eta_r}{c} \right) = [\eta] \qquad (3-17-4)$$

式中，$[\eta]$ 称为特性粘度，其值与浓度 c 无关，它反映的是无限稀释溶液中高聚物分子与溶剂分子间的内摩擦，其值取决于溶剂的性质及高聚物分子的大小和形态。其单位为浓度的倒数即 c^{-1} 的单位。

在足够稀的高聚物溶液中，$\dfrac{\eta_{sp}}{c}$ 与 c，以及 $\dfrac{\ln \eta_r}{c}$ 与 c 之间有如下经验关系式：

$$\frac{\eta_{sp}}{c} = [\eta] + \kappa [\eta]^2 c \tag{3-17-5}$$

$$\frac{\ln \eta_r}{c} = [\eta] - \beta [\eta]^2 c \tag{3-17-6}$$

式中，κ 和 β 分别称为 Huggins 和 Kramer 常数，这是两个直线方程，因此我们可以通过两种方法获得 $[\eta]$。

如图 3-17-1 所示，一种方法是以 $\dfrac{\eta_{sp}}{c}$ 对 c 作图，外推到 $c \to 0$ 的截距值；另一种是以 $\dfrac{\ln \eta_r}{c}$ 对 c 作图，也外推到 $c \to 0$ 的截距值，两条线应会合于一点，这也可以校核实验的可靠性。但是，由于实验中存在一定误差，交点可能在前，也可能在后，也有可能两者不相交（见图 3-17-2），出现这种情况时，就以 $\dfrac{\eta_{sp}}{c}$ 对 c 作图求出特性粘度 $[\eta]$。

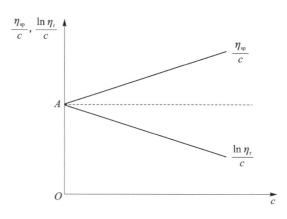

图 3-17-1　外推法求特性粘度 $[\eta]$

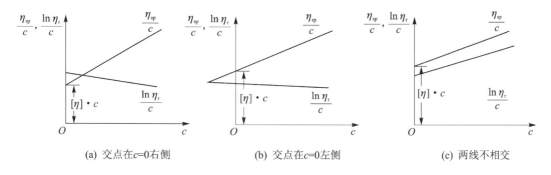

(a) 交点在 $c=0$ 右侧　　　(b) 交点在 $c=0$ 左侧　　　(c) 两线不相交

图 3-17-2　粘度测定时的异常现象及处理

高聚物溶液的特性粘度与高聚物摩尔质量之间的关系,通常用经验方程 Mark Houwink 方程式来表示:

$$[\eta] = K \cdot \bar{M}_\eta^a \qquad (3-17-7)$$

式中,$\bar{M}_\eta$ 为粘均相对分子质量;K 为比例常数;α 是与分子形状有关的经验参数。K 和 α 值与温度、聚合物、溶剂性质有关,也与相对分子质量大小有关。K 值受温度的影响较明显,而 α 值主要取决于高分子线团在某温度下、某溶剂中舒展的程度,其数值介于 $0.5\sim1$ 之间。K 与 α 的数值可通过其他绝对方法确定,例如渗透压法、光散射法等,从粘度法只能测定得 $[\eta]$。由上述可以看出高聚物摩尔质量 $\bar{M}_\eta$ 的测定最后归结为特性粘度 $[\eta]$ 的测定。

液体粘度的测定方法主要有三类:① 用旋转式粘度计测定液体与同心轴圆柱体相对转动的情况来确定粘度;② 用落球式粘度计测定圆球在液体里的下落速度来确定粘度;③ 用毛细管粘度计测定液体在毛细管里的流出时间来确定粘度。前两种方法适于高、中粘度的溶液,毛细管粘度计适用于较低粘度的溶液。

毛细管粘度计主要有乌氏粘度计、品氏粘度计和奥氏粘度计(见图 3-17-3)。其中,奥氏/品氏粘度计,液体下流时所受压力差与管 A 中液面高度有关,因此要求标准液和待测液的体积必须相同。而乌氏粘度计有支管 C,与待测液体积无关,可在粘度计中稀释液体。

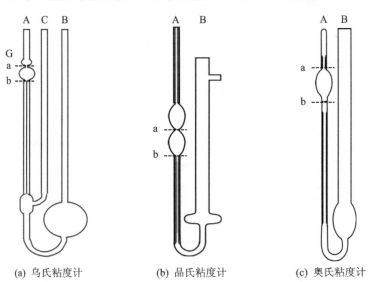

(a) 乌氏粘度计　　(b) 品氏粘度计　　(c) 奥氏粘度计

图 3-17-3　粘度计

本实验使用乌氏粘度计测量液体粘度,当液体在重力作用下流经毛细管时,其遵守泊肃叶(Poiseuille)定律:

$$\frac{\eta}{\rho} = \frac{\pi h g r^4 t}{8VL} - m\frac{V}{8\pi Lt} \qquad (3-17-8)$$

式中,η 为液体的粘度;ρ 为液体的密度;L 为毛细管的长度;r 为毛细管的半径;t 为 V 体积液体的流出时间;h 为流过毛细管液体的平均液柱高度;V 为流经毛细管的液体体积;m 为毛细管末端校正的参数(一般当 $r/L \ll 1$ 时,可以取 $m=1$)。

对于某一只指定的粘度计而言,式(3-17-8)中许多参数是一定的,若令

$$A = \frac{\pi h g r^4}{8VL}, \quad B = \frac{mV}{8\pi L}$$

则式(3-17-8)可以改写成

$$\frac{\eta}{\rho} = At - \frac{B}{t} \qquad\qquad (3-17-9)$$

式中,$B < 1$,当流出的时间 t 在 2 min 左右(大于 100 s)时,该项(亦称动能校正项)可以忽略,即

$$\eta = A\rho t \qquad\qquad (3-17-10)$$

又因通常测定是在稀溶液中进行($c < 1 \times 10^{-2}$ g·cm^{-3}),溶液的密度和溶剂的密度近似相等,因此可将 η_r 写成

$$\eta_r = \frac{\eta}{\eta_0} = \frac{t}{t_0} \qquad\qquad (3-17-11)$$

式中,t 为测定溶液粘度时液面从 a 刻度流至 b 刻度的时间;t_0 为纯溶剂流过的时间。所以通过测定溶剂和溶液在毛细管中的流出时间,从式(3-17-11)求得 η_r,再由图 3-17-1 求得 $[\eta]$。

三、仪器和试剂

1. 仪器:恒温水浴 1 套;乌氏粘度计 1 支;10 mL 移液管 2 支;5 mL 刻度移液管 1 支;容量瓶 50 mL 1 支;洗耳球 1 个;100 mL 烧杯 1 个;砂芯漏斗;吊锤 1 只;乳胶管;弹簧夹;秒表。

2. 试剂:聚乙二醇(AR);去离子水。

四、实验步骤

1. 恒温水浴调试

接通电源,调节控制面板上目标温度为(25.0±0.1)℃(注意:室温下水温较高时选择(30.0±0.1)℃,点击加热按键,这时加热指示灯亮,表示加热器正在工作,同时开动搅拌器。待加热指示灯亮、灭交替闪烁时,水浴温度与热电偶控制温度基本达到一致,等当前温度稳定在±0.1 ℃变化时可以进行测试操作。

2. 溶液配制

称取高聚物聚乙二醇 2.000 g,用 50 mL 容量瓶配成水溶液,溶液浓度记为 c_0(100 g 溶剂中溶质的含量)。

3. 洗涤乌氏粘度计

先用热洗液(经砂芯漏斗过滤)浸泡,再依次用自来水、蒸馏水和乙醇洗净乌氏粘度计,然后用洗耳球吹干。

注意:乌氏粘度计的拿法,拿 B 管,扶 A/C 管。

4. 测定溶剂流出时间 t_0

将乌氏粘度计置于恒温水浴内,保持竖直状态(用吊锤检查是否竖直),将 10 mL 纯溶剂

自 B 管注入乌氏粘度计中,恒温 5 min,封闭 C 管,用洗耳球由 A 管抽气,待液体升至 a 刻度以上时 G 球停止抽气,同时松开 A 和 C 管。G 球内液体在重力作用下流经毛细管,当液面恰好达到刻度线 a 时,开始计时,待液面下降到刻度线 b 时再按下秒表,记录液体流经毛细管的时间,即在 a、b 两线间移动所需要的时间。重复测定三次,每次测得的时间不得相差 0.2 s,取平均值,即为溶剂的流出时间。

5. 测定溶液流出时间 t

用移液管取 10 mL 高聚物溶液(c_0),从 B 管注入乌氏粘度计,恒温 10 min 后,同上法测定流经时间。重复测定三次,每次测得的时间不得相差 0.4 s,取平均值,即为溶液的流出时间。以后每次取 2.5、2.5、5、10 mL 水注入乌氏粘度计以改变溶液浓度,溶液稀释后的浓度分别为原溶液的 4/5、2/3、1/2、1/3,即 $(4/5)c_0$、$(2/3)c_0$、$(1/2)c_0$、$(1/3)c_0$。

6. 乌氏粘度计清洗处理

实验结束后,用溶剂将乌氏粘度计清洗干净,待用。

五、数据处理

1. 计算各相对浓度时的增比粘度 $\frac{\eta_{sp}}{c}$ 和相对粘度 $\frac{\ln \eta_r}{c}$。

2. 以 $\frac{\eta_{sp}}{c}$ 和 $\frac{\ln \eta_r}{c}$ 对 c 作图,用作图法求得 $[\eta]$。注意:作图及数据处理时线性关系优先考虑浓度大的几组。

3. 计算 25 ℃(室温下水温较高时测量 30 ℃)聚乙二醇的粘均摩尔质量 M。已知聚乙二醇 K、α 值。

温度/℃	$K/(m^3 \cdot kg^{-1})$	α
25	1.56×10^{-4}	0.50
30	1.25×10^{-5}	0.78

已知 25 ℃聚乙二醇的粘均摩尔质量 M 为 1.5×10^4。

六、预习思考题

1. 高聚物溶液的 η_{sp}、η_r、$\frac{\eta_{sp}}{c}$、$[\eta]$ 的物理意义是什么?

2. 粘度法测定高聚物的摩尔质量有何局限性?该法适用的高聚物质量范围是多少?

3. 分析 $\frac{\eta_{sp}}{c}$ 和 $\frac{\ln \eta_r}{c}$ 对 c 作图缺乏线性的原因。

4. 乌氏粘度计较品氏粘度计、奥氏粘度计有何不同?用品氏粘度计测定液体的粘度时,为什么加入已知标准液体和待测液体的体积应该相同?

5. 为什么测定粘度时要保持温度恒定?

6. 粘度计的毛管太粗或太细有什么缺点?

7. 为什么用 $[\eta]$ 来求算高聚物的相对分子质量?它和纯溶剂粘度有无区别?

七、实验记录

室温：　　　　　　　　　　　　大气压：

恒温温度/℃：　　　　　　　　　原始溶液浓度 c_0/(g·mL^{-1})：

c/(g·mL^{-1})	水(t_0)	c_0	$(4/5)c_0$	$(2/3)c_0$	$(1/2)c_0$	$(1/3)c_0$
t_1/ s						
t_2/ s						
t_3/ s						
$t_{平均}$/ s						
η_r						
η_{sp}						
$\ln \eta_r$						
$\dfrac{\eta_{sp}}{c}$						
$\dfrac{\ln \eta_r}{c}$						

实验十八 胶体电泳速度的测定

一、目的要求

1. 掌握 $Fe(OH)_3$ 溶胶的制备和纯化方法。

2. 理解电泳是胶体中液相和固相在外电场作用下的电性现象,掌握电泳法测定氢 $Fe(OH)_3$ 胶的 ζ 电势的原理和技术。

3. 能用胶体及电泳的特性,分析、分解和解决相关的复杂问题。

二、基本原理

溶胶是一个多相体系,其分散相胶粒的大小在 $1\ nm \sim 1\ \mu m$ 之间。核大多是分子或原子的聚集体,因选择性地吸附介质中的某种离子(或自身电离)而带电。介质中存在的与吸附离子电荷相反的离子称为反离子,反离子中有一部分因静电引力(或范德华力)的作用,与吸附离子一起紧密地吸附于胶核表面,形成紧密层。于是,胶核、吸附离子和部分反离子(即紧密层)构成了胶粒。反离子的另一部分由于热扩散分布于介质中,故称为扩散层(见图 3-18-1)。

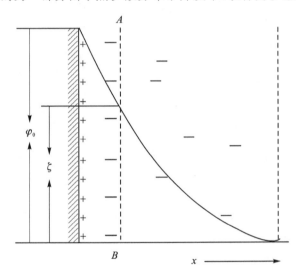

图 3-18-1 双电层示意图

紧密层与扩散层间的交界处称为滑移面(或 Stern 面,图 3-18-1 中 AB 为滑移面)。显然紧密层与介质内部之间存在电势差,称为 ζ 电势。此电势只有处于电场中才能显示出来。在电场中胶粒会向异号电极移动,称为电泳。在特定的电场中,ζ 电势的大小取决于胶粒的运动速度,故 ζ 电势又称电动电势。

因为溶胶是高分散的多相的热力学不稳定体系,为了降低体系的表面能,它终将聚集而沉降,但它在一定条件下又能相对地稳定存在,主要原因之一是体系中胶粒带的是同一种电荷,彼此相斥而不致聚集。胶粒带的电荷越多,ζ 电势越大,胶体体系越稳定。因此 ζ 电势大小是衡量溶胶稳定性的重要参数。

利用电泳现象可测定 ζ 电势。电泳法又分宏观法和微观法,前者是将溶胶置于电场中,观察溶胶与另一不含溶胶的导电液(辅助液)间所形成的界面的移动速率;后者是直接观测单个胶粒在电场中的泳动速率。对高分散或过浓的溶胶采用宏观法;对颜色太浅或浓度过稀的溶胶采用微观法。

本实验是在一定的外加电场强度下,先测定 $Fe(OH)_3$ 胶粒的电泳速度,然后计算出 ζ 电位。

$$\zeta = \frac{K\pi\eta u}{\varepsilon\left(\dfrac{U}{l}\right)} \tag{3-18-1}$$

式中,η、ε 分别是测量温度下介质的粘度(Pa·s)和介电常数,取文献值;u 为胶粒电泳的相对移动速率($m \cdot s^{-1}$);(U/l) 为电位梯度($V \cdot m^{-1}$),U 为两极间电位差(V),l 为两极间距离(m);K 是与胶粒形状有关的常数,球形粒子为 6,棒状粒子为 4。对于 $Fe(OH)_3$,K 值为 4。

本实验中,测定电泳测定管中胶体溶液界面在 t(s)内移动的距离 d(m),求得电泳速度 $u = d/t$。

$Fe(OH)_3$ 溶胶用水凝聚法制备,制备过程中所涉及的化学反应如下:

(1) 在沸水中加入 $FeCl_3$ 溶液:

$$FeCl_3 + 3H_2O \Longrightarrow Fe(OH)_3 + 3HCl$$

(2) 溶胶表面的 $Fe(OH)_3$ 会再与 HCl 反应:

$$Fe(OH)_3 + HCl \Longrightarrow FeOCl + 2H_2O$$

(3) FeOCl 离解成 FeO^+、Cl^-。胶团结构为

$$\{[Fe(OH)_3]_m \cdot n\,FeO+ \cdot (n-x)Cl^-\}x+ \cdot xCl^-$$

在制得的溶胶中常含有一些电解质,通常除了形成胶团所需要的电解质以外,过多的电解质存在反而会破坏溶胶的稳定性,因此必须将溶液净化。最常用的净化方法是渗析法。该方法利用半透膜具有能透过离子和某些分子而不能透过胶粒的能力,将溶胶中过量的电解质和杂质分离出来,半透膜可由胶棉液制得。纯化时,将刚制备的溶胶装在半透膜内,浸入蒸馏水中,由于电解质和杂质在膜内的浓度大于在膜外的浓度,因此,膜内的离子和其他能透过膜的分子向膜外迁移,这样就降低了膜内溶胶中电解质和杂质的浓度,多次更换蒸馏水,即可达到纯化的目的。适当提高温度,可加快纯化的过程。

三、仪器和试剂

1. 仪器:WYJ-2D 电泳仪 1 台(附铂电极 2 个);电泳管 1 只;DDS-307 电导测定仪 1 台;秒表 1 只;滴管 2 支;漏斗 1 个;细线 1 条;直尺 1 把。

2. 试剂:稀 KCl 溶液,$Fe(OH)_3$ 晶体,火棉胶。

四、实验步骤

1. Fe(OH)₃ 溶胶的制备及纯化

(1) 半透膜的制备

在一个内壁洁净、干燥的 250 mL 锥形瓶中,加入约 10 mL 火棉胶液,小心转动锥形瓶,使火棉胶液粘附在锥形瓶内壁上形成均匀薄层,倾倒出多余的火棉胶液。此时锥形瓶仍需倒置,并不断旋转。待剩余的火棉胶液流尽后,使瓶中的乙醚蒸发至闻不出气味为止(可用吹风机冷

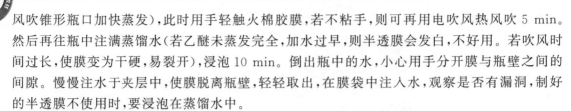

风吹锥形瓶口加快蒸发),此时用手轻触火棉胶膜,若不粘手,则可再用电吹风热风吹 5 min。然后再往瓶中注满蒸馏水(若乙醚未蒸发完全,加水过早,则半透膜会发白,不好用。若吹风时间过长,使膜变为干硬,易裂开),浸泡 10 min。倒出瓶中的水,小心用手分开膜与瓶壁之间的间隙。慢慢注水于夹层中,使膜脱离瓶壁,轻轻取出,在膜袋中注入水,观察是否有漏洞,制好的半透膜不使用时,要浸泡在蒸馏水中。

注意:可用手或镊子轻箍锥形瓶瓶口边缘,撕开一小缝,往里注水,待水润湿瓶壁与膜缝隙,再小心取出膜。也可以不用蒸馏水浸泡 10 min。

(2) 用水解法制备 $Fe(OH)_3$ 溶胶

在 250 mL 烧杯中,加入 100 mL 蒸馏水,加热至沸腾,慢慢滴入 5 mL (10%) $FeCl_3$ 溶液(控制在 4~5 min 内滴完),并不断搅拌,加毕继续保持沸腾 3~5 min,即可得到红棕色的 $Fe(OH)_3$ 溶胶。此时在溶胶体系中存在过量的 H^+、Cl^- 等离子,需要去除。

注意:每组需要至少 50 mL $Fe(OH)_3$ 溶胶,故一起制备 200 mL。

(3) 用热渗析法纯化 $Fe(OH)_3$ 溶胶

将制得的 $Fe(OH)_3$ 溶胶注入半透膜内,用线拴住袋口,置于 800 mL 的清洁烧杯中,杯中加蒸馏水约 300 mL,维持温度 60 ℃左右,进行渗析。每 20 min 换一次蒸馏水,反复 4 次后取出 1 mL 渗析水,分别用 1% $AgNO_3$ 及 1% KSCN 溶液检查是否存在 Cl^- 及 Fe^{3+},如果仍存在,应继续换水渗析,直到检查不出来为止,将纯化过的 $Fe(OH)_3$ 溶胶移入一清洁干燥的 100 mL 小烧杯中待用。

注意:渗析时多换水,每换 4~5 次水后可更换一张膜,如此操作 3 次后在电导仪下测电导率,若低于 20 μS/cm,则可进行下一步实验。

2. 盐酸辅助液的制备

调节恒温槽温度为(25 ± 0.1)℃,用电导仪测定 $Fe(OH)_3$ 溶胶在 25 ℃时的电导率,用盐酸和蒸馏水配制与之相同电导率的盐酸溶液。

本实验中配制 KCl 溶液即可,取一干净滴管逐滴向装有 100 mL 蒸馏水的小烧杯中滴入 KCl,不断搅拌,测其电导率直至与溶胶相同。电导仪使用前要用蒸馏水清洗其铂电极。

3. 仪器的安装

用蒸馏水洗净电泳管后,再用少量溶液润洗一次,将渗析好的 $Fe(OH)_3$ 溶胶倒入电泳管中(见图 3-18-2(a)),使页面超过活塞②、③。关闭这两个活塞,把电泳管倒置,将多余的溶液倒净,并用蒸馏水洗净活塞②、③以上的管壁。打开活塞①,用 HCl 溶液冲洗一次后,再加入该溶液,并超过活塞①少许,关闭活塞①。插入铂电极按装置图连接好线路。

注意:使用图 3-18-2(b)所示的电泳管时,首先用蒸馏水洗净电泳管,关闭活塞①,用 $Fe(OH)_3$ 溶胶润洗右侧 A 管,然后装入溶胶至 A 管底部,再加溶胶上边球状囊中。关闭活塞①,用 KCl 溶液润洗 U 形管,加入适量 KCl 溶液,缓缓开启活塞①,使溶胶缓慢上升,直至 A 管与 U 形管液面相平,可看到溶液与辅助液之间的清晰界面。在 U 形管上插入电极,连接到稳压电源上。

4. 溶胶电泳的测定

如图 3-18-2(a)所示,缓缓开启活塞②、③(勿使溶胶液面搅动),可得到溶液与辅助液之间的清晰界面。然后接通稳压电源,迅速调节输出电压为 150~300 V。观察溶胶液面移动现

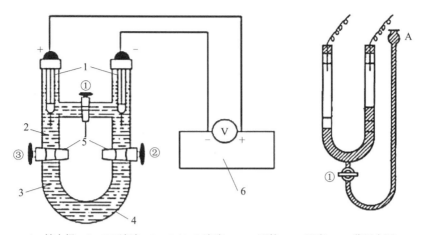

1—铂电极；2—HCl溶液；3—Fe(OH)₃溶液；4—U形管；5—活塞；6—稳压电源

(a) 电泳管(1)　　　　　　　　　　　　　(b) 电泳管(2)

图 3 - 18 - 2　常见的电泳管

象及电极表面现象。当界面上升至活塞②或③上少许时,开始计时,并准确记下溶胶在电泳管中液面位置,以后每隔 5 min 记录一次时间及下降端液-液界面的位置及电压,连续电泳 40 min 左右,断开电源,记下准确的通电时间 t 和溶胶面上升的距离 d,从伏特计上读取电压 U,并且量取两电极之间的距离 l。

或使用图 3 - 18 - 2(b)所示的电泳管,开启电源,记下 U 形管左右的刻度,以后每隔 3 min 记录一次两端的界面刻度,连续记 10 组。之后用细线量出两电极之间的距离,并做记录。实验结束后,拆除线路,用蒸馏水洗电泳管多次,最后一次用蒸馏水注满,整理实验台。

五、数据处理

1. 记录溶胶界面高度随时间的变化。

室温：　　　　溶胶电导率：　　　　电极电压：　　　　两电极间距离：

t/min	0	3	6	9	12
左刻度/cm					
右刻度/cm					
t/min					
左刻度/cm					
右刻度/cm					

2. 由表中数据作 d - t 关系图,求出斜率 u(电泳速率)。

3. 由 u 及 U 的平均数据,计算胶体的 ζ 电势。

六、注意事项

1. 渗析后溶胶电导率应该小于 20 μS/cm,且需冷却至室温后再配制辅助液。

2. 制备 Fe(OH)₃溶胶时要保持水的沸腾,FeCl₃溶液匀速滴加,同时要一直有适中的搅拌速度。

3. 制出的膜要检查是否有破损处,可装入少量蒸馏水来检测是否有漏洞。

4. 渗析时要勤换水,每 5～10 min 可换一次水,换 4～5 次水后可以换一次半透膜。水温保持 60～70 ℃为宜,水温太低则纯化速率较慢,水温太高则会加快聚沉速率。加热胶体,能量升高,胶粒运动加剧,它们之间碰撞机会增多,而使胶核对离子的吸附作用减弱,即减弱胶体的稳定因素,导致胶体凝聚。换膜时要保证新膜的干净,不要沾上灰尘,否则会影响纯化。

5. 如图 3-18-2(b)所示,松开活塞①时,一定要慢,若过于突然,则溶胶上升过快,界面会十分混杂,难以观察;若界面不清晰,可用滴管轻轻吸出相混界面的液体。在通电过程中,开始时是左降右升,后来可以明显观察到负极(右)有 $Fe(OH)_3$ 沉淀产生,同时稳压电源电流示数也一直在 0.15 mA 左右,分析其原因,因为溶胶电导率过大,导致两边通电时有一定电流,在负极有电子中和胶粒所带正电荷,固有胶体聚沉,当聚沉速率超过移动速率时,就会有右边界面下降。

6. 查阅文献可知,当都采用国际单位制时,K 应取 3.6×10^{10} $V^2 \cdot S^2 \cdot kg^{-1} \cdot m^{-1}$。

实验十九 电 渗

一、目的要求

1. 掌握用电渗法测定 SiO_2 对水的 ε 电势的原理与技术。
2. 理解电渗是胶体中液相和固相在外电场作用下的电性现象。
3. 能用电渗解决相关实际应用问题。

二、基本原理

电渗是胶体常见的电动现象的一种。早在 1809 年,研究人员就观察到在电场作用下,水能通过多孔沙土或粘土隔膜的现象。这种现象是胶体常见的电动现象的一种。多孔固体在与液体接触的界面处因吸附离子或本身电离而带电荷,分散介质则带相反的电荷。在外电场的作用下,介质将通过多孔固体隔膜贯穿隔膜的许多毛细管而定向移动,这就是电渗现象。电渗与电泳是互补效应。这是由于液体对多孔固体的相对运动不发生在固体表面上,而发生在多孔固体表面的吸附层上。这种固体表面吸附层和与之相对运动的液体介质间的电势差,叫作电动电势或 ε 电势。因此,通过电渗可以测求 ε 电势,从而进一步了解多孔周体表面吸附层的性质。

电渗的实验方法原则上是要设法使所要研究的分散相质点固定在静电场中(通以直流电),让能导电的分散介质向某一方向流经刻度毛细管,从而测量出其体积(cm^3),在测量出(或查出)相同温度下分散介质的特性常数和通过的电流后,即可算出 ε 电势。设电渗发生在一个半径为 r 的毛细管中,又设固体与液体接触界面处的吸附层厚度为 δ(δ 比 r 小许多,因此,双电层内液体的流动可不予考虑),若表面电荷密度为 σ,加于长为 l 的毛细管两端的电势差为 U,电势梯度为 $\dfrac{U}{l}$,则界面单位面积上所受的电力为

$$F = \sigma \frac{U}{l} \tag{3-19-1}$$

当液体在毛细管中流动时,则界面单位面积上所受的阻力为

$$f = \eta \frac{\mathrm{d}v}{\mathrm{d}x} = \eta \frac{v}{\delta} \tag{3-19-2}$$

式中,v 为电渗速度,η 为液体的粘度。

当液体匀速流动时,$F = f$,即

$$\sigma \frac{U}{l} = \eta \frac{v}{\delta} \tag{3-19-3}$$

$$v = \frac{U\sigma\delta}{l\eta} \tag{3-19-4}$$

假设界面处的电荷分布情况类似于一个处在介电常数为 ε 的液体中,平板电容器上有电荷分布,则其电容为

$$C = \frac{Q}{\zeta} = \frac{S\varepsilon}{4\pi\delta} \tag{3-19-5}$$

式中,Q 为电荷量,S 为平板面积。由此可得

$$\sigma = \frac{Q}{S} - \frac{\zeta\varepsilon}{4\pi\delta} \qquad (3-19-6)$$

将式(3-19-4)代入式(3-19-6)中,得

$$v = \frac{U\varepsilon\zeta}{4\pi\eta l} \qquad (3-19-7)$$

若毛细管的截面积为 A,单位时间内流过毛细管的液体量为 V,则

$$V = Av = \frac{A\varepsilon\zeta U}{4\pi\eta l} \qquad (3-19-8)$$

而

$$U = IR = I\rho\frac{l}{A} = I\frac{1}{k}\cdot\frac{l}{A} = \frac{Il}{kA} \qquad (3-19-9)$$

式中,I 为通过两电极间的电流,R 为两电极间的电阻,k 为液体介质的电导率。

将式(3-19-9)代入式(3-19-8),得

$$\zeta = \frac{4\pi\eta k V}{I\varepsilon} \qquad (3-19-10)$$

用式(3-19-10)计算 ε 电势,可用实验方法测 V、k 和 I 值,而 ε、η 值可从手册中查得。式中所有电学量必须用绝对静电单位表示。采用我国法定计量单位时,若 k 的单位为 $\Omega^{-1}\cdot cm^{-1}$,I 的单位为 A,液体流量 V 的单位为 $cm^3\cdot s^{-1}$,η 的单位为 $Pa\cdot s$,ζ 的单位为 V,则式(3-19-10)应为

$$\zeta = 300^2\frac{40\pi\eta k V}{I\varepsilon} = 3.6\times10^6\frac{k\pi\eta V}{I\varepsilon} \qquad (3-19-11)$$

在上述推导过程中,忽略了毛细管壁的表面电导。事实上,毛细管壁的表面电导不能忽略,所以应将 k 换成 $k + \frac{k_s S}{A}$,其中 S 为毛细管壁的圆周长度,k_s 为毛细管壁单位圆周长度的表面电导率。但将式(3-19-10)推广应用到粉末固体隔膜时,表面电导率校正项很难计算。通常液体介质的电导率大于浓度为 $0.001\ mol\cdot L^{-1}$ 的 KCl 溶液的电导率,且粉末固体粒度在 $50\ \mu m$ 以上时,表面电导率可以忽略不计。本实验中,由于纯水的电导率较低,故采用式(3-19-10)或式(3-19-11)计算时将引入一些误差。

三、仪器和试剂

1. 仪器:电渗仪 1 台,停表 1 块,直流毫安表 1 块,高压直流电源(200~1 000 V)(也可用 B 电池串联代替)1 台。

2. 试剂:石英粉(80~100 目 A. R.)。

四、实验步骤

1. 安装电渗仪

电渗仪的结构如图 3-19-1 所示。

刻度毛细管 D(可用 1 mL 移液管改制)通过连通管 C 分别与铂丝电极 E、F 相连(为使加于样品两端的电场均匀,最好用二铂片电极)。K 为多孔薄瓷板,A 管内装粉末样品,在毛细

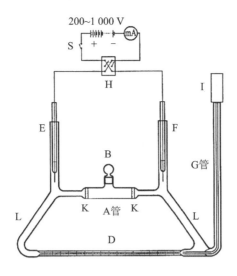

图 3 - 19 - 1　电渗仪的结构和测量线路图

管的一端接有另一根尖嘴形的毛细管 G,G 的上端装有一段乳胶管 H,乳胶管只可用一弹簧夹 I 夹紧。通过 G 管可将一个测量流速用的空气泡压入毛细管 D 中。

2. 装入样品

将 80 ～100 目的 SiO_2 粉与蒸馏水拌和的糊状物用滴管注入 A 管中,盖上瓶塞 B。水分经 K 滤出,拔去钼电极 E、F,从电极管口注入蒸馏水,至钼丝电极能浸入水中为止。检查不漏水后,插上铂电极。用吸耳球从 G 管压入一小气泡至 D 的一端,夹紧螺夹 I。将整个电渗仪浸入恒温槽(20、25、35 ℃)中,恒温 10 min 以待测定。

3. 测定 V、I 和 k 值

在电渗仪的两钼丝电极间接上 200～1 000 V 的直流电源,中间串一毫安表、耐高压的电源开关 S 和换向开关,如图 3 - 19 - 1 所示。调节电源电压,使电渗时,电渗仪毛细管 D 中气泡从一端刻度至另一端刻度,行程时间约 20 s。然后正确测定此时间,求出单位时间内毛细管中气泡所移动过的体积,此体积即为液体介质(水)在单位时间内通过 A 室的体积。利用换向开关,可使 E、F 两电极的极性倒向,而使电渗方向倒向。由于电源电压较高,操作时应先切断电源开关,然后改换换向开关,再接上耐高压的电源开关,反复测量正、反向电渗时流量 V 值各 5 次,取平均值,求出液体流量 V 值。同时,在测量时调节电压,保持 I 值恒定。由毫安表读下 I 值。

改变电源电压,使 D 管中气泡行程时间改为 15、25 s。测定相应的流量 V 和电流 I 值。拆去电渗仪电源,用电导仪测定电渗仪中蒸馏水的电导率 k 值。由于使用高压电源,操作时应注意安全。

五、数据处理

1. 计算各次测定的 $\dfrac{V}{l}$ 值,并取平均值。

2. 将 $\dfrac{V}{l}$ 的平均值和 k 代入式(3 - 19 - 10),计算 SiO_2 对水的 ε 电势。

3．测定时注意水的方向和两个钼电极的极性，从而确定 ε 电势是正值还是负值。

六、预习思考题

1．为什么毛细管 D 中气泡在单位时间内所移动过的体积就是单位时间内流过试样室 A 的液体量？

2．固体粉末样品颗粒太大，电渗测定结果重演性差，可能的原因是什么？

3．讨论：影响 ε 电势测定的因素有哪些？

实验二十　碳钢在碳酸铵溶液中的钝化行为与极化曲线的测定

一、目的要求

1. 掌握线性扫描伏安法测定金属极化曲线的基本原理和测试方法。

2. 掌握 CHI660 电化学工作站的使用方法。

3. 基于极化曲线的意义,了解影响金属钝化过程及钝化性质的因素,并能够设计解决金属防腐等复杂应用问题。

二、基本原理

金属腐蚀给国民经济造成了巨大的损失,甚至带来灾难性的事故,浪费宝贵的资源与能源。在腐蚀作用下,世界上每年生产的钢铁中有 10% 被腐蚀消耗。据发达国家调查,每年由于腐蚀造成的损失占国民经济总产值的 2%～4%。因此,金属腐蚀与防护理论及相关防腐技术的研究与材料、环保、能源乃至其他部门密切相关。研究金属腐蚀的方法因腐蚀机理的不同而不同。在电化学领域,通过对极化曲线的测量和分析,可以获得金属在所给介质中溶解腐蚀和钝化情况的资料,从而为金属的防护提供理论依据。

1. 极化现象与极化曲线

为了探索电极过程机理及影响电极过程的各种因素,必须对电极过程进行研究,其中极化曲线的测定是重要的方法之一。我们知道,在研究可逆电池的电动势和电池反应时,电极上几乎没有电流通过,每个电极反应都是在接近于平衡状态下进行的,电极反应是可逆状态。但当有电流明显地通过电池时,电极的平衡状态被破坏,电极电势偏离平衡值,电极反应处于不可逆状态,而且随着电极上电流密度的增加,电极反应的不可逆程度也随之增大。由电流通过电极而导致电极电势偏离平衡值的现象称为电极的极化,描述电流密度 i 与电极电势 φ 之间关系的曲线称作极化曲线,如图 3-20-1 所示。

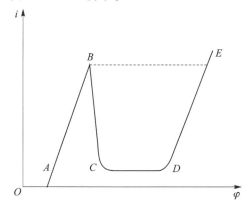

AB 段—活性溶解区;B 点—临界钝化点;BC 段—过渡钝化区;

CD 段—稳定钝化区;DE 段—超(过)钝化区

图 3-20-1　典型的金属阳极极化曲线

金属的阳极过程是指金属作为阳极时在一定的外电势下发生的阳极溶解过程,如下式所示:

$$M \rightarrow M^{n+} + ne^-$$

此过程只有在电极电势正于其热力学电势时才能发生。阳极的溶解速度随电位增大而增大,这是正常的阳极溶出,但当阳极电势增长到某一数值时,其溶解速度达到最大值,此后阳极溶解速度随电势变正反而大幅度降低,这种现象称为金属的钝化现象。典型的金属阳极极化曲线如图 3-20-1 所示,A 点电势为初始扫描电势。阳极极化曲线可分为 4 个部分:

(1) AB 段为阳极的活性溶解区:随着电极电势的升高,阳极电流逐渐增大,表示金属的活性腐蚀增强,此时金属晶格上的金属原子溶解进入溶液中形成水合离子(或络离子),B 点对应的电流称为最大腐蚀电流。

(2) BC 段为过渡钝化区:随着电极电势的逐渐升高,电流逐渐减小。这是因为此时电极表面逐渐形成某种吸附膜或氧化膜,致使电阻增大,电极过程受阻所致。

(3) CD 段为稳定钝化区:电极电势急剧升高,而电流基本保持不变。这是因为电极表面已经形成一层致密的电阻膜。该电阻膜极大地阻止了电极过程的进一步进行,因而电流基本保持不变。C 点对应的电流 i 称为稳定钝化电流或最小腐蚀电流。如果要对金属进行阳极保护,则必须把金属构件的电势控制在 CD 段。

(4) DE 段为超(过)钝化区:随着电极电势的进一步升高,电流复又增大。这是由于电极表面发生了其他阳极过程,例如氧气的析出或由于电阻膜破裂而造成金属的二次腐蚀。

影响金属钝化的因素很多,主要有:

溶液的组成:溶液中存在的 H^+、卤素离子以及某些具有氧化性的阴离子,对金属的钝化行为有显著的影响,在酸性和中性溶液中随着 H^+ 浓度的降低,临界钝化电流密度减小,临界钝化电位也向负移。卤素离子,尤其是 Cl^- 妨碍金属的钝化过程,并能破坏金属的钝态,使溶解速度大大增加。

金属的组成和结构:各种金属的钝化能力不同。以 Cr、Ni、Fe 金属为例,其钝化能力的顺序为 Cr>Ni>Fe。在金属中加入其他组分可以改变金属的钝化行为,如在铁中加入镍和铬,可以大大提高铁的钝化倾向及钝态的稳定性。

外界条件:温度、搅拌对钝化有影响。一般来说,提高温度和加强搅拌都不利于钝化过程的发生。

2. 极化曲线的测定

(1) 恒电位法

恒电位法就是将研究电极依次恒定在不同的数值上,然后测量对应于各电位下的电流。极化曲线的测量应尽可能接近体系稳态。稳态体系指被研究体系的极化电流、电极电势、电极表面状态等基本上不随时间而改变。在实际测量中,常用的控制电位测量方法有以下两种:

① 静态法:将电极电势恒定在某一数值,测定相应的稳定电流值,如此逐点地测量一系列各个电极电势下的稳定电流值,以获得完整的极化曲线。对某些体系,达到稳态可能需要很长时间,为节省时间,提高测量重现性,人们往往自行规定每次电势恒定的时间。

② 动态法:控制电极电势以较慢的速度连续地改变(扫描),并测量对应电位下的瞬时电流值,以瞬时电流与对应的电极电势作图,获得整个的极化曲线。一般来说,电极表面建立稳态的速度越慢,则电位扫描速度也应越慢。因此对不同的电极体系,扫描速度也不相同。为测

得稳态极化曲线,人们通常依次减小扫描速度测定若干条极化曲线,当测到极化曲线不再明显变化时,可确定此扫描速度下测得的极化曲线即为稳态极化曲线。同样,为节省时间,对于那些只是为了比较不同因素对电极过程影响的极化曲线,则选取适当的扫描速度绘制准稳态极化曲线即可。

上述两种方法都已经获得了广泛应用,尤其是动态法,由于可以自动测绘,扫描速度可控,因而测量结果重现性好,特别适用于对比实验。

（2）恒电流法

恒电流法就是控制研究电极上的电流密度依次恒定在不同的数值下,同时测定相应的稳定电极电势值。采用恒电流法测定极化曲线时,由于种种原因,给定电流后,电极电势往往不能立即达到稳态,不同的体系,电势趋于稳态所需要的时间也不相同,因此在实际测量时一般电势接近稳定（如 1~3 min 内无大的变化）即可读值,或人为自行规定每次电流恒定的时间。

（3）线性扫描伏安法

线性扫描伏安法（Linear Sweep Voltammetry,LSV）是指控制电极电位在一定电位范围内、以一定的速度均匀连续变化,同时记录下各电位下反应的电流密度,从而得到电位-电流密度曲线,即稳态极化曲线。在这种情况下,电位是自变量,电流是因变量。

本实验将利用 CHI660 电化学工作站,通过线性扫描伏安法,对碳钢在碳酸铵溶液中的钝化行为与极化曲线进行测定,研究碳钢在电解质中的腐蚀及钝化行为,考察不同添加剂对镍腐蚀行为的影响。

三、仪器和试剂

1. 仪器：CHI660E 电化学分析仪 1 台,饱和甘汞电极 1 支,碳钢电极 1 支,铂电极 1 支,三室电解槽 1 只（见图 3-20-2）。

2. 试剂：$2\ mol\cdot L^{-1}\ (NH_4)_2CO_3$ 溶液,$0.5\ mol\cdot L^{-1}\ H_2SO_4$ 溶液,丙酮溶液。

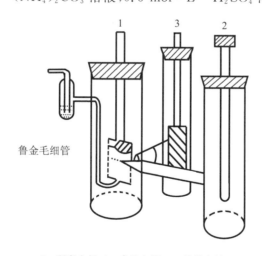

1—研究电极;2—参比电极;3—辅助电极

图 3-20-2 三室电解槽

四、实验步骤

1. 碳钢电极预处理

用金相砂纸将碳钢研究电极打磨至镜面光亮,用石蜡进行蜡封,留出 1 cm² 面积;如蜡封过多,可用小刀去除多余的石蜡,保持切面整齐。然后在丙酮中除油,在 0.5 M 的硫酸溶液中去除氧化层,浸泡时间分别不低于 10 s。之后用蒸馏水冲洗干净,再用滤纸吸干后,得到预处理好的碳钢电极。

2. 线性扫描伏安法测定阳极极化曲线的步骤

(1) 按三电极体系接好线路。碳钢电极为工作电极,参比电极为甘汞电极,铂片为辅助电极。(扫描速度:0.005 V/s,扫描范围:−1.0~1.6 V。)

(2) 极化曲线的测量:

① 研究电极为碳钢电极,将预处理好的碳钢电极放进阳极的电解池中。

② 启动电化学程序 CHI660E,打开 Setup 菜单,在 Technique 项选择 Linear Sweep Voltammetry 方法。

③ 在 Setup 菜单中单击 parameters 项,按图 3-20-3 进行参数设定,在弹出的菜单中输入测试条件:Init E 为 −1 V,Final E 为 1.6 V,Scan Rate 为 0.005 V/s,Sample Interval 为 0.001 V,Quiet Time 为 2 s,Sensitivity 为 1.e−006,选择 Auto-sensitivity,然后单击 OK 按钮。完成上述各项,再仔细检查一遍无误后,单击"▶"进行极化曲线的测量。

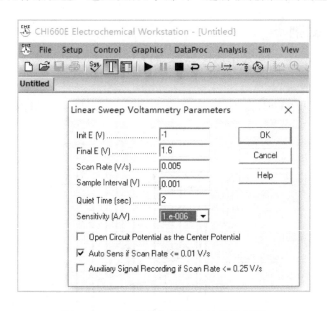

图 3-20-3 线性扫描伏安法参数设置

④ 实验完毕,关闭仪器,将研究电极清洗干净待用。

注意:按照实验要求,严格进行电极处理。

将研究电极置于电解槽时,要注意与鲁金毛细管之间的距离,每次应保持一致。研究电极与鲁金毛细管应尽量靠近,但管口离电极表面的距离不能小于毛细管本身的直径。

每次做完测试后,应在确认电化学工作站在非工作的状态下,关闭电源,取出电极。

五、数据处理

1. 线性扫描伏安法测试的数据应列出表格。

(1) 阴极极化数据:

电位/V									
电流/mA									
电位/V									
电流/mA									

(2) 阳极极化数据:

电位/V									
电流/mA									
电位/V									
电流/mA									
电位/V									
电流/mA									
电位/V									
电流/mA									
电位/V									
电流/mA									
电位/V									
电流/mA									

2. 以电流为纵坐标、电极电势(相对饱和甘汞)为横坐标,绘制极化曲线。

3. 讨论所得实验结果及曲线(见图 3 - 20 - 4)的意义,指出钝化曲线中的活性溶解区、过渡钝化区、稳定钝化区、过钝化区,并标出临界钝化电流密度(电势)、维钝电流密度等数值。

六、预习思考题

1. 测定阳极钝化曲线为何要用线性扫描伏安法?

2. 做好本实验的关键有哪些?

3. 为什么铁中添加铬、镍可以提高钢铁的钝化能力及钝化的稳定性?

4. 影响金属钝化过程及钝化性质的因素有哪些?

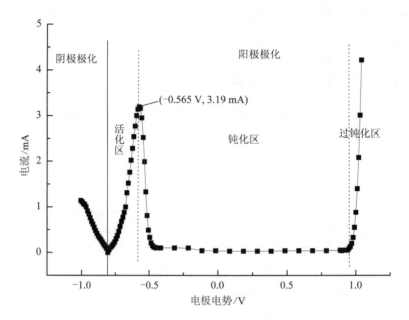

图 3 - 20 - 4　实验结果曲线

第四部分　研究型实验

实验二十一　固体热分解动力学的热分析法研究

一、目的要求

1. 了解综合热分析仪器的构造、原理和用途。
2. 熟悉综合热分析的使用方法和特点,掌握综合热曲线的分析方法。
3. 能够测绘矿物的热重曲线和差热分析曲线,并分析和解释曲线变化的原因。

二、基本原理

1. 差热分析

当物质发生化学或物理变化时,经常伴随吸热或放热现象。把试样和热性质相近且热稳定的参比物同置于等速升温的电炉中,当试样无变化时,则试样与参比物的温度基本相同,二者的温差接近为零,在以温差对试样温度所作的曲线上显示出平直线段;当试样发生吸热或放热过程时,由于传热速度的限制,试样就会低于(吸热时)或高于(放热时)参比物的温度,这时曲线上就出现峰(表示放热)或谷(表示吸热)。直到过程完毕,温差逐渐消失,又复现平直线段。

图 $4-21-1$ 是 $CaC_2O_4 \cdot H_2O$ 的差热曲线。已经确定,第一个吸热峰是脱水。第二个放热峰是草酸钙分解为碳酸钙和生成的一氧化碳的氧化,由于氧化放热较多,抵消分解吸热有余,故出现放热峰,如果在惰性气氛中进行反应,则会出现分解反应的吸热峰。第三个吸热峰是碳酸钙的分解。

差热图也可用温差和试样温度为纵坐标、样品温度为横坐标作图表示。

差热峰的位置代表发生反应的温度;峰的面积代表反应热的大小;峰的形状则与反应动力学有关。虽然获得上述信息是有用的,但要弄清变化的机理,还必须配合其他手段,如热天平、X 射线物相分析及气相色谱等,才能作出可靠的判断。

2. 热重分析

热重分析法(TG,Thermo-Gravimetry)是在程序控制温度下,测量物质的质量随温度变化的一种实验技术。

热重分析通常有静态法和动态法两种类型。

静态法又称等温热重法,是在恒温下测定物质质量变化与温度的关系,通常把试样在各给定温度加热至恒重。该法比较准确,常用来研究固相物质热分解的反应速度和测定反应速度常数。

动态法又称非等温热重法,是在程序升温下测定物质质量变化与温度的关系,采用连续升

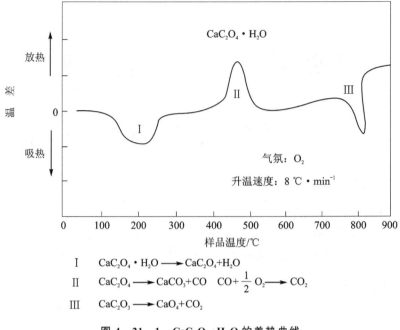

$$\begin{array}{ll}
\text{I} & CaC_2O_4 \cdot H_2O \longrightarrow CaC_2O_4 + H_2O \\
\text{II} & CaC_2O_4 \longrightarrow CaCO_3 + CO \quad CO + \frac{1}{2}O_2 \longrightarrow CO_2 \\
\text{III} & CaC_2O_3 \longrightarrow CaO_4 + CO_2
\end{array}$$

图 4-21-1 $CaC_2O_4 \cdot H_2O$ 的差热曲线

温与连续称重的方式。该法简便,易于与其他热分析法组合,实际中采用较多。

热重分析仪的基本构造由精密天平、加热炉及温控单元组成。如图 4-21-2 所示,加热炉由温控加热单元按给定速度升温,并由温度读数表记录温度,炉中试样质量变化可由天平记录。

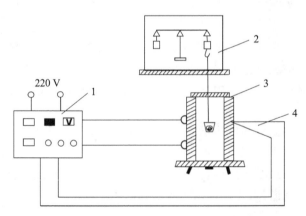

1—温控单元;2—精密天平;3—加热炉;4—热电偶
图 4-21-2 热重分析仪原理

由热重分析记录的质量变化对温度的关系曲线称为热重曲线(TG 曲线)。曲线的纵坐标为质量,横坐标为温度。

例如固体热分解反应 A(固)→B(固)+C(气)的典型热重曲线如图 4-21-3 所示。

图中 T_i 为起始温度,即累计质量变化最小值达到热天平可以检测时的温度。T_f 为终止温度,即累计质量变化达到最大值时的温度。

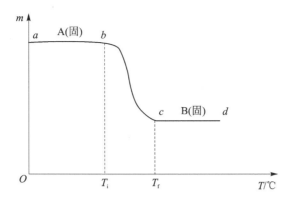

图 4 - 21 - 3　固体热分解反应的热重曲线

热重曲线上质量基本不变的部分称为基线或平台，见图 4 - 21 - 3 中 ab、cd 部分。

若试样初始质量为 m_0，失重后试样质量为 m_1，则失重百分数为

$$\frac{m_0 - m_1}{m_0} \times 100\%$$

许多物质在加热过程中会因在某温度发生分解、脱水、氧化、还原和升华等物理化学变化而出现质量变化，发生质量变化的温度及质量变化百分数随着物质的结构及组成而异，因而可以利用物质的热重曲线来研究物质的热变化过程，如试样的组成、热稳定性、热分解温度、热分解产物和热分解动力学等。例如含有一个结晶水的草酸钙($CaC_2O_4 \cdot H_2O$)的热重曲线如图 4 - 21 - 4 所示，$CaC_2O_4 \cdot H_2O$ 在 100 ℃ 以前没有失重现象，其热重曲线呈水平状，为 TG 曲线的第一个平台。在 100～200 ℃ 之间失重并开始出现第二个平台。这一步的失重量占试样总质量的 12.3%，正好相当于每摩尔 $CaC_2O_4 \cdot H_2O$ 失掉 1 mol H_2O，因此这一步的热分解应按如下反应式进行：

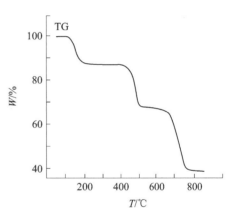

图 4 - 21 - 4　$CaC_2O_4 \cdot H_2O$ 的热重曲线

$$CaC_2O_4 \cdot H_2O \xrightarrow{100\sim200\ ℃} CaC_2O_4 + H_2O$$

在 400～500 ℃ 之间失重并开始呈现第三个平台，其失重量占试样总质量的 18.5%，相当于每摩尔 CaC_2O_4 分解出 1 mol CO，因此这一步的热分解应按如下反应式进行：

$$CaC_2O_4 \xrightarrow{400\sim500\ ℃} CaCO_3 + CO$$

在 600～800 ℃ 之间失重并出现第四个平台，其失重量占试样总质量的 30%，正好相当于每摩尔 CaC_2O_4 分解出 1 mol CO_2，因此这一步的热分解按如下反应式进行：

$$CaCO_3 \xrightarrow{600\sim800\ ℃} CaO + CO_2$$

可见借助热重曲线可推断反应机理及产物。

3. 综合热分析

DTA(差热分析法,Different Thermal Analysis)、DSC(示差扫描量热分析法,Differential Scanning Calorimetry)、TG(热重分析法,Thermo - Gravimetry)等各种单功能的热分析仪若相互组装在一起,就可以变成多功能的综合热分析仪,如 DTA - TG、DSC - TG、DTA - TMA (热机械分析)、DTA - TG - DTG(微商热重分析)。综合热分析仪的优点是在完全相同的实验条件下,即在同一次实验中可以获得多种信息,比如进行 DTA - TG - DTG 综合热分析可以一次同时获得差热曲线、热重曲线和微商热重曲线。根据在相同的实验条件下得到的关于试样热变化的多种信息,就可以比较顺利地得出符合实际的判断。

综合热分析的实验方法与 DTA、DSC、TG 的实验方法基本类同,在样品测试前选择好测量方式和相应量程,调整好记录零点,就可在给定的升温速度下测定样品,得出综合热曲线。

综合热曲线实际上是各单功能热曲线测绘在同一张记录纸上,因此,各单功能标准热曲线可以作为综合热曲线中各个曲线的标准。利用综合热曲线进行矿物鉴定或解释峰谷产生的原因时,可查阅有关的图谱。

图 4 - 21 - 5 示出了某种粘土的综合热曲线,包括加热曲线、差热曲线、热重曲线和收缩曲线。根据综合热分析可知,该粘土的主要谱形与高岭石($Al_2O_3 \cdot 2SiO_2 \cdot 2H_2O$)相符,故其矿物组成以高岭石为主。差热曲线有两个显著的吸热峰,第一个吸热峰从 200 ℃ 以下开始发生至 260 ℃ 达峰值,热重曲线上对应着这一过程质量损失 3.7%;而收缩曲线表明这一过程体积变化不大,所以这一吸热峰对应的是高岭石失去吸附水、层间水的过程。第二吸热峰从 540 ℃ 开始至 640 ℃ 达顶峰,这一过程质量损失达 10.31%,而体积收缩 1.4%,这一过程的强烈的吸热效应相当于高岭石晶格中 OH^- 根脱出或结晶水排除,致使晶格破坏,偏高岭石($Al_2O_3 \cdot 2SiO_2$)分解成无定形的 Al_2O_3 与 SiO_2。当温度升高到 1 000 ℃ 左右,无定形的 Al_2O_3 结晶成 Al_2O_3 和部分微晶莫来石,使差热谱上出现强烈的放热效应,此时质量无显著变化,体积却显著收缩,从 3.19%~8.67%。加热到 1 240 ℃ 又出现一放热峰,同时体积从 9.68% 迅速收缩到 14.4%,这显然又是一个结晶相的出现,据研究系非晶质 SiO_2 与 $\gamma - Al_2O_3$ 化合成莫来石

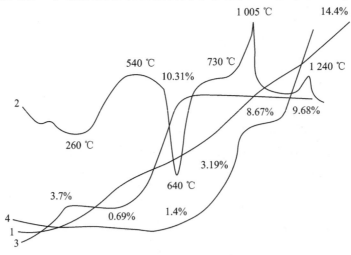

1—加热曲线;2—差热曲线;3—热重曲线;4—收缩曲线

图 4 - 21 - 5 粘土的综合热曲线

（Al$_2$O$_3$·2SiO$_2$）结晶所致。

在综合热分析技术中，DTA - TG 组合是最普遍、最常用的一种，DSC - TG 组合也常用。根据试样物理或化学过程中所产生的质量与能量的变化情况，DTA(DSC)和 TG 所对应的过程可作出大致的判断，如表 4 - 21 - 1 所列，在进行综合热曲线分析时可作为参考。

表 4 - 21 - 1　DTA(DSC)和 TG 对反应过程的判断

反应过程	DTA(DSC)		TG	
	吸　热	放　热	失　重	增　重
吸附和吸收	－	＋	－	＋
脱附和解吸	＋	－	＋	－
脱水（或溶剂）	＋	－	＋	－
熔融	＋	－	－	－
蒸发	＋	－	＋	－
升华	＋	－	＋	－
晶型转变	＋	＋	－	－
氧化	－	＋	－	＋
分解	＋	－	＋	－
固相反应	＋	＋	－	－
重结晶	－	＋	－	－

注：表中"＋"表示有，"－"表示无。

本实验通过测定矿物的热分析曲线，熟悉热分析的使用方法和特点，并加强利用热分析方法来研究物质性能的能力。

三、仪器和试剂

1. 仪器：STA - 200 同步热分析仪。
2. 试剂：矿物。

四、实验步骤

1. 试样准备

试样的用量与粒度对热重曲线有较大的影响。因为试样的吸热或放热反应会引起试样温度发生偏差，试样用量越大，偏差越大。试样用量大，逸出气体的扩散受到阻碍，热传递也受到影响，使热分解过程中 TG 曲线上的平台不明显。因此，在热重分析中，试样用量应在仪器灵敏度范围内尽量小。

试样的粒度同样对热传递气体扩散有较大影响。粒度不同会使气体产物的扩散过程有较大变化，这种变化会导致反应速率和 TG 曲线形状的改变，如粒度小，反应速率加快，TG 曲线上反应区间变窄；但粒度太大，总是得不到好的 TG 曲线。

总之，试样用量与粒度对热重曲线有着类似的影响，实验时应选择适当。一般粉末试样应过 200～300 目筛，用量在 20 mg 左右为宜。

2. DSC-TG 分析的样品测试步骤

（1）打开仪器开关，并开启计算机，预热 2 h 左右。

（2）按仪器屏幕上的清零按钮，等仪器示数稳定后，再按一次清零。

（3）打开仪器上方炉膛的盖子，用镊子将两个干净的陶瓷坩埚分别放置在炉膛内的两个天平上（注意一定要慢慢将坩埚放置在天平上，不要用力过度，以免损坏天平或导致坩埚掉入仪器内）。

（4）双击计算机屏幕上仪器快捷键（文件名为 TGA_2021.3 0.03HWBS），进入"热分析-［分析程序］"界面，然后单击文件下方的"新建"，进入"测量参数"界面，补充完基本信息后，测量类型不用改动，仪器类型选择"STA"。等待仪器示数稳定后，进行第一次读数，并将其数值填到"坩埚质量"一栏。然后取出炉膛内任一个坩埚，装入待测样品，大概 20 mg，并将其重新放到天平上，盖上炉膛的盖子，待示数稳定之后，进行第二次读数，并将数值填到"称重质量"一栏，然后，单击"样品质量"。坩埚类型选择"陶瓷坩埚"，气氛选择"空气"，然后单击"连接仪器"，当听到"嘟"的一声后，表示仪器连接成功。然后进入下一个参数设置界面，填写最高温度800 ℃，升温速度约为 10 ℃/min，匀速升温，然后单击"设置"，当听到"嘟"的一声后，表示设置成功。单击"退出"，最后单击"开始测试"。

（5）升温至 800 ℃时，实验结束，保存实验数据，按程序关闭各仪器开关。

五、数据记录与处理

根据实验测得的数据，测绘 DSC-TG 综合热曲线，解释曲线上能量和质量变化的原因。

六、注意事项

1. 在放置坩埚的过程中，一定要小心轻放，切勿操之过急。

2. 在两次读数过程中，一定要等示数稳定后再读数，以免造成读数不准的情况发生。

3. 在仪器工作过程中，一定要避免接触到炉膛，以免烫伤。

七、预习思考题

1. 升温速度对热重曲线形状有何影响？

2. 影响质量测量准确度的因素有哪些？在实验中可采取哪些措施来提高测量准确度？

3. 从晶体结构预测高岭土和滑石的差热曲线有何区别？

八、参考文献

［1］邹华红，桂柳成，程蕾，等，一水草酸钙热重-差热综合热分析的最优化表征方法. 广西科学院学报，2011，27：17-21.

［2］Ptáček P, Kubátová D, Havlica J, et al. The non-isothermal kinetic analysis of the thermal decomposition of kaolinite by thermogravimetric analysis. Powder Technol., 2010, 204：222-227.

［3］王定，张帅，何广武，等. 高岭石插层复合物热行为研究进展. 材料导报，2014，28：99-106.

实验二十二　纳米二氧化钛光催化材料的制备及其性质研究

一、目的要求

1. 掌握光催化反应的原理和方法,测定甲基橙光催化降解反应速率常数和半衰期。
2. 掌握可见光分光光度计的构造、工作原理和使用方法。
3. 基于光催化反应动力学,掌握和解决实际材料设计与性能调控的一般方法。

二、基本原理

自 1972 年 Fujishima 和 Honda 发现在 TiO_2 单晶电极上光照能分解水以来,引起了人们对光诱导氧化还原反应的研究兴趣,并由此推动了有机物和无机物光催化氧化还原反应的研究。1976 年,Cary 等报道,在近紫外光照射下,TiO_2 悬浮液能将浓度为 $50\ \mu g \cdot L^{-1}$ 的多氯联苯脱氯去毒,光催化反应逐渐成为人们关注的热点之一。国内外大量研究表明,光催化法能有效地将烃类、卤代有机物、表面活性剂、染料、农药、酚类和芳烃类等有机污染物降解,最终转化为 CO_2 和 H_2O 无机物,而污染物中含有的卤原子、硫原子、磷原子和氮原子等则分别转化为 X^-、SO_4^{2-}、PO_4^{3-}、PO_4^{3-}、NH_4^+ 和 NO_3^- 等离子。因此,光催化技术具有在常温常压下进行、彻底消除有机污染物、无二次污染等优点。

光催化技术的研究涉及到原子物理、凝聚态物理、胶体化学、化学反应动力学、催化材料、光化学和环境化学等多个学科,因此多相光催化科技是集这些学科于一体的多种学科交叉汇合而成的一门新兴的科学。

光催化以半导体如 TiO_2、ZnO、CdS、Fe_2O_3、WO_3、SnO_2、ZnS、$SrTiO_3$、$CdSe$、$CdTe$、In_2O_3、FeS_2、$GaAs$、GaP、SiC、MoS_2 等作催化剂,其中 TiO_2 具有价廉无毒、化学及物理稳定性好、耐光腐蚀、催化活性好等优点,TiO_2 是目前广泛研究、效果较好的光催化剂。

半导体自身的光电特性决定了其催化剂特性。半导体粒子含有能带结构,通常情况下是由一个充满电子的低能价带和一个空的高能导带构成的,它们之前由禁带分开。研究证明,当 $pH=1$ 时锐钛矿型 TiO_2 的禁带宽度为 $3.2\ eV$,半导体的光吸收阈值 λ_g(nm)与禁带宽度 E_g(eV)的关系为

$$\lambda_g = 1\ 240/E_g$$

当用能量等于或大于禁带宽度的光($\lambda < 388$ nm 的近紫外光)照射半导体光催化剂时,半导体价带上的电子吸收光能被激发到导带上,因而在导带上产生带负电的高活性光生电子(e^-),在价带上产生带正电的光生空穴(h^+),形成光生电子-空穴对(见图 4-22-1)。空穴的能量(TiO_2)为 $7.5\ eV$,具有强氧化性;电子则具有强还原性。

当光生电子和空穴到达表面时,可发生两类反应。

第一类是简单的复合,如果光生电子与空穴没有被利用,则会重新复合,使光能以热能的形式散发掉。

$$e^- + h^+ \longrightarrow N + 能量　(h\upsilon' < h\upsilon\ 或热能)$$

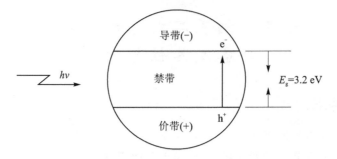

$E_g=3.2\ eV$

图 4 - 22 - 1　TiO₂ 光电效应示意图

第二类是发生一系列光催化氧化还原反应,还原和氧化吸附在光催化剂表面上的物质。

$$TiO_2 \longrightarrow e^- + h^+$$

$$OH^- + h^+ \longrightarrow \cdot OH$$

$$H_2O + h^+ \longrightarrow \cdot OH + H^+$$

$$A + h^+ \longrightarrow \cdot A$$

另一方面,光生电子可以和溶液中溶解的氧分子反应生成超氧自由基,它与 H^+ 离子结合形成 $\cdot OOH$ 自由基:

$$O_2 + e^- + H^+ \longrightarrow \cdot O_2^- + H^+ \longrightarrow \cdot OOH$$

$$2HOO \cdot \longrightarrow O_2 + H_2O_2$$

$$H_2O_2 + O_2^- \longrightarrow \cdot OH + OH^- + O_2$$

$$\cdot O_2^- + 2H^+ \longrightarrow H_2O_2$$

此外 $\cdot OH$,$\cdot OOH$ 和 H_2O_2 之间可以相互转化:

$$H_2O_2 + \cdot OH \longrightarrow \cdot OOH + H_2O_2$$

利用高度活性的羟基自由基 $\cdot OH$,可以无选择性地将生物难以降解的各种有机物氧化成无机化合物。有机物在光催化体系中的反应属于自由基反应。

甲基橙染料是一种常见的有机污染物,无挥发性,且具有相当高的抗直接光分解和氧化的能力;其浓度可采用分光光度法测定,方法简便,常被用作光催化反应的模型反应物。甲基橙的分子结构如图 4 - 22 - 2 所示。

(CH₃)₂N ——⟨苯环⟩—— N=N ——⟨苯环⟩—— SO₃Na

图 4 - 22 - 2　甲基橙分子结构

从结构上看,它属于偶氮染料,这类染料是染料各类中最多的一种,约占全部染料的 50%。根据已有实验分析,甲基橙是较难降解的有机物,因而以它作为研究对象有一定的代表性。

本实验通过研究纳米二氧化钛光催剂对甲基橙的光催化降解实验,探索其反应速率常数和半衰期,同时加强对光分光光度计的构造、工作原理和使用方法的认识。

三、仪器和试剂

1. 仪器：TU-1950 型双光束紫外可见分光光度计 1 台，300 W 高压汞灯 1 只，光催化反应器 1 台(见图 4-22-3)，充气泵 1 个，恒温水浴 1 套，磁力搅拌器 1 台，离心机 1 台，台秤 1 台，秒表 1 块，10 mL 移液管 1 支，20 mL 移液管 1 支，500 mL 量筒 1 支，洗耳球，离心管 7 支。

2. 试剂：1 000 mg·L^{-1} 甲基橙贮备液；纳米 TiO$_2$(P25)。

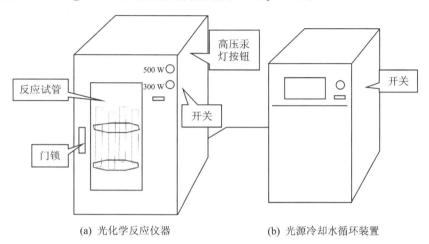

(a) 光化学反应仪器　　　　　(b) 光源冷却水循环装置

图 4-22-3　实验装置图

四、实验步骤

1. 了解可见光分光光度计的原理与使用方法，参阅有关教材及文献资料。

2. 调整分光光度计零点。打开 TU-1950 型双光束紫外可见分光光度计电源开关，预热至稳定。设置分光光度计的波长至 462 nm。取两支 1 cm 比色皿，分别加入蒸馏水，擦干外表面(光学玻璃面应当用擦镜纸擦拭)，分别放入参比池和样品池比色槽中，确保放蒸馏水的比色皿在光路上，将比色槽盖合上，点击清零，开始调整分光光度计零点。

3. 甲基橙光催化降解。进行光催化反应实验时，首先向反应器内加入 10 mL 的 1 000 mg·L^{-1} 的甲基橙贮备液，并加 490 mL 水稀释，配成 500 mL 的 20 mg·L^{-1} 的甲基橙溶液，然后加入 0.2 g 纳米 TiO$_2$ 催化剂，磁力搅拌使之悬浮。避光在空气中搅拌 30 min，使甲基橙在催化剂的表面达到吸附/脱附平衡，移取 10 mL 溶液于离心管内(做空白实验)。

然后开通冷却水，并选取 300 W 高压汞灯，波长设置为 254 nm。开启汞灯进行光催化反应 30 min，每隔 5 min 移取 10 mL 反应液，经离心分离后，取上清液进行可见分光光度法分析。

采用 TU-1950 型双光束紫外可见分光光度计，通过反应液的吸光度 A 测定来监测甲基橙的光催化脱色和分解效果。在 0~20 mg·L^{-1} 范围内，甲基橙溶液浓度与其 462 nm 处的吸收呈极显著的正相关(相关系数达 0.999 以上)。根据吸光度与浓度的关系计算甲基橙的降解程度 η：

$$\eta = (c - c_0)/c_0 = (A_0 - A)/A_0 \times 100\%$$

式中，c_0 为甲基橙的初始浓度，c 为不同时刻所取得上层清液的浓度。

五、数据记录与处理

1. 设计实验数据表(见表 4-22-1),记录温度,以及吸光度 A_0、A 等数据。

表 4-22-1 甲基橙光催化降解实验数据

实验温度: 大气压:

t/min	A	$A_0 - A$	η	$\dfrac{1}{A}$	$\ln\left(\dfrac{1}{A}\right)$
0					
5					
10					
15					
20					
25					
30					

2. 采用积分法中的作图法,作 $\ln\left(\dfrac{1}{A}\right) - t$ 关系图,根据动力学相关知识,确定反应级数。

3. 由所得直线的斜率求出反应的速率常数 k_1。

4. 计算甲基橙光催化降解的半衰期 $t_{\frac{1}{2}}$。

5. 作 $\eta - t$ 图,分析甲基橙的降解率与时间的关系。

六、注意事项

1. 先开激光冷水机,再开光反应仪器的高压汞灯,以免影响汞灯寿命。

2. 甲基橙的降解一般认为是一级反应,对于不同的降解物,动力学原理并不相同。

3. 离心分离时,一定要离心彻底,若离心一次不够,应重复离心一次。应保证清液中不能有固体粉末。

4. 实验温度、搅拌速度等条件会影响催化效果,催化剂和空白对照的实验要同时进行,并且要保证反应条件一致。

七、预习思考题

1. 实验中,为什么用蒸馏水做参比溶液来调节分光光度计的零点? 一般选择参比溶液的原则是什么?

2. 甲基橙溶液需要准确配制吗?

3. 甲基橙光催化降解速率与哪些因素有关?

八、参考文献

[1] Fujishima A,Honda K. Electrochemical photolysis of water at a semiconductor electrode. Nature,1972,238:37-38.

[2] Henderson M A. A surface science perspective on TiO₂ photocatalysis. Surf. Sci. Rep.,2011,66:185-297.

实验二十三　氧化锌纳米阵列制备中的热力学和动力学问题研究

一、目的要求

1. 了解氧化锌纳米阵列材料的制备方法。

2. 探究氧化锌纳米阵列材料制备中溶液浓度、反应温度及时间对形貌的影响,分析氧化锌纳米阵列材料制备中的热力学和动力学控制因素。

3. 能基于材料制备中的热力学和动力学控制因素,分析和解决复杂纳米材料设计与制备中的按需生长问题。

二、基本原理

纳米材料是当今新材料研究领域中最富有活力、对未来经济和社会发展有重要影响的研究对象,也是纳米科技中最活跃、最接近应用的重要组成部分。其中氧化锌具有高激子结合能（60 meV）及光增益系数（300 cm^{-1}）,使它成为紫外半导体激光发射材料的研究热点。纳米氧化锌在紫外线屏蔽、抗菌除臭、橡胶工业、涂料工业、光催化材料、气敏、压电材料、吸波材料等方面有许多优异的物理性能和化学性能。

由于一维 ZnO 阵列纳米材料具有独特的光学、电学和声学等性质,因而使其在太阳能电池、表面声波和压电材料等方面均具有广泛的应用前景。目前制备高质量 ZnO 纳米阵列所采用的条件苛刻、操作复杂的气–液–固法（V – L – S）或化学气相沉积法（CVD）都不利于 ZnO 纳米阵列的大规模制备。湿化学法操作简单,反应条件温和,无污染,是制备一维 ZnO 微结构的便捷方法。但是,所制备的 ZnO 微纳米棒的生长取向不具有高度统一性,直径的分布较宽且其平均直径较大。迄今,采用廉价低温的水热法,在基底上制备高质量、高取向统一、平均直径小于 50 nm 并且直径分布很窄的 ZnO 纳米棒。

本实验通过探究纳米氧化锌制备过程中溶液浓度、反应温度及时间等对纳米阵列生长情况的影响,分析讨论其热力学和动力学因素对氧化锌纳米阵列的影响规律。

三、仪器和试剂

1. 仪器:常压反应容器,匀胶机,磁力搅拌器,Milli – Q 纯水仪,超声波清洗仪,台式干燥箱,马弗炉,X 射线衍射分析仪,场发射扫描电子显微镜。

2. 试剂:乙醇,丙酮,乙酸锌 $Zn(CH_3COO)_2 \cdot 2H_2O$,一乙醇胺,乙二醇甲醚,硝酸锌,六次甲基四胺,ITO 导电玻璃,烧杯,容量瓶,移液管,洗耳球。

四、实验步骤

1. ITO 导电玻璃的清洗

将 ITO 导电玻璃经洗涤剂超声洗涤 1 h,然后依次用去离子水、丙酮、无水乙醇超声洗涤 30 min,最后用去离子水冲洗干净并吹干待用。

2. ZnO 纳米阵列薄膜的制备

（1）溶胶的制备

配制乙酸锌的乙二醇甲醚溶液（浓度为 0.1、0.25、0.5 和 1.0 mol·L^{-1}），并在其中加入一乙醇胺，其中乙酸锌与一乙醇胺的物质的量之比为 1∶1，经机械搅拌 2 h 得到 ZnO 溶胶，待用。

（2）ZnO 晶种层的制备

在洁净的 ITO 玻璃基片上旋涂浓度为 0.5 mol·L^{-1} 的 ZnO 溶胶 3 次，然后在 420 ℃ 退火 1 h，得到了厚度为 100～200 nm 的晶种层。

（3）溶液生长法制备 ZnO 纳米阵列

1）时间影响

将制备所得的 ZnO 晶种层基片悬于硝酸锌（0.025 mol·L^{-1}）和六次甲基四胺（0.025 mol·L^{-1}）的混合溶液中，在 90 ℃ 分别生长 3、6、9、12、15 h。冷却至室温后，将基片取出，用去离子水冲洗干净，在 80 ℃ 干燥 10 h。

2）温度影响

将制备所得的 ZnO 晶种层基片悬于硝酸锌（0.025 mol·L^{-1}）和六次甲基四胺（0.025 mol·L^{-1}）的混合溶液中，在 75、80、85、90、95 ℃ 分别生长 15 h。冷却至室温后，将基片取出，用去离子水冲洗干净，在 80 ℃ 干燥 10 h。

3）溶液浓度影响

将制备所得的 ZnO 晶种层基片分别悬于 0.01、0.025、0.05、0.075、0.1 mol·L^{-1} 的硝酸锌和六次甲基四胺的混合溶液中，在 90 ℃ 生长 15 h。冷却至室温后，将基片取出，用去离子水冲洗干净，在 80 ℃ 干燥 10 h。

按照上述方法，设计步骤探究浓度分别为 0.1、0.25、0.5、0.75、1.0 mol·L^{-1} 的 ZnO 溶胶时，对所制备的 ZnO 形貌的影响。

3. 表征与分析

对所制备 ZnO 进行 XRD 表征，并通过电子显微镜观察上述制备 ZnO 纳米阵列的形貌，分析制备条件中温度、浓度、生长时间等因素对 ZnO 纳米阵列长度及直径等的影响，并分析各因素在热力学和动力学上对 ZnO 制备的控制。

五、数据记录与处理

根据 XRD 表征及电子显微镜形貌表征，分析以下数据。

1. 溶液生长法制备 ZnO 纳米阵列中生长时间的影响：

时间/h	3	6	9	12	15
长度					
直径					

2. 溶液生长法制备 ZnO 纳米阵列中生长温度的影响：

温度/℃	75	80	85	90	95
长度					
直径					

3. 溶液生长法制备 ZnO 纳米阵列中生长溶液浓度的影响：

浓度/(mol·L^{-1})	0.01	0.025	0.05	0.075	0.1
长度					
直径					

4. 溶液生长法制备 ZnO 纳米阵列中溶胶浓度的影响：

浓度/(mol·L^{-1})	0.1	0.25	0.5	0.75	1
长度					
直径					

六、预习思考题

1. 如何获得细长的 ZnO 纳米阵列？
2. 热力学和动力学控制对制备 ZnO 纳米阵列有哪些影响？
3. 影响 ZnO 纳米材料制备的因素还有哪些？

七、参考文献

[1] Tian D，Guo Z，Wang Y，et al. Photo-tunable underwater oil-adhesion of the micro/nanoscale hierarchical structured ZnO mesh films with switchable contact mode. Adv. Funct. Mater.，2014，24：536-542.

[2] Liu S，Li C，Yu J，et al. Improved visible-light photocatalytic activity of porous carbon self-doped ZnO nanosheet-assembled flowers. Cryst Eng Comm.，2011，13：2533-2541.

物理化学实验

实验二十四　循环伏安法电化学测量结果的影响因素研究

一、目的要求

1. 掌握循环伏安法测定电极反应参数的基本原理及方法。
2. 掌握电化学工作站的使用方法，能够用循环伏安法判断电极反应过程的可逆性。
3. 基于电化学工作站的测试数据，分析、解决电化学相关的复杂问题。

二、基本原理

循环伏安(Cyclic Voltammetry,CV)法是最重要的电化学分析研究方法之一。由于其设备价格低廉，操作简便，图谱解析直观，能迅速提供电活性物质电极反应过程的可逆性、化学反应历程、电极表面吸附等许多信息，因而一般是电化学分析的首选方法。

CV 法是将循环变化的电压施加于工作电极和参比电极之间，记录工作电极上得到的电流与施加电压的关系曲线。这种方法也常称为三角波线性电位扫描方法。图 4-24-1 中表明了施加电压的变化方式：起扫电位为 $+0.8$ V，反向起扫电位为 -0.2 V，终点又回扫到 $+0.8$ V。

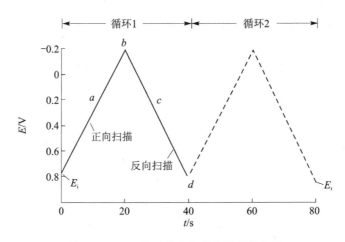

图 4-24-1　循环伏安法的典型激发信号

当工作电极被施加的扫描电压激发时，其上将产生响应电流。以该电流(纵坐标)对电位(横坐标)作图，称为循环伏安图。典型的循环伏安图如图 4-24-2 所示。该图是在 1.0 mol·L^{-1} 的 KNO$_3$ 电解质溶液中，$6×10^{-3}$ mol·L^{-1} 的 K$_3$Fe(CN)$_6$ 溶液在 Pt 工作电极上反应得到的结果。

起始电位 E_i 为 $+0.8$ V(a 点)，然后沿负的电位扫描(如箭头所指方向)，当电位至 Fe(CN)$_6^{3-}$ 可还原时，即析出电位，将产生阴极电流(b 点)。其电极反应为

$$[Fe(CN)_6]^{3-} + e^- \longrightarrow [Fe(CN)_6]^{4-}$$

随着电位的变负，阴极电流迅速增大(b—c—d)，直至电极表面的 Fe(CN)$_6^{3-}$ 浓度趋近

· 162 ·

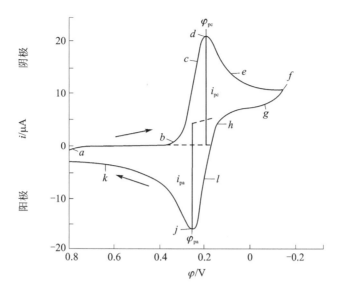

图 4-24-2 典型的循环伏安图

零,电流在 d 点达到最高峰。然后迅速衰减($d—e—f$),这是因为电极表面附近溶液中的 $Fe(CN)_6^{3-}$ 几乎全部因电解转变为 $Fe(CN)_6^{4-}$ 而耗尽。当电压开始阳极化扫描时,由于电极电位仍相当地负,扩散至电极表面的 $Fe(CN)_6^{3-}$ 仍在不断还原,故仍呈现阴极电流。当电极电位继续正向变化至 $Fe(CN)_6^{4-}$ 的析出电位时,聚集在电极表面附近的还原产物 $Fe(CN)_6^{4-}$ 被氧化,其反应为

$$[Fe(CN)_6]^{4-} - e^- \longrightarrow [Fe(CN)_6]^{3-}$$

这时产生阳极电流($i—j—k$),阳极电流随着扫描电位正移迅速增加,当电极表面的 $Fe(CN)_6^{4-}$ 浓度趋于零时,阳极化电流达到峰值(j 点)。扫描电位继续正移,电极表面附近的 $Fe(CN)_6^{4-}$ 耗尽,阳极电流衰减至最小(k 点)。当电位扫至 $+0.8$ V 时,完成第一次循环,获得了循环伏安图(见图 4-24-2)。

循环伏安图中可得到的几个重要参数是:阳极峰电流(i_{pa})、阴极峰电流(i_{pc})、阳极峰电位(E_{pa})和阴极峰电位(E_{pc})。测量确定 i_p 的方法是:沿基线作切线外推至峰下,从峰顶作垂线至切线,其间高度即为 i_p。E_p 可直接从横轴与峰顶对应处读取。

能够和工作电极迅速交换电子的氧化还原电对称为电化学可逆电对。可逆电对的还原电位 $E_{o'}$ 值是 E_{pa} 和 E_{pc} 的平均值

$$E_{o'} = (E_{pa} + E_{pc})/2 \qquad (4-24-1)$$

可逆电对在电极反应中传递的电子数由两个峰电位的差决定:

$$\Delta E_p = E_{pa} - E_{pc} \approx 0.059/n \qquad (4-24-2)$$

第一个循环正向扫描可逆体系的峰电流可由 Randles-Sevcik 方程表示:

$$i_p = 2.69 \times 10^5 n^{3/2}/AD^{1/2}cv^{1/2} \qquad (4-24-3)$$

式中,i_p 为峰电流,A;n 为电子数;A 为电极面积,cm^2;D 为扩散系数,cm^2/s;c 为浓度,mol/cm^3;v 为扫描速率,V/s。

根据上式,i_p 随 $v^{1/2}$ 的增大而增大,并和浓度成正比。

对于简单的可逆(快反应)电对,i_{pa} 和 i_{pc} 的值很接近,即

$$i_{pa}/i_{pc} \approx 1 \qquad\qquad (4-24-4)$$

对于一个简单的电极反应过程,式(4-24-2)和式(4-24-4)是判断电极反应是否为可逆体系的重要依据。

本实验通过循环伏安法研究 $K_3Fe(CN)_6$ 溶液在不同扫描速度、不同浓度下在固态电极上氧化还原的电化学响应,计算阳极峰电位与阴极峰电位的差 ΔE、阳极峰电流与阴极峰电流的比值 i_{pa}/i_{pc},以阴极峰电流 i_{pc} 或阳极峰电流 i_{pa} 对扫描速度的平方根 $v^{1/2}$ 作图,说明电流和扫描速率之间的关系。

三、仪器和试剂

1. 仪器:CHI660E 电化学工作站,三电极系统(工作电极,铂圆盘电极,辅助电极,铂电极,参比电极,饱和甘汞电极),氮气气瓶。

2. 试剂:1.00×10^{-2} mol·L^{-1} $K_3Fe(CN)_6$ 溶液,1.0 mol·L^{-1} KNO_3 溶液。

四、实验步骤

1. 配制溶液

将 1.00×10^{-2} mol·L^{-1} $K_3Fe(CN)_6$ 溶液稀释成 2.00×10^{-3}、2.00×10^{-4}、2.00×10^{-5} mol·L^{-1} 各 25 mL。

2. 工作电极预处理

用 Al_2O_3 粉末(粒径 0.05 μm)将铂圆盘电极表面抛光,然后用蒸馏水清洗 3 min,得到一个平滑光洁的电极表面。

3. 仪器安装与预热

打开计算机和电化学工作站,让其预热 10 min。在电解池中加入 2.00×10^{-3} mol·L^{-1} $K_3Fe(CN)_6$ 溶液 25 mL,然后加入 1.00 mol·L^{-1} KNO_3 溶液 25 mL,依次接上铂圆盘电极(绿线)、辅助电极(红线)和饱和甘汞电极(白线),在电解池中通入氮气 30 min 去除氧气。

4. 不同扫描速率 $K_3Fe(CN)_6$ 溶液的循环伏安图

启动电化学程序 CHI660E,打开 Setup 菜单,在 Technique 项选择 Cyclic Voltammetry 方法。再次单击 Setup 菜单,在 parameters 项内按图 4-24-3 进行参数设定,以扫描速率 20 mV/s 从 $+0.8$ ~ -0.2 V 扫描。完成上述各项,再仔细检查一遍无误后,点击"▶"进行测量,得循环伏安图。记录 i_{pa}、E_{pa}、i_{pc}、E_{pc}。再对上述溶液以不同扫描速率 10、40、60、80、100、200 mV/s,在 $+0.8$ ~ -0.2 V 电位范围内扫描,从得到的循环伏安图中记录 i_{pa}、i_{pc} 和 E_{pa}、E_{pc} 的值。

5. 不同浓度 $K_3Fe(CN)_6$ 溶液的循环伏安图

依次在电解池中加入 2.00×10^{-5}、2.00×10^{-4}、2.00×10^{-3}、1.00×10^{-2} mol·L^{-1} K_3Fe $(CN)_6$ 溶液 25 mL,加入 1.00 mol·L^{-1} KNO_3 溶液 25 mL,接上铂圆盘电极、铂丝辅助电极和饱和甘汞电极,在电解池中通入氮气 30 min 去除氧气。以 20 mV/s 的扫描速率从 $+0.8$ ~ -0.2 V 扫描,得循环伏安图,记录 i_{pa}、i_{pc}。

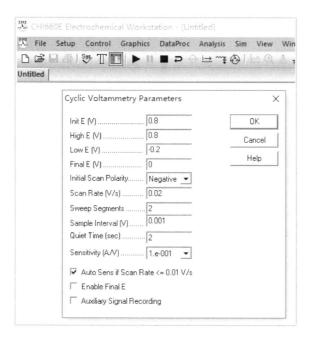

图 4 - 24 - 3　循环伏安图参数设置

五、数据处理

1. 计算阳极峰电位与阴极峰电位的差 ΔE。

2. 计算相同实验条件下阳极峰电流与阴极峰电流的比值 i_{pa}/i_{pc}。

3. 在 1.00×10^{-3} mol·L^{-1} $K_3Fe(CN)_6$ 浓度下,以阴极峰电流 i_{pc} 或阳极峰电流 i_{pa} 对扫描速度的平方根 $v^{1/2}$ 作图,说明电流和扫描速率间的关系。

4. 相同扫描速度下,以阴极峰电流或阳极峰电流对 $K_3Fe(CN)_6$ 的浓度作图,说明二者之间的关系。

5. 根据实验结果说明 $K_3Fe(CN)_6$ 在 KNO_3 溶液中电极反应过程的可逆性。

六、注意事项

1. 工作电极表面必须仔细清洗,否则会严重影响循环伏安曲线。

2. 每次扫描之前,为使电极表面恢复初始状态,应将溶液搅拌,等溶液静置 1~2 min 后再扫描。

七、预习思考题

1. 在含有 0.1 M TBAP 的 THF 溶液中,使用三电极体系测试溶液循环伏安曲线,未通氮气时曲线如图 4 - 24 - 4 所示;通入氮气后,曲线如图 4 - 24 - 5 所示。为什么会有这种区别? 在负电位区域出现峰的原因和发生的电化学反应是什么? 写出半反应方程。

2. 测得 1 mM Fc(ferrocene)在不同溶液中的 ΔE_p 如下:

THF,0.1 M TBAP,$\Delta E_p = 0.254$ V;

MeCN,0.1 M TBAP,$\Delta E_p = 0.068$ V;

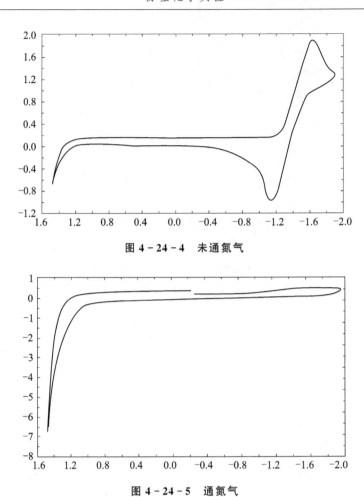

图 4 - 24 - 4 未通氮气

图 4 - 24 - 5 通氮气

MeCN，25 mM TBAP，$\Delta E_p = 0.081$ V。

请解释为什么会有这种差别。

八、参考文献

［1］尚用甲，代绪成. 循环伏安法对新型阳极的电化学性能研究. 全面腐蚀控制，2017，31：35-38.

［2］Rooney M B，Coomber D C，Bond A M. Achievement of near-reversible behavior for the $[Fe(CN)_6]^{3-/4-}$ redox couple using cyclic voltammetry at glassy carbon, gold, and platinum macrodisk electrodes in the absence of added supporting electrolyte. Anal. Chem.，2000，72：3486-3491.

［3］蔡称心，陈洪渊. 快扫描循环伏安法及其在电化学中的应用. 分析科学学报，1993，4：56-62.

实验二十五　Zeta 电位法测定胶原及其降解物的等电点

一、目的要求

1. 掌握 Zeta 电位的测试原理与方法。

2. 掌握 Zeta 电位仪的使用方法,能通过 Zeta 电位测量蛋白质等电点。

3. 了解等电点的意义,能分析等电点与蛋白质分子聚沉能力的关系,并解决相关实际应用问题。

二、基本原理

1. 固体颗粒在液体中带电原理

当固体与液体接触时,固体可以从溶液中选择性吸附某种离子,也可以是固体分子本身发生电离作用而使离子进入溶液,以致使固液两相分别带有不同符号的电荷,由于电中性的要求,带电表面附近的液体中必有与固体表面电荷数量相等但符号相反的多余的反离子。在界面上带电表面和反离子形成了双电层的结构。在两种不同物质的界面上,正负电荷分别排列成为面层。

对于双电层的具体结构,100 多年来不同学者提出了不同的看法。最早于 1879 年 Helmholz 提出平板型模型;1910 年 Gouy 和 1913 年 Chapman 修正了平板型模型,提出了扩散双电层模型;后来 Stern 又提出了 Stern 模型(见图 4 - 25 - 1)。

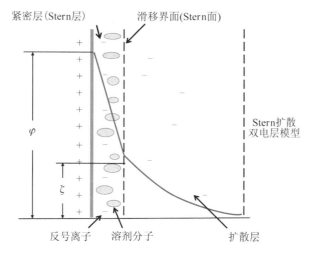

图 4 - 25 - 1　Stern 扩散双电层模型

根据 Stern 的观点,一部分反离子由于电性吸引或非电性吸引作用(例如范德华力)而和表面紧密结合,构成吸附层(或称紧密层、Stern 层)。其余的离子则扩散地分布在溶液中,构成双电层的扩散层(或称滑移面)。由于带电表面的吸引作用,在扩散层中反离子的浓度远大于同号离子。离表面越远,过剩的反离子越少,直至在溶液内部反离子的浓度与同号离子相等。

紧密层：溶液中反离子及溶剂分子受到足够大的静电力、范德华力或特性吸附力，而紧密吸附在固体表面上。其余反离子则构成扩散层。

滑动面：指固液两相发生相对移动的界面，是凹凸不平的曲面。滑动面至溶液本体间的电势差称为 ζ 电势。

2. 蛋白质分子带电量的大小及测量方式

蛋白质分子的大小在胶粒范围内，为 $1\sim100$ μm。大部分蛋白质分子的表面都有很多亲水集团，这些集团以氢键形式与水分子进行水合作用，使水分子吸附在蛋白质分子表面而形成一层水合膜，具有亲水性；又由于蛋白质分子表面的亲水集团都带有电荷，会与极性水分子中的异性电荷吸引形成双电层。而水合膜和双电层的存在，使蛋白质的分子与分子之间不会相互凝聚，成为比较稳定的胶体溶液。如果消除水合膜或双电层中的一个因素，蛋白质溶液就会变得不稳定；当两种因素都消除时，蛋白质分子就会互相凝聚成较大的分子而产生沉淀。在生活实践中，常利用蛋白质的胶体性质沉淀或分离蛋白质。如做豆腐、肉皮冻就是利用蛋白质的胶凝作用。

蛋白质分子所带的电荷与溶液的 pH 值有很大关系，蛋白质是两性电解质，在酸性溶液中的氨基酸分子氨基形成—$NH_3{}^+$ 而带正电，在碱性溶液中羧基形成—COO^- 而带负电。因此，在蛋白质溶液中存在着下列平衡，如图 4-25-2 所示。

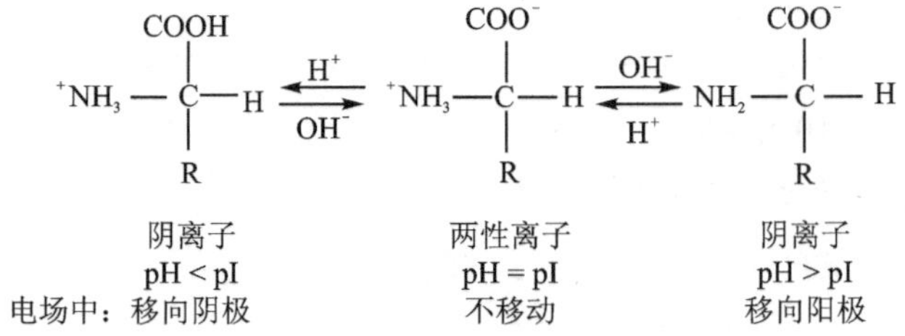

图 4-25-2　蛋白质溶液中解离平衡

蛋白质分子所带净电荷为零时的 pH 值称为蛋白质的等电点（isoelectric point，简写为 pI）。其定义为：在某一 pH 值的溶液中，蛋白质解离成阳离子和阴离子的趋势或程度相等时，呈电中性，此时溶液的 pH 值称为该蛋白质的等电点。在等电点时，蛋白质分子在电场中不向任何一极移动，而且分子与分子间因碰撞而引起聚沉的倾向增大，所以这时可以使蛋白质溶液的粘度、渗透压均降到最低，且溶液变混浊。蛋白质在等电点时溶解度最小，最容易沉淀析出。

等电点的应用：主要用于蛋白质等两性电解质的分离、提纯和电泳。

蛋白质等电点的测量方式：对应于溶解度最低时的溶液 pH 值即为等电点。

3. 蛋白质等电点的测定

等电点是蛋白质的一个重要性质，各种蛋白质的等电点都不相同，但偏酸性的较多，酪蛋白是牛奶蛋白质的主要成分，常温下在水中可溶解 0.8%～1.2%，微溶于 25 ℃水和有机溶剂，溶于稀碱和浓酸中，能吸收水分；当浸入水中时则迅速膨胀。在牛奶中以磷酸二钙、三钙或两者的复合物形式存在。其构造极为复杂，没有确定的分子式，相对分子质量为 57 000～375 000，在牛奶中约含 3%，占牛奶蛋白质的 80%。ζ 电势只有在固液两相发生相对移动时才能呈现出来。ζ 电势的大小由 Zeta 电位表示，其数值的大小反映了胶粒带电的程度，其数值越高，表明胶粒带电越多，扩散层越厚。一般来说，以 pH 值为横坐标、Zeta 电位为纵坐标作图,Zeta 电位为零对应的 pH 值即为等电点。

本实验通过测定不同 pH 值下的酪蛋白溶液的 Zeta 电位,用 Zeta 电位值对 pH 值作图,对应于 Zeta 电位为零的 pH 值即为酪蛋白的等电点。

三、仪器和试剂

1. 仪器:Zeta 电位仪(JS94K2),试管 9 支,吸管 1、2、10 mL 各 2 支,容量瓶 50 mL 2 支、500 mL 1 支。

2. 试剂:0.01、0.1、1 mol·L^{-1} 乙酸溶液,1 mol·L^{-1} 氢氧化钠溶液(氢氧化钠和乙酸溶液的浓度要标定),酪蛋白。

四、实验步骤

1. 制备蛋白质胶液

(1) 称取酪蛋白 3 g 放在烧杯中,加入 40 ℃ 200 mL 的蒸馏水。

(2) 加入 50 mL 1 mol·L^{-1} 氢氧化钠溶液,微热搅拌直到蛋白质完全溶解为止。将溶解好的蛋白溶液转移到 500 mL 容量瓶中,并用少量蒸馏水润洗烧杯,一并倒入容量瓶。

(3) 在容量瓶中再加入 1 mol·L^{-1} 乙酸溶液 50 mL,摇匀。

(4) 加入蒸馏水定容至 500 mL,得到略显浑浊的酪蛋白胶液。

2. 等电点测定

按表 4-25-1 的顺序在各管中加入蛋白质胶液、蒸馏水和乙酸溶液,加入后立即摇匀。待测溶液配制完成后需放置一段时间进行 Zeta 电位测试,并记录数据和进行分析。

表 4-25-1　Zeta 电位测试数据记录

管　号	蛋白质胶液/mL	H$_2$O/L	0.01 mol·L^{-1} HAC/mL	0.1 mol·L^{-1} HAC/mL	1 mol·L^{-1} HAC/mL	pH　值	Zeta 电位
1	1	8.38	0.62	—	—	5.9	
2	1	7.75	1.25	—	—	5.6	
3	1	8.75	—	0.25	—	5.3	
4	1	8.50	—	0.50	—	5.0	
5	1	8.00	—	1.00	—	4.7	
6	1	7.00	—	2.00	—	4.4	
7	1	5.00	—	4.00	—	4.1	
8	1	1.00	—	8.00	—	3.8	
9	1	7.40	—	—	1.60	3.5	

五、预习思考题

1. 在等电点时蛋白质的溶解度为什么最低?请结合你的实验结果和蛋白质的胶体性质加以说明。

2. 本实验中,酪蛋白质在等电点时从溶液中沉淀析出,所以说凡是蛋白质在等电点时必然沉淀出来。这种结论对吗? 为什么?

3. 在分离蛋白质时等电点有何实际应用意义?

六、参考文献

[1] Jachimska B,Wasilewska M,Adamczyk Z. Characterization of globular protein solutions by dynamic light scattering, electrophoretic mobility,and viscosity measurements. Langmuir,2008,24:6867-6872.

[2] 程海明,王磊,王睿. Zeta 电位法测定胶原及其降解物的等电点. 皮革科学与工程,2006,6:40-43.

[3] 王慧云,崔亚男,张春燕. 影响胶体粒子 Zeta 电位的因素. 中国医药导报,2010,7:28-30.

实验二十六　特殊浸润表面材料的制备及其性质研究

一、目的要求

1. 掌握液体在固体表面的润湿过程以及接触角的含义,能用来解释特殊浸润现象。

2. 掌握用接触角/界面张力测量仪测定接触角和表面张力的方法,以及用全自动张力粘附力测量仪测定粘附力的方法。

3. 初步掌握科学研究的一般方法,具备比较分析、分解和解决复杂问题的能力和创新意识。

二、基本原理

润湿是固-气界面被固-液界面所取代的过程,是自然界和生产过程中普遍存在的现象。当将液体滴在固体表面上时,由于液体性质不同,有的会铺展开来,有的则粘附在表面上成为平凸透镜状,这种现象称为润湿作用。如图 4 - 26 - 1 所示,(a)称为铺展润湿,(b)称为粘附润湿。如果液体不粘附而保持椭球状,则称为不润湿(见(c))。此外,如果是能被液体润湿的固体完全浸入液体之中,则称为浸湿(见(d))。

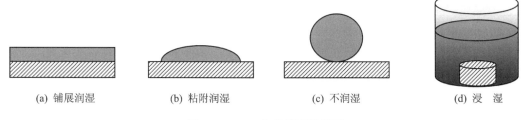

|(a) 铺展润湿|(b) 粘附润湿|(c) 不润湿|(d) 浸　湿|

图 4 - 26 - 1　各种类型的润湿

当液体与固体接触后,体系的自由能降低。因此,液体在固体上润湿程度的大小可用这一过程自由能降低的多少来衡量。在恒温恒压下,当液滴放置在固体平面上时,液滴能自动地在固体表面铺展开来,或以与固体表面成一定角度的形式存在,如图 4 - 26 - 2 所示。

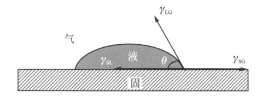

图 4 - 26 - 2　接触角

假定不同界面间的力可用作用在界面方向的界面张力来表示,则当液滴在固体平面上处于平衡位置时,这些界面张力在水平方向上的分力之和应等于零,这个平衡关系就是著名的 Young 方程,即

$$\gamma_{SG} = \gamma_{SL} + \gamma_{LG} \cos \theta \qquad (4 - 26 - 1)$$

式中，γ_{SG}、γ_{LG}、γ_{SL} 分别为固-气、液-气和固-液界面的张力；θ 是在固、气、液三相交界处，自固体界面经液体内部到气液界面的夹角，称为接触角，在 $0°\sim180°$ 之间。接触角是反映物质与液体润湿性关系的重要参数。

在恒温恒压下，粘附润湿、铺展润湿过程发生的热力学条件分别是：

粘附润湿：

$$W_a = \gamma_{SG} - \gamma_{SL} + \gamma_{LG} \geqslant 0 \qquad (4-26-2)$$

铺展润湿：

$$S = \gamma_{SG} - \gamma_{SL} - \gamma_{LG} \geqslant 0 \qquad (4-26-3)$$

式中，W_a、S 分别为粘附润湿、铺展润湿过程的粘附功、铺展系数。

若将式（4-26-1）代入式（4-26-2）、式（4-26-3），得到下面的结果：

$$W_a = \gamma_{SG} + \gamma_{LG} - \gamma_{SL} = \gamma_{LG}(1 + \cos\theta) \qquad (4-26-4)$$

$$S = \gamma_{SG} - \gamma_{SL} - \gamma_{LG} = \gamma_{LG}(\cos\theta - 1) \qquad (4-26-5)$$

以上方程说明，只要测定了液体的表面张力和接触角，就可以计算出粘附功、铺展系数，进而可以据此来判断各种润湿现象。还可以看到，接触角的数据也能作为判别润湿情况的依据。通常把 $\theta=90°$ 作为润湿与否的界限，当 $\theta>90°$ 时，称为不润湿（疏水）；当 $\theta<90°$ 时，称为润湿（亲水），θ 越小，润湿性能越好；当 $\theta=0°$ 时，液体在固体表面上铺展，固体被完全润湿。通常把 $\theta>150°$ 的表面称为超疏水表面，把 $\theta<5°$ 的表面称为超亲水表面。

接触角常用来衡量固体表面的浸润程度，在矿物浮选、注水采油、洗涤、印染、焊接等方面有广泛的应用。研究表明，表面粗糙结构和化学组成是决定和影响接触角的主要因素。对于一定的固体表面，在液相中加入表面活性物质常可改善润湿的性质，并且随着液体和固体表面接触时间的延长，接触角有逐渐变小趋于定值的趋势，这是由于表面活性物质在各界面上吸附的结果。接触角的测定方法很多，根据直接测定的物理量分为四大类：角度测量法、长度测量法、力测量法和透射测量法。其中，液滴角度测量法是最常用，也是最直接的一类方法。本实验所用的 JC2000D5M 接触角测量仪就可采取量角法进行接触角的测定。

一般认为，接触角越大，其表面疏水性也就越好，但是由于液体在固体表面具有一定的粘滞行为，在很多情况下单纯用静态接触角来衡量固体表面的浸润性是远远不够的。考虑到它的动态过程，人们又提出了固体表面的动态接触角，即滚动角。滚动角定义为前进接触角（简称前进角，θ_a）与后退接触角（简称后退角，θ_r）之差（见图4-26-3），滚动角的大小反映了液体在一个固体表面的滞后现

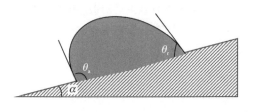

图 4-26-3　滚动角

象。因此，对于一个具有良好自清洁性能的超疏水表面，应该既具有较大的静态接触角，又具有较小的滚动角。

同时，对于超疏水表面，存在着不同的粘附行为。这是由于超疏水表面存在不同的浸润状态，主要有两种，即 Wenzel 状态和 Cassie 状态（见图4-26-4），分别对应表面高粘附和低粘附的液滴滚动行为。为了衡量表面的动态润湿行为，往往需要测试液体在表面的滚动角和粘附力。本实验通过粘附力测量仪测试表面液体的动态粘附行为。

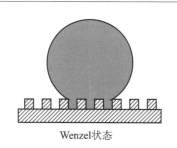

Wenzel状态

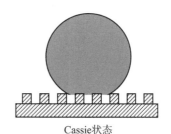

Cassie状态

图 4 - 26 - 4　超疏水表面两种基本浸润状态

三、仪器和试剂

1. 仪器：SCI4000 接触角/界面张力测量仪，SCI300M 全自动张力粘附力测量仪，超声波清洗器，显微镜，微量注射器，镊子，烧杯(150 mL)5 个，烧杯(100 mL 氟硅烷溶液专用)1 个。

2. 试剂：蒸馏水，乙醇，氟硅烷，盐酸，氢氧化钠，过硫酸铵，金属铜片(4 片，1.5 cm×3 cm)，表面刻蚀沟槽的铜片 5 片，铜网(100～500 目中选用一种，4 片，1.5 cm×3 cm)，砂纸，滤纸，自备具有特殊浸润性的生物表面。

四、实验步骤

1. 平滑铜片/铜网和具有纳米结构的铜片/铜网表面制备。

(1) 平滑铜片的处理。将 4 片铜片在盐酸溶液(1.0 mol·L^{-1})中超声波清洗 10 min，去除铜片表面氧化物。然后，依次用去离子水和乙醇清洗铜片，干燥后得到清洁的表面平滑铜片。

(2) 具有纳米结构铜片的制备。取 2 片清洗过的表面平滑的铜片，采用氨碱溶液腐蚀法在平滑铜片表面制备纳米结构。具体方法如下：

首先，取 50 mL 氢氧化钠(约 6 mol·L^{-1})和 50 mL 过硫酸铵(约 0.6 mol·L^{-1})溶液，混合配制成100 mL 的氨碱溶液。将清洁的平滑铜片置于其中(注意，不要叠放，以免反应不充分)，于常温下反应 30 min。然后，将反应完成的铜片从混合溶液中取出，再用去离子水进行冲洗，最后经干燥后得到表面具有纳米结构的铜片(可以通过扫描电子显微镜等手段进行表征)。

(3) 采用上面(1)和(2)的实验步骤，分别处理 4 片 100～500 目的铜网(本实验以 120 目网孔的铜网为代表)，得到铜丝表面光滑和铜丝表面具有纳米结构的铜网。

2. 氟硅烷修饰的平滑铜片/铜网和纳米结构铜片/铜网。

首先，在 100 mL 的烧杯中配制氟硅烷质量分数约为 0.5% 的乙醇溶液 50 mL(注意：配制氟硅烷溶液使用专用烧杯，不得与其他实验烧杯及容器混用；溶液配制时需要搅拌使得氟硅烷均匀分散)，将平滑铜片/铜网和具有纳米结构的铜片/铜网各 1 片置于盛有 50 mL 氟硅烷乙醇的溶液中，静置 5 min 后取出，经干燥后得到氟硅烷修饰的平滑铜片/铜网和纳米结构铜片/铜网。

3. 测试水滴在氟硅烷修饰平滑铜片/铜网和具有粗糙结构的铜片/铜网前后表面的接触角。

分别取以上经步骤 1 和 2 制备得到的平滑铜片/铜网、纳米结构铜片/铜网和经氟硅烷修饰的以上铜片/铜网进行接触角测试(5 μL)，每个表面选取 3 个点进行测试，然后取接触角平均值。再以平滑铜片为代表，采用 1、2、5、10、15、20 μL 水滴测试，观察接触角的变化。

4. 测试上述氟硅烷修饰的纳米结构铜片/铜网表面的滚动角和粘附力。

分别取以上经步骤2制备得到的经氟硅烷修饰的纳米结构铜片/铜网进行滚动角和不同压缩距离的粘附力测试(0.1、0.2、0.3 mm)。

5. 取清洗处理过的平滑铜片,采用激光刻蚀的方法在表面制备平行沟槽,改变沟槽数量,观察表面液滴的浸润程度,分析比较平行和垂直于沟槽的浸润性差异(样品已经制备好,可以直接使用,使用完毕后需要放回原处,以备后面继续使用)。

6. 选自备的具有特殊浸润性的生物表面,测试其静态接触角及滚动角和粘附力,观察并分析其表面浸润性与表面结构的关系。

五、结果与讨论

1. 讨论测试水滴大小(体积)与所测接触角度值的关系,确定测量所需的最佳液滴大小。

2. 结合扫描电子显微镜表征平滑铜片/铜网、纳米结构铜片/铜网表面结构,比较水滴在经氟硅烷修饰前后的平滑铜片/铜网、纳米结构铜片/铜网表面的接触角、滚动角和粘附力测试结果,分析表面结构和表面能对接触角、滚动角和粘附力的影响。

3. 改变铜片表面沟槽数量和间距,观察表面液滴的浸润程度和方向,分析比较平行和垂直于沟槽的浸润性差异。同时,分析液滴大小及占据位置对浸润程度的影响。

4. 根据前面得到的表面结构和表面能对接触角、滚动角和粘附力的影响规律,分析解决自选部分自然界中具有特殊浸润性的生物表面静、动态浸润性与表面结构及表面能之间的关系。

六、预习思考题

1. 氨碱混合溶液的配制过程中需要注意什么?氢氧化钠和过硫酸铵溶液应按照什么顺序进行混合?

2. 液体在固体表面的接触角与哪些因素有关?

3. 在本实验中,滴到固体表面上的液滴的大小对所测接触角度值是否有影响?为什么?

4. 实验中滴到固体表面上的液滴的平衡时间对接触角度值是否有影响?

七、实验拓展与设计

1. 印刷涉及图文区和非图文区,请结合超浸润表面设计印版并说明原理。

2. 测试不同浓度十二烷基硫酸钠溶液在铜片上的接触角及表面张力值,用所测得的数值对其浓度作图,根据其表面张力曲线了解表面活性剂的特性。

八、实验记录

实验温度: 大气压力:

1. 水滴在不同固体表面的接触角测量数据:

固体表面	接触角 $\theta/(°)$			
	1	2	3	平　均
平滑铜片				
微结构铜片				

续表

固体表面	接触角 $\theta/(°)$			
	1	2	3	平　均
平滑铜丝网				
微结构铜丝网				
氟硅烷修饰平滑铜片				
氟硅烷修饰微结构铜片				
氟硅烷修饰平滑铜网				
氟硅烷修饰微结构铜网				

2. 水滴在氟硅烷修饰的不同固体表面滚动角和粘附力测量数据:

固体表面	滚动角 $\theta/(°)$				不同压缩距离下液滴粘附力/μN		
	1	2	3	平　均	0.1 mm	0.2 mm	0.3 mm
氟硅烷修饰纳米结构铜片							
氟硅烷修饰纳米结构铜网							

3. 不同沟槽数量和间距,铜片表面液滴的浸润程度与方向的关系:

类　型		接触角 $\theta/(°)$		滚动角 $\theta/(°)$	
		平行沟槽	垂直沟槽	平行沟槽	垂直沟槽
沟槽数	10				
	15				
	20				
	25				
	30				
平均值					

4. 自选特殊浸润性表面静、动态浸润性:

类　型		接触角 $\theta/(°)$	滚动角 $\theta/(°)$	粘附力/μN
测量次数	1			
	2			
	3			
平均值				

九、表界面性质表征方法

本实验采用 SCI4000 接触角/界面张力测量仪表征接触角和表面张力,采用 SCI300M 全自动张力粘附力测量仪表征粘附力,具体使用方法和说明如下:

1. 接触角的测定

（1）开机。将 SCI4000 接触角/界面张力测量仪插上电源，确认数据线连接，确认背光灯通电明亮，确认镜头盖打开。打开计算机，双击接触角测量仪图标打开软件，然后移动图像，此时可以看到镜头活动。

（2）调焦。将进样器或微量注射器固定在载物台上方，调整摄像头焦距到 0.7 倍（测小液滴接触角时通常调到 2～2.5 倍），然后旋转摄像头底座右侧旋钮调节摄像头到载物台的距离，使得图像最清晰。

（3）加入样品。可以通过旋转载物台上方的采样旋钮抽取液体，也可以用微量注射器压出液体。测接触角一般用 5 μL 样品量最佳。先调节镜头后面的旋钮，使进样器出现在视野中，这时可以从活动图像中看到进样器下端出现一个清晰的小液滴。

（4）接样。旋转载物台底座的旋钮使得载物台慢慢上升，触碰悬挂在进样器下端的液滴后下降，使液滴留在固体平面上。

（5）保存图像。待液滴不再向两边铺展延伸（一般为液滴接触后 2～5 s），单击文件，保存图像，选择路径保存。待图片保存完成后，选择测量方法对其进行分析测量，测量分析完成后，单击"确定"按钮，将所测数值进行确定，然后可对所测数值进行编号、命名和保存。

（6）在保存所测数据后，选择"选项"→"数据查询"→输入密码"1234"，然后即可看见数据库所存储的数据，可根据筛选把自己所需数据筛选出来，然后导出数据。

（7）量角法。单击量角法按钮，进入量角法主界面，按开始按钮，打开之前保存的图像。这时图像上出现一个由两直线交叉 45°组成的测量尺，利用键盘上的 A、D、W、S 键即左、右、上、下键调节测量尺的位置：首先使测量尺两边与液滴边缘同时相切，然后下移测量尺使交叉点到液滴顶端，再利用键盘上">"和"<"键即左旋和右旋键旋转测量尺，使其与液滴左端相交，即得到接触角的数值。另外，也可以使测量尺与液滴右端相交，此时用 180°减去所见的数值方为正确的接触角数据，软件上有"补角修正"按钮，单击该按钮即可得出正确的接触角值，最后求两者的平均值。

（8）影像分析法。单击"影像法分析及设置"按钮，进入影像法分析主界面。按"开始"按钮，打开之前保存的待测图像，这时图像上出现一条基线和一个测试线框，将基线移动至与固液界面重合。如果测试线框大小及位置不合适，可以用鼠标重新拖画出新的测试线框，新的测试线框需要把待测液滴全部包含在内，线框之内基线以上范围有且只有待测液滴的轮廓，然后单击"分析"按钮，系统便可自动测量出接触角大小。

2. 表面张力的测定

（1）采用 SCI4000 接触角/界面张力测量仪测定表面张力，前面两步操作与测接触角的操作相同。

（2）进样和挤样。可以通过旋转进样系统旋钮使微量进样器抽取液体，也可以反向旋转进样系统旋钮使微量进样器挤压出液体。可以从活动图像中看到进样器下端出现一个清晰的大液滴。

（3）冻结图像。当液滴欲滴未滴时，单击界面的冻结图像按钮，再单击"文件"中的"保存图像"，将图像保存在文件夹中。

（4）悬滴法。单击悬滴法按钮，进入悬滴法程序主界面，按开始按钮，打开图像文件。先输入密度差和放大因子,然后顺次在液泡左右两侧和底部用鼠标左键各取一点,随后系统会在液泡上端生成一条横线与液泡两侧相交,然后再用鼠标左键在两个相交点处各取一点,系统即可自动测算出表面张力值。

注意:密度差为液体样品和空气的密度之差;放大因子为图中针头最右端与最左端的横坐标之差再除以针头的直径所得的值。

3. 粘附力的测定

(1) 打开 SCI300M 全自动张力粘附力表征粘附力测量仪,预热 20 min。打开 SCI300M 程序(见图 4 - 26 - 5)。

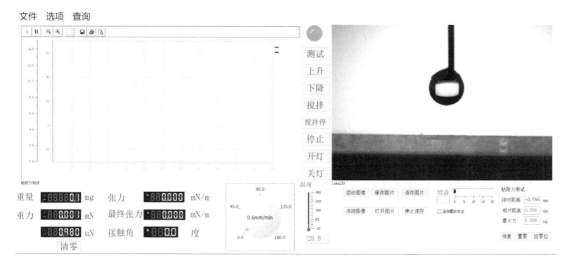

图 4 - 26 - 5　程序操作界面

(2) 在传感器上插入粘附力配件(铜环)。

(3) 用微量进样器在铜环上挂上一个 5 μL 的液滴(见图 4 - 26 - 6)。

图 4 - 26 - 6　粘附力测量仪铜环上挂 5 μL 的液滴

(4) 单击"选项""连接仪器",使设备与计算机连接(见图 4 - 26 - 7)。

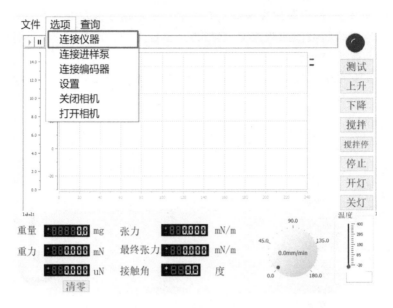

图 4-26-7　连接仪器

（5）测试模式改为"粘附力测试"，在设置对话框中设置压缩距离和位移距离，压缩位移速度可在主界面调整，将其调整为 0.3 mm·min^{-1}（推荐设置见图 4-26-8）。

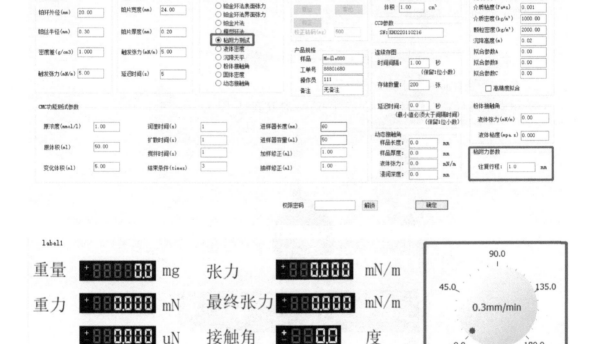

图 4-26-8　测试模式及参数设置

（6）测试模式选择粘附力，单击"上升"按钮使平台上升，在平台刚刚接触液滴时单击"停止"按钮（此时液滴不能被挤压，见图 4-26-9）。

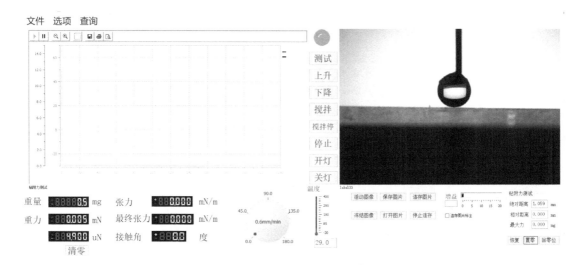

图 4-26-9　控制平台使其刚好接触液滴

（7）单击"置零"按钮，平台会根据设置框设置运行适当距离。以设置压缩液滴 0.1 mm 为例，如图设置所示（1 mm－0.1 mm＝0.9 mm）下移距离为 0.9 mm（见图 4-26-10）。待平台停止后单击"置零"。

图 4-26-10　设置液滴压缩距离

（8）单击"测试"按钮，平台会上升 1 mm，会压缩液滴 0.1 mm，同时会绘制曲线。注意：测试过程切勿接触相关仪器和试验台（见图 4-26-11）。

（9）单击"文件"中的"保存数据曲线"可以保存数据曲线（见图 4-26-12）。

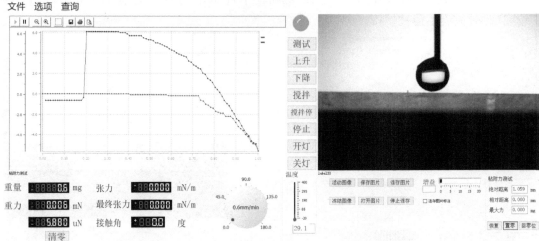

图 4 - 26 - 11　液滴压缩测试及曲线绘制过程

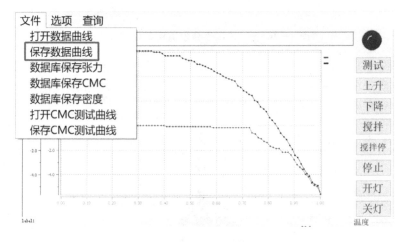

图 4 - 26 - 12　曲线保存

十、参考文献

[1] Wen L，Tian Y，Jiang L. Bioinspired super-wettability from fundamental research to practical applications. Angew. Chem. Int. Ed.，2015，54：3387-3399.

[2] Tian D，Song Y，Jiang L. Patterning of controllable surface wettability for printing techniques. Chem. Soc. Rev.，2013，42：5184-5209.

实验二十七 电场驱动液态金属润湿及多级结构的制备研究

一、目的要求

1. 了解液态金属(镓基合金)的物理和化学性质。

2. 研究液态金属润湿和去润湿的影响因素,理解多孔材料表面微结构影响液态金属快速润湿-去润湿行为的机理,掌握通过电场驱动液态金属动态浸润性调控的方法。

3. 基于电场诱导液态金属润湿性变化,掌握液态金属多级结构可控制备的方法。

二、基本原理

自然界中,纯液态金属有汞(Hg)、铯(Cs)、镓(Ga)、铷(Rb)等,但由于汞、铯、铷的毒性及高化学活性限制了它们的广泛应用。因此,越来越多的研究集中在无毒且稳定的镓上。纯镓的熔点是29.8 ℃,沸点是2 204 ℃,镓可以和大多数金属形成合金,例如铟(In)、铋(Bi)、锡(Sn)、铅(Pb)、锌(Zn)、铝(Al)等,形成的合金的熔点低于纯金属镓的熔点,可以根据调节合金的不同比例来改变熔点,而且液态金属合金的合成方法简单易操作。液态金属合金表现出许多优异的性能,它有高电导率、高热导率、低熔点、低毒性、生物相容性的特性。而值得注意的是其具有流体性能,在室温下易氧化,从而影响了液态金属的流变行为和粘弹性性质,最终导致液态金属的粘附,因此外场作用下制备稳定形貌的多级结构液态金属依然具有一定的挑战性。液态金属作为新兴的智能响应材料,拥有独特的材料特性,引起了众多科研工作者的广泛关注,其研发和应用拉开了"人类利用金属的第二次革命"的帷幕。

液态金属在电场中可以实现可逆润湿和去润湿,如图4-27-1所示。

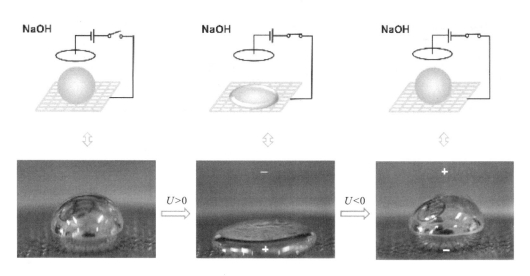

注:基底加正电时,液态金属铺展呈饼状;加反向电压时,液态金属恢复为球状。

图4-27-1 液态金属在微纳米结构金属丝网上的润湿-去润湿

液态金属实现润湿和去润湿行为涉及电浸润和电化学两个方面的共同作用。依据 Lippmann 方程,有

$$\gamma(U) = \gamma_0 - \frac{1}{2}C(U - U_0)^2 \qquad (4-27-1)$$

式中,γ 为加电压时液态金属的表面张力,γ_0 为无外加电压时液态金属的表面张力,C 为双电层的电容,U 为施加的电压,U_0 为零电荷电势。

液态金属的表面张力会随电压变化而改变,如图 4-27-2 所示。当施加正电压时,随着电压从 0 V 增加到 1 V,液态金属的表面张力迅速降低。当施加电压从 0 V 变化到 -6 V 时,液态金属的表面张力呈现先增大后减小的趋势,在 -1.2 V 的电压下表面张力达到最大值 627.9 mN/m,液态金属液滴在高表面张力状态下有利于保持一个球形。

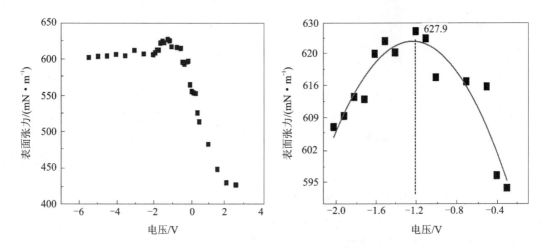

图 4-27-2　液态金属表面张力随电压变化曲线($1\ mol \cdot L^{-1}$ 的 NaOH 溶液)

在基底施加正电压时,液态金属的表面张力随电压增大而减小,施加负电压时,表面张力得以恢复。这意味着可以通过调节电压来改变液态金属的表面张力,从而实现液态金属润湿和去润湿行为。当施加正电压时,液态金属表面的镓原子会失去电子并与电解质溶液中的 OH^- 结合形成 Ga_2O_3 氧化层($2Ga + 6OH^- \longrightarrow Ga_2O_3 + 3H_2O + 6e^-$),其作用类似表面活性剂,可以降低液态金属的表面张力,当氧化层达到一定厚度时,可以屏蔽界面处的电荷相互作用,将液态金属维持在铺开状态。当施加负电压时,氧化层逐渐脱落,液态金属逐渐恢复到球形,从而实现去润湿。

此外,液态金属在铺展过程中,随着氧化层的厚度逐渐增大,表面张力逐渐减小,液态金属最后转变为一层薄膜,并在重力作用下发生渗透;渗透压力的不同,影响了液态金属渗透时的形貌结构,导致液态金属在渗透过程中依次呈现球形、球形-丝形和丝形,改变过程如图 4-27-3 所示。

本实验中,通过调节电场实现了对液态金属的动态润湿性调控,并探究了多种影响液态金属电润湿的因素,在此基础上,进一步研究了液态金属在润湿渗透过程时的形貌结构变化及不同因素的影响,最终实现对液态金属的形貌调控。

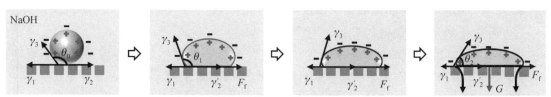

液体金属以浸润铺展为主

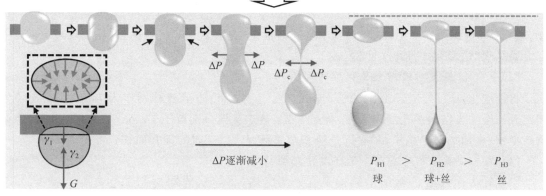

液体金属以渗透为主

图 4 - 27 - 3　电场诱导液态金属形貌调控示意图

三、仪器和试剂

1. 仪器：恒压直流电源,数码相机,超声波清洗器,双刀双掷开关,不锈钢丝网,不锈钢丝环形电极,铂丝,铁架台,亚克力管,导线。

2. 试剂：镓基液态金属,氢氧化钠,乙醇,去离子水,洗洁精。

四、实验步骤

1. 不同微结构多孔金属网的制备

将装有孔径分别为 30、50、75、212、250、300、425 μm 的不锈钢网(大小均为 5 cm × 2.5 cm)的烧杯置于超声波清洗器中加入洗洁精,超声清洗 30 min,然后依次用去离子水和乙醇清洗,最后用吹风机吹干后备用。

2. 实验装置的准备

将清洗后的不锈钢网作为液态金属基底固定到一定浓度的氢氧化钠碱性溶液中,其中环形电极位于基底上方 15 mm 处,另一电极与丝网相连(此电极除与丝网连接处之外,其余部分都做绝缘处理,即用绝缘胶带包好);另外,将双刀双掷开关的对角线上的电线与直流电源的正极相连,另一对角线上的电线与电源负极相连,以达到快速切换正负电路的目的,将一定体积的液态金属滴在金属基底上,通过施加不同方向的电场,用相机记录观察不同条件下液态金属的润湿和去润湿现象。

3. 电场驱动液态金属润湿的影响因素

（1）电压对液态金属润湿的影响

在步骤 1 建立的实验装置的基础上，以孔径为 50 μm 的微纳米结构多孔网为基底，将 0.2 mL 的液态金属置于 1 mol·L^{-1} 的 NaOH 电解质溶液中，观察记录 0.5、1.0、1.5、2.0、2.5、3.0、3.5、4.0、4.5、6 V 电压下液态金属润湿后呈现"饼形"时的铺开面积。

（2）丝网孔径对液态金属润湿的影响

分别以孔径为 30、50、75、212、250、300、425 μm 的微纳米结构丝网作为基底，将 0.2 mL 液态金属置于 1 mol·L^{-1} 的 NaOH 电解质溶液中，施加 2.5 V 的电压，用相机观察记录的液态金属呈现"饼形"时的铺开时间。

（3）NaOH 浓度对液态金属润湿的影响

将浓度为 0.1、0.5、1.0、2.0、3.0 mol·L^{-1} 的 NaOH 溶液分别作为电解质，以孔径为 50 μm 的微纳米结构多孔网为基底，将 0.2 mL 液态金属分别置于 1 mol·L^{-1} 的 NaOH 电解质溶液中，施加 2.5 V 电压，观察记录液态金属呈现"饼形"时的铺开面积。

（4）液态金属体积对液态金属润湿的影响

以孔径为 50 μm 的微纳米结构多孔网为基底，将体积分别为 0.1、0.2、0.3、0.4、0.5、0.6 mL 的液态金属置于 1 mol·L^{-1} 的 NaOH 电解质溶液中，施加 2.5 V 的电压，观察记录液态金属呈现"饼形"时的铺开面积。

4. 电场驱动液态金属去润湿的影响因素

以下实验开始前对基底施加 2.5 V 的正向电压使液态金属处于"饼形"润湿状态。

（1）电压对液态金属去润湿的影响

以孔径为 50 μm 的微纳米结构多孔网为基底，将 0.2 mL 的液态金属置于 1 mol·L^{-1} 的 NaOH 电解质溶液中，观察记录 0、-0.5、-1.0、-1.5、-2.0、-2.5、-3.0、-3.5、-4.0、-4.5、-6 V 电压下液态金属去润湿的时间。

（2）丝网孔径对液态金属去润湿的影响

分别以孔径为 30、50、75、212、250、300、425 μm 的微纳米结构丝网作为基底，将 0.2 mL 液态金属置于 1 mol·L^{-1} 的 NaOH 电解质溶液中，施加 -2.5 V 的电压，用相机观察记录液态金属的恢复时间。

（3）NaOH 浓度对液态金属去润湿的影响

将浓度为 0.1、0.5、1.0、2.0、3.0 mol·L^{-1} 的 NaOH 溶液分别作为电解质，以孔径为 50 μm 的微纳米结构多孔网为基底，将 0.2 mL 液态金属置于 1 mol·L^{-1} 中。上述不同浓度的 NaOH 电解质溶液中，施加 -2.5 V 的电压，观察记录液态金属的恢复时间。

（4）液态金属体积对液态金属去润湿的影响

以孔径为 50 μm 的微纳米结构多孔网为基底，将体积分别为 0.1、0.2、0.3、0.4、0.5、0.6 mL 的液态金属置于 1 mol·L^{-1} 的 NaOH 电解质溶液中，施加 -2.5 V 的电压，观察记录液态金属的恢复时间。

5. 多级结构液态金属形貌的控制

在一定浓度的 NaOH 溶液中，将管径为 0.8 mm 的亚克力管与孔径为 250 μm 的清洁不锈钢多孔网表面粘接（固定铺展面积）并将 0.4 mL 的液态金属注射到管中。一个电极插入液态金属液滴中作为阳极,另一个电极作为阴极放置在电解质溶液中,两电极之间的距离为 4 cm。通过施加一定的电压,液态金属在多孔网表面发生铺展变为饼形,并在重力作用下发生渗透,记录观察不同条件下液态金属渗透时的形貌结构及参数。

(1) 不同液态金属高度(压力)对液态金属形貌结构的影响

将浓度为 1.0 mol·L⁻¹ 的 NaOH 溶液分别作为电解质,将 0.4 mL 的液态金属置于管中,施加 4 V 的电压,观察记录液态金属在渗透过程中呈现球形、球形-丝形和丝形时对应的压力(液态金属的密度为 6.38 g/mL)。

(2) NaOH 浓度对液态金属形貌结构的影响

分别将浓度为 0.1、0.5、1.0、1.5、2.0、2.5 mol·L⁻¹ 的 NaOH 溶液作为电解质,将 0.4 mL 的液态金属置于管中,施加 4 V 的电压,记录不同电解液浓度下液态金属在渗透过程的形貌结构变化。

(3) 电压对液态金属形貌结构的影响

将浓度为 1.0 mol·L⁻¹ 的 NaOH 溶液分别作为电解质,将 0.4 mL 的液态金属置于管中,分别施加 2、4、6、8、10 V 的电压,记录不同电压下液态金属在渗透过程的形貌结构变化。

五、数据记录与处理

1. 记录不同条件下液态金属的铺开面积、铺开(湿润)时间及恢复(去湿润)时间。

(1) 电压对液态金属润湿的影响:

电压/V	0.5	1.0	1.5	2.0	2.5	3.0	3.5	4.0	4.5	6.0
铺开面积/mm²										

(2) 电压对液态金属去润湿的影响:

电压/V	0	−0.5	−1.0	−1.5	−2.0	−2.5	−3.0	−3.5	−4.0	−4.5	−6.0
恢复时间/s											

(3) 丝网孔径对液态金属润湿和去润湿的影响:

孔径/μm	30	50	75	212	250	300	425
铺开时间/s							
恢复时间/s							

(4) NaOH 浓度对液态金属润湿和去润湿的影响:

NaOH 浓度/(mol·L⁻¹)	0.1	0.5	1.0	2.0	3.0
铺开面积/mm²					
恢复时间/s					

(5) 液态金属体积对液态金属润湿和去润湿的影响:

液态金属体积/mL	0.1	0.2	0.3	0.4	0.5	0.6
铺开面积/mm²						
恢复时间/s						

2. 记录不同条件下的液态金属在渗透过程的压力和形貌结构。

（1）液态金属在渗透过程中的不同形貌对应的压力：

形　貌	球形	球形-丝形	丝形
压力/Pa			

（2）电解质浓度对液态金属渗透过程形貌的影响：

NaOH 浓度/(mol·L^{-1})	0.1	0.5	1.0	1.5	2.0	2.5
形　貌						

（3）电压对液态金属渗透过程形貌的影响：

电压/V	2	4	6	8	10
形　貌					

3. 依据实验测得的数据，分别以液态金属铺开面积、铺开时间和恢复时间对电压、孔径、氢氧化钠浓度、液态金属体积作图，总结变化规律。

4. 根据压力、NaOH 浓度和电压等对液态金属形貌结构的影响，试分析影响液态金属多级结构制备的因素。

六、预习思考题

1. 如何在误差较小的范围内计算液态金属的铺开面积？
2. 为什么要将液面以下的电极用做绝缘处理？
3. 液态金属的可逆电润湿有什么应用？

七、实验拓展与设计

如何实现多级结构液态金属形貌的稳定性控制。

八、参考文献

［1］ Hao Y，Gao J，Lv Y，et al. Low melting point alloys enabled stiffness tunable advanced materials. Adv. Funct. Mater.，2022，32：2201942.

［2］ Wang F，Zhang Q，Li Y，et al. Fast adaptive gating system based on reconfigurable morphology of liquid metal via electric field on porous surfaces. J. Mater. Chem. A.，2020，8：24184-24191.

实验二十八　电场驱动梯度微结构材料表面水下油滴快速收集研究

一、目的要求

1. 掌握梯度微孔结构锥表面的制备方法。

2. 理解梯度多孔结构锥表面拉普拉斯压力差的产生及梯度浸润原理,以及电场响应微孔结构锥表面液滴浸润及去浸润的原理。

3. 探究水下油滴定向传输速率的影响因素及相关应用,能分析和解决油水分离中的实际难题,具备道法自然的思想。

二、基本原理

1. 梯度表面浸润性

材料表界面调控流体输运,在传热传质、多相流、水收集、微流体控制、生物医学、海洋工程、航空航天等领域具有广阔的应用前景,受到了国内外科学家的广泛关注。流体输运调控的关键是材料表界面对流体限域束缚和可控释放的控制。如何实现表面流体连续驱动控制,并获得可控流体动态输运材料,是重要的科学前沿问题。

固体表面的浸润性通常用接触角来描述,其大小主要受表面化学组成和微结构的影响。当液滴接触粗糙固体表面时,由于表面上具有微结构,会有一定量的空气被其表面微结构捕获,固体和气体所占比例对表面浸润性的影响可用下式表示:

$$\cos \theta = f_1 \cos \theta_1 - f_2 \tag{4-28-1}$$

式中,θ 和 θ_1 分别为粗糙和光滑膜表面的液滴接触角,f_1 和 f_2 分别代表固体和空气在表面的分数($f_1 + f_2 = 1$)。

研究表明,通过调节化学组成和物理结构可以构筑不对称成分或结构表面,产生浸润性梯度。由于接触角的不同,表面液滴具有运动趋势,其驱动力与液滴两端接触角的关系如下式:

$$F = \gamma (\cos \theta_L - \cos \theta_R) \tag{4-28-2}$$

式中,θ_L 和 θ_R 分别为液滴在梯度浸润表面的不同区域的接触角;γ 是水的界面张力。

但是,在梯度浸润表面,由于液滴和表面之间存在较大的粘附力,液滴不能实现连续运动或不能移动。要解决这一问题,就必须引入新的驱动力。

道法自然是重要的创新途径,如仙人掌在干旱环境中能够顽强生存,是由于仙人掌独特的刺状结构可以产生浸润性梯度,实现雾收集。如图 4-28-1 所示,仙人掌锥刺表面的水滴受到结构梯度造成的拉普拉斯压力差而实现由锥尖至锥根的定向运动。

固体表面的液滴除了承受外界环境的压力 P 之外,还要加上因表面张力作用而产生的附加压力 ΔP,液面越弯曲,产生的附加压力越大。在弯曲液面下所产生的附加压力与液面曲率半径 r 及液体表面张力 γ 之间的关系如下式:

$$P_\gamma - p = \Delta P = \frac{2\gamma}{r} \tag{4-28-3}$$

若液滴某点的主曲率半径为 r,则该点的附加压力可用拉普拉斯压力公式来表示,即

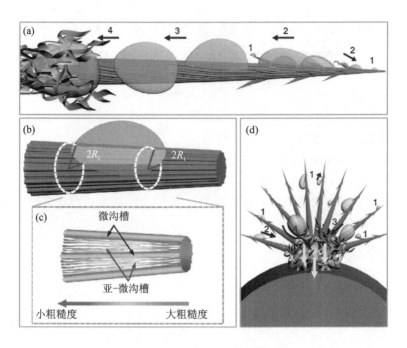

图 4 - 28 - 1　锥表面雾收集机制

$$\Delta P = \gamma \left(\frac{1}{r_1} - \frac{1}{r_2} \right) \tag{4-28-4}$$

2. 电浸润

1875 年 Lippmann 在实验过程中发现界面张力会随着电极电位的变化而变化,这就是传统的电浸润现象。据此 Lippmann 首次对电毛细管现象进行了全面研究,提出著名的 Lippmann - Young 方程。一般情况下电浸润系统由电极、电介质、导电液体、空气组成,在电极和导电液间施加一定的电压,导电液在覆有绝缘层的导电基体表面会由疏水状态变成亲水状态。Lippmann 给出了表面张力 γ 和外加电压的关系式:

$$\gamma_{sl}(V) = \gamma_{sl} - \frac{1}{2}CV^2 \tag{4-28-5}$$

式中,$\gamma_{sl}(V)$ 是一定电压 V 下固液界面之间的界面张力,γ_{sl} 是未施加电压时固液界面之间的初始界面张力,C 为绝缘层单位面积的电容。有

$$C = \frac{\varepsilon_0 \varepsilon_r}{d} \tag{4-28-6}$$

式中,ε_0 是真空状态下的绝对介电常数,ε_r 是绝缘层相对介电常数,d 是绝缘层厚度。

将 Young 方程和 Lippmann 方程联立,得到 Lippmann - Young 方程:

$$\cos \theta_V = \cos \theta_0 + \frac{1}{2} \frac{1}{\gamma_{lv}} \frac{\varepsilon_0 \varepsilon_r}{d} V^2 \tag{4-28-7}$$

式中,θ_V 为施加电压 V 后导电液体的接触角,θ_0 为未施加电压时导电液体在绝缘层表面的初始接触角,γ_{lv} 为导电液体在空气中的界面张力。由该方程可以定量计算电浸润过程中液体在基体表面的接触角随电压变化的数值。

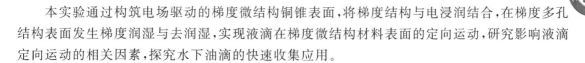

本实验通过构筑电场驱动的梯度微结构铜锥表面,将梯度结构与电浸润结合,在梯度多孔结构表面发生梯度润湿与去润湿,实现液滴在梯度微结构材料表面的定向运动,研究影响液滴定向运动的相关因素,探究水下油滴的快速收集应用。

三、仪器和试剂

1. 仪器:恒压直流电源,接触角测试仪,提拉涂覆机,恒温磁力搅拌器,加湿器,电解槽,微量注射器。

2. 试剂:铜丝($\Phi \approx 0.2$ mm),聚苯乙烯,四氢呋喃,液体石蜡,无水硫酸铜,乙醇,丙酮,去离子水。

四、实验步骤

1. 电化学腐蚀法制备铜锥

(1) 以 0.1 mol·L^{-1} 的硫酸铜溶液为电解液,依次用去离子水和乙醇清洗、用冷风吹干的铜丝作为阳极,铜片作为阴极,组成电解池,两电极之间的距离大约是 5 cm。

(2) 设置电解电流恒定为 0.02 A,接好电源,确认无短路/断路之后,打开开关,开始制备。同时设置提拉涂覆机参数,以 6 mm·min^{-1} 的速率上下反复提拉阳极铜丝 20 次(见图 4-28-2(a))。

(3) 通过改变提拉距离,分别制得铜锥顶角约为 0°、2°、4°、6°,记作 α_0、α_2、α_4、α_6,并记录铜锥的制备条件。

注意:电解电流为建议值,实验者可以根据实际情况进行适当调整。

(4) 电解完成之后,整理实验装置。

2. 呼吸图案法制备涂覆微结构 PS 膜的铜锥

(1) 在四氢呋喃(THF)溶剂中溶解一定量的 PS 颗粒,制备 PS/THF 溶液,溶液质量分数为 6%。

(2) 将制备好的铜锥经 0.1 mol·L^{-1} 盐酸超声清洗 10 min,去除表面黑色氧化物,然后依次用丙酮、乙醇、去离子水清洗并用氮气干燥。

(3) 将铜锥安装到提拉涂覆机上,以 30 mm·min^{-1} 的速度垂直拉出 PS/THF 溶液(见图 4-28-2(b)),提拉过程中控制环境空气相对湿度(RH)>75%,待 THF 挥发后,铜锥表面会形成一层 PS 膜,由于水蒸气在膜表面凝结附着,待蒸发后便会在 PS 膜表面形成多孔结构,便成功制备得到涂覆微结构 PS 膜的铜锥。

3. 覆有微结构 PS 膜的铜锥表面浸润性表征

将微结构锥水平(倾斜角 $\theta=0°$)固定在槽中,加入去离子水,使其完全被水浸没。

用微量注射器在微结构锥表面滴加液体石蜡(下文简称油滴),研究水下油滴在几组不同顶角的微结构锥表面不同位置的运动状态以及浸润状态,记录前进接触角和后退接触角,以锥尖指向锥根为运动的正方向。

根据运动状态和接触角大小,选出一个能够实现水下油滴定向运动,或能够有望实现水下油滴定向运动的最佳铜锥顶角,记作 α_T。

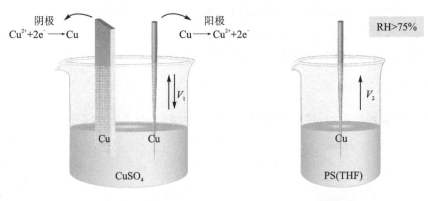

(a) 电化学腐蚀法制备铜锥　　　　　　(b) 制备微结构PS膜

图4-28-2　微结构PS膜涂覆的铜锥制备装置示意图

4. 水下油滴定向传输研究

（1）将 α_T 组多孔结构锥（下文简称 α_T）固定在槽中，使 θ 为 $0°$、$45°$、$-45°$，加入去离子水，使 α_T 完全被水浸没。

（2）用微量注射器在 α_T 表面滴加油滴，研究 θ 为 $0°$、$45°$、$-45°$时，α_T 表面水下油滴的运动状态并记录数据。

（3）平行于 α_T 安装铂片作为对电极，记下铂片与 α_T 的距离 d（$1.5\ cm < d < 2\ cm$），α_T 连接正极，铂片连接负极，施加平行电场，打开高压电源开关，按下启动键，调节高压电源的电压（U）大小，研究 U 值与 α_T 表面水下油滴运动状态的关系并记录数据。

五、数据记录与处理

依据实验测得的数据作图、分析：

1. 记录阳极氧化法制备不同锥顶角铜锥时的提拉距离：

$\alpha/(°)$	提拉距离/mm	提拉速率/(mm·min^{-1})		提拉次数/次	I/A
		上升	下降		
2		6	6	20	0.02
4		6	6	20	0.02
6		6	6	20	0.02

2. 记录微结构PS涂覆铜锥表面水下油滴浸润状态、浸润位置及锥顶角关系：

接触角类型		$\alpha=0°$	$\alpha=2°$	$\alpha=4°$	$\alpha=6°$
锥尖	前进角				
	后退角				
锥根	前进角				
	后退角				

3. 记录不同电压下微结构 PS 涂覆的最佳顶角铜锥表面水下油滴的定向运动：

$\theta/(°)$	$\alpha T/(°)$	参　　数	$U=0$ V	$U=150$ V	$U=300$ V
0		运动距离/mm			
		所需时间/s			
		平均速率/(mm·s^{-1})			
		液滴沿运动方向的合力/N			
45		运动距离/mm			
		所需时间/s			
		平均速率/(mm·s^{-1})			
		液滴沿运动方向的合力/N			
-45		运动距离/mm			
		所需时间/s			
		平均速率/(mm·s^{-1})			
		液滴沿运动方向的合力/N			

4. 电场强度 U 对水下油滴运动的影响规律及其原因。

5. 比较施加的电压及接触角变化与 Lippmann - Young 方程的差异，请针对电压对式(4-28-5)进行修正。

六、注意事项

1. 平行实验中，应控制恒定因素设置相同，如控制油滴体积基本一致；铜锥没入水面的深度相同。

2. 施加平行电场时，要控制两电极之间的距离，一般是在 1.5～2 cm 之间，过近容易造成短路，过远则电场强度过弱。

3. 平行组实验中，油滴在锥表面的落点应当相同，才能实现有效比较。

4. 应当固定运动距离，记录所需时间(或者固定时间，记录运动距离)，再平行进行比较。

七、预习思考题

1. 为了得到理想的铜锥结构，提拉速度应该尽量大还是尽量小？为什么？

2. 聚苯乙烯表面多孔结构形成的机理是什么？

3. 施加电场会改变油滴在微结构 PS 涂覆的铜锥表面的浸润状态吗？为什么？

4. 在电浸润装置中引入绝缘层，所施加的电压及接触角变化与 Lippmann - Young 方程可能会有什么样的差异？

5. 电浸润在实际生活中有哪些可行性应用？

6. 本实验采用的是质量分数为 6% 的 PS/THF，若换用浓度较大或较小的溶液，会产生什么影响？

八、参考文献

［1］Ju J，Bai H，Zheng Y，et al. A Multi-structural and multi-functional integrated fog collection system in cactus. Nat. Commun. ，2012，3：1247.

［2］Zheng Y，Bai H，Huang Z，et al. Directional water collection on wetted spider silk. Nature，2010，463：640.

［3］Yan Y，Zhang Q，Li Y，et al. The highly efficient collection of underwater oil droplets on an anisotropic porous cone surface via an electric field. J. Mater. Chem. A. ，2020，8：8605-8611.

实验二十九　电场响应超疏水弹性材料
表面液体浸润和粘附研究

一、目的要求

1. 了解介电弹性体及其电致变形原理。

2. 探究介电弹性体基微纳米复合结构超疏水表面电致形变量的影响因素及其表面浸润性、粘附力之间的关系。

3. 了解不同结构变化下对应表面浸润、粘附性转变及相关应用,能基于此分析、解决实际应用问题。

二、基本原理

材料表面液滴输运在方向性集水、催化分离、微流体传输、航空航天等研究领域有着重要的应用。实现液体输运的关键是表面浸润性及粘附性控制,通过在表面修饰化学成分或者构筑微结构可以实现材料表面浸润性和粘附性的调控。

超疏水表面是指液滴在表面的接触角大于 $150°$ 的表面。Wenzel 状态与 Cassie 状态是最常见的两种超疏水状态。对于 Wenzel 状态,水滴与接触表面之间没有空气束缚,表面对水滴有很高的粘附作用,就像是钉在表面上,此时水滴不能在表面滚动(见图 4 − 29 − 1(a))。而在 Cassie 状态下,水滴与接触表面之间有空气束缚,此时由于表面对水滴有较低的粘附力,水滴很容易从表面上滚落(见图 4 − 29 − 1(b))。

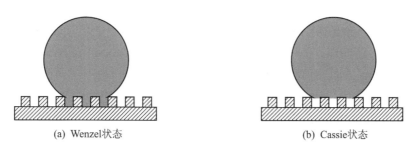

(a) Wenzel状态　　　　　　　　　　　　(b) Cassie状态

图 4 − 29 − 1　液滴在粗糙表面上的状态

近年来,通过外场改变材料组分和表面结构,获得浸润性和粘附性的动态转变得到了广泛研究。介电弹性体是一种电活性聚合物,可以表现出对电场响应而出现变形,由于能量密度大(3.4 J/g)、应变大(380%)、断裂韧性和功率重量比与天然肌肉相近等优异特性而被广泛应用于柔性医疗植入物、致动器以及软体机器人等领域,已成为新的研究热点。1880 年,Wilhelm Conrad Röntgen 首次提出介电弹性体(Dielectric Elastomer,DE)致动原理。介电弹性体装置通常由一种介电弹性体材料(硅橡胶、硅树脂、聚氨酯、丁腈橡胶、丙烯酸、天然橡胶、亚乙烯基氟化三氟乙烯及其复合材料)和覆盖其上下表面的柔性电极组成。介电弹性体膜中的分子是偶极子,在松弛(或收缩)状态($V=0$)时,分子在膜内随机分布,如图 4 − 29 − 2(a)所示。介电弹性体膜的表面积很小,当电压施加到电极上时,分子会沿着电场线的方向定向排列,正电荷和负电荷之间的吸引力会对介电弹性体产生压力,被称为 Maxwell 应力。当 Maxwell 应力强到足以克服介电弹性体膜的机械刚度(或模量)时,介电弹性体膜在电极平面内膨胀,如图 4-29-2(b)所示,最终表现为介电弹性体膜的厚度减小,表面积增大。

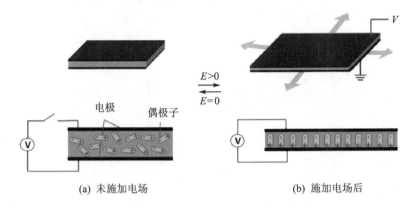

(a) 未施加电场   (b) 施加电场后

图 4-29-2   介电弹性体的电致变形原理

由介电弹性体膜上的电极产生的致动压力 P 与施加的电压 V 之间的关系可以表示为

$$P = \varepsilon_0 \varepsilon (V/t)^2 \qquad\qquad (4-29-1)$$

式中,ε_0 和 ε 都是弹性体的介电常数,t 是介电弹性体膜的厚度。由式(4-29-1)可知,减小介电弹性体膜的厚度、增大施加电压,可以大大增加施加在介电弹性体膜上的应力,介电弹性体膜可以被拉伸产生形变。

在电场作用下,介电弹性体基微纳米复合结构表面可发生可逆伸缩,在形变过程中,微纳米结构间距会发生变化。固-液接触分数随拉伸量的增大而增大,这对表面润湿性有重要影响。对于在介电弹性体基微纳米复合结构超疏水表面部分润湿的液滴,根据 Cassie-Baxter 方程,可表示为

$$\cos\theta = r_f f_s (1 + \cos\theta_Y) - 1 \qquad\qquad (4-29-2)$$

式中,r_f 为粗糙度,f_s 为固-液接触分数,θ_Y 为 Young 接触角,θ 为表观接触角。

本实验通过电场作用拉伸改变介电弹性体基微纳米复合结构超疏水表面的粗糙度,使得液滴在该表面实现 Wenzel 状态与 Cassie 状态之间的可逆转换,改变液滴在该表面的浸润、粘附行为,并探究其对应状态下液体输运的应用。

三、仪器和试剂

1. 仪器:扫描电子显微镜(SEM),接触角测量仪,全自动表面张力粘附力测量仪,烘箱,超纯水仪,电子天平,鼓风干燥箱(氟硅烷专用),高压电源。

2. 试剂:VHB 9473 3M 胶带,铜导电胶带,去离子水,全氟癸基三甲氧基硅烷,石墨电极。

四、实验步骤

1. 介电弹性体基微纳米复合结构表面的制备

(1) 纳米 TiO_2 颗粒的疏水修饰

利用蒸气法将纳米 TiO_2 颗粒修饰为疏水。取洁净干燥的培养皿(直径约为 160 mm),将

0.4 mg 纳米二氧化钛颗粒均匀铺在培养皿的底部,中心位置放置一小块玻璃片(20 mm×20 mm),在玻璃片上滴加 2～3 滴全氟癸基三甲氧基硅烷,用高温胶带密封,置于 100 ℃的鼓风干燥箱(氟硅烷专用)中加热 2 h。

(2)电场响应具有微纳米分级复合结构疏水表面的构筑

将上述疏水 TiO$_2$ 纳米颗粒粘附于 VHB 9473 3M 基底上,疏水微纳米结构用量约为 0.01 mg·cm^{-2},去掉表面多余纳米 TiO$_2$ 颗粒得到具有微纳米结构的超疏水表面。

2. 介电弹性体基微纳米复合结构表面拉伸倍数与液滴在表面上接触角的关系

将介电弹性体基微纳米复合结构表面进行等双轴拉伸,用扫描电子显微镜表征不同拉伸倍数下介电弹性体基微纳米复合结构表面上微纳米结构的分布,分别测量并记录拉伸过程和收缩过程中液滴在不同拉伸倍数时介电弹性体基微纳米复合结构表面上的接触角(同一状态下至少测量三次后取平均值),并绘制关系曲线。

3. 介电弹性体基微纳米复合结构表面拉伸倍数与液滴在表面上粘附力的关系

将介电弹性体基微纳米复合结构表面进行等双轴拉伸,分别测量并记录不同拉伸倍数时表面对液滴的粘附力(同一状态下至少测量三次),绘制关系曲线。

4. 电响应微纳米复合结构超疏水表面装置的组装

根据需要将修饰有 TiO$_2$ 纳米颗粒的 VHB 9473 3M 胶带进行预拉伸(2 倍、3 倍、4 倍,此处倍数为正方形弹性体各边长的倍数),将预拉伸之后的超疏水基底固定在特制的有机玻璃框架上。电极为石墨电极膏,涂覆于基底正反两面,正反面电极形状都为"口"字状;将铜胶带粘附在基底正反两面,用于接通外电路(见图 4-29-3)。

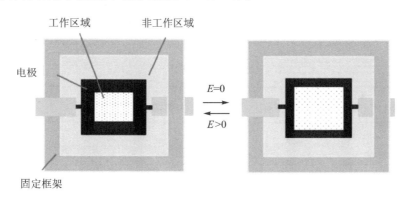

图 4-29-3 电响应弹性体表面装置示意图

5. 探究预拉伸和电极边长对工作区域形变量的影响

将介电弹性体基微纳米复合结构表面进行 2 倍预拉伸后固定在有机玻璃框上,接通电路,测量并记录电极边长分别为 2、2.5、3、3.5、4、4.5 cm 时工作区域的初始面积(A_0)及通电收缩后的面积(A_s),计算出其对应的初始拉伸倍数(S_0)及通电收缩后被拉伸的倍数(S_s)。然后将介电弹性体基微纳米复合结构表面进行 3 倍、4 倍的预拉伸,重复上述过程,并记录数据,绘制拉伸倍数-电极边长曲线。

6. 合理选择和管制

根据以上结果选择合适的预拉伸倍数和电极边长,通过电场控制介电弹性体基微纳米复合结构表面的伸缩,控制液滴的滚动与停止、弹跳与钉扎以及液滴的精确转移。

五、数据处理

1. 介电弹性体基微纳米复合结构表面机械拉伸倍数与液滴接触角的关系:

倍　数	拉伸接触角/(°)				收缩接触角/(°)			
	第一次	第二次	第三次	平均值	第一次	第二次	第三次	平均值
1.0								
1.5								
2.0								
2.5								
3.0								
3.5								
4.0								

2. 介电弹性体基微纳米复合结构表面拉伸倍数与表面液滴粘附力的关系:

倍　数	拉伸粘附力/μN				收缩粘附力/μN			
	第一次	第二次	第三次	平均值	第一次	第二次	第三次	平均值
1.0								
1.5								
2.0								
2.5								
3.0								
3.5								
4.0								

3. 探究预拉伸和电极边长对工作区域形变量的影响:

电极边长/cm ＼ 预拉伸倍数		2	2.5	3	3.5	4	4.5
2	A_0						
	S_0						
	A_S						
	S_S						
3	A_0						
	S_0						
	A_S						
	S_S						

续表

电极边长/cm 预拉伸倍数		2	2.5	3	3.5	4	4.5
4	A_0						
	S_0						
	A_S						
	S_S						

六、预习思考题

1. 为何要将介电弹性体基微纳米复合结构表面进行预拉伸?

2. 为何要将电极设计为"口"字形?

3. 如何找到可控操作液滴的合适条件?

4. 基于电场诱导介电弹性体表面浸润性转变,还有哪些可能的应用?

七、参考文献

[1] Li Y, He L, Zhang X, et al. External-field-induced gradient wetting for controllable liquid transport: from movement on the surface to penetration into the surface. Adv. Mater., 2017, 29: 1703802.

[2] Li Y, Li J, Liu L, et al. Switchable wettability and adhesion of micro/nanostructured elastomer surface via electric field for dynamic liquid droplet manipulation. Adv. Sci., 2020, 7: 2000772.

实验三十　锁油微结构阵列弹性表面防污性能研究

一、目的要求

1. 掌握液滴在各向异性结构表面的定向浸润机理。

2. 了解润滑油注入的固-液复合表面的特性,探究拉伸对液滴滑移方向以及距离的影响。

3. 基于润滑油注入的固-液复合表面液体定向运动研究,具备设计解决表面流体输运控制及应用的创新意识。

二、基本原理

在自然界生物的进化过程中,许多生物的身体部位表面都具有特殊的浸润性,这有助于它们在自然环境中生存。例如,对于猪笼草来说,当昆虫接触到猪笼草的瓶口时,会滑入陷阱然后被猪笼草分泌的酶分解,其中的营养物质逐渐被猪笼草吸收。阻碍昆虫在其表面附着有两个关键的因素,即表面形貌的各向异性和液体的润滑作用(见图 4-30-1(a))。旗鱼被认为是速度最快的海洋动物之一,最高时速可达 100 km/h。导致这一结果的一个重要因素是旗鱼皮肤上存在 V 形突起(见图 4-30-1(b)),这可以减少皮肤与水之间约 10% 的摩擦。

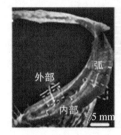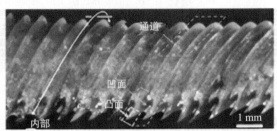

(a) 猪笼草及其瓶口特殊结构

(b) 旗鱼及其皮肤表面微结构

图 4-30-1　猪笼草与旗鱼的特殊结构

受这些特殊浸润表面的启发,许多润湿策略被提出,其中,将液体注入表面与具有各向异性微结构的表面相结合,可以得到新的固液复合表面,可用于液体的定向输运。液体注入的固-液复合表面是利用毛细管力将液相(如全氟聚醚、离子液体、硅油等,本实验用的是二甲基硅油)注入各向异性微结构之间,微结构间的空气被注入液所代替,由于液体所能承受的压力比空气更大,所以液体注入的固液复合表面比传统的固体表面更加稳定。

当液滴滴在润滑油注入的 V 形结构固-液复合 PDMS 弹性基底时,液滴左侧边缘在 V 形结构之间形成较小的曲率半径,在右侧缘形成较大的曲率半径。根据 Young - Laplace 方程,附加压力(ΔP)可表示为

$$\Delta P \approx \frac{2\gamma_{w}}{R} \tag{4-30-1}$$

式中,γ_{w} 为水的界面张力,R 为水在润滑油注入的 V 形结构之间形成弯曲液面的曲率半径。由于液滴在该表面受到 V 形结构产生的非对称的拉普拉斯压力,加上润滑油的减阻特性,可以实现液滴在该表面的定向驱动(见图 4 - 30 - 2)。

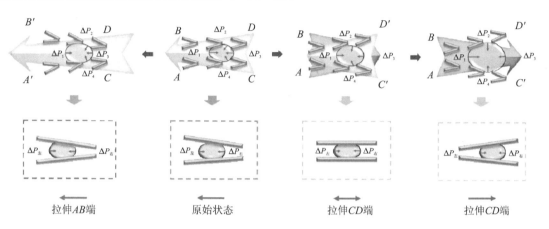

图 4 - 30 - 2　液滴在润滑油注入 V 形棱柱结构固-液复合表面上的受力分析

本实验通过模板法制备具有 V 形棱柱结构的 PDMS 薄膜,然后将二甲基硅油浸入该微结构表面形成固液复合表面,探究拉伸对该固液复合表面液滴移动方向和距离的影响,并探究其在表面防污性能方面的应用。

三、仪器和试剂

1. 仪器:金相显微镜,接触角测量仪,烘箱,超纯水仪,超声波清洗仪,多功能匀胶烘胶仪,鼓风干燥箱。

2. 试剂:去离子水,乙醇,聚二甲基硅氧烷(PDMS),全氟癸基三甲氧基硅烷。

四、实验步骤

1. V 形棱柱结构硅片模板的处理

利用蒸气法将 V 形棱柱结构硅片模板修饰为疏水以便于将 V 形棱柱结构 PDMS 薄膜从表面剥下。取洁净干燥的培养皿(直径约为 160 mm),将 V 形棱柱结构硅片模板放置于培养皿中,中心位置放置一小块玻璃片(20 mm×20 mm),在玻璃片上滴加 2～3 滴全氟癸基三甲氧基硅烷,用高温胶带密封,置于 100 ℃的鼓风干燥箱(氟硅烷专用)中加热 8 h。

2. V 形棱柱 PDMS 表面的制备

使用美国道康宁公司的 Sylgard 184 PDMS,将主剂和硬化剂以 10:1 的比例混合,搅拌 3 min 使其混合均匀。搅拌过程中会产生气泡,所以需要将搅拌均匀的液态 PDMS 放入真空干燥器,用抽真空的方法消除气泡。采用手术刀法将液态 PDMS 均匀地铺展于硅片模板上,

厚度约为 1.5 μm,将其放入电热鼓风干燥箱,在 80 ℃下进行固化成型,时间为 60 min。然后将具有微结构的 PDMS 薄膜从硅片上剥离备用,如图 4 - 30 - 3 所示。

图 4 - 30 - 3 具有 V 形棱柱结构的 PDMS 膜的制备流程

3. 润滑油注入 V 形棱柱 PDMS 表面的制备及润滑剂加入前后表面浸润性

用匀胶机将二甲基硅油均匀旋涂于具有微结构的 PDMS 表面,参数为低速 600 r · min^{-1},时间为 10 s;高速 2 000 r · min^{-1},时间为 10 s。涂完将 PDMS 竖直放置约 10 min,除去表面多余二甲基硅油,此处二甲基硅油充当润滑剂起润滑作用。

在室温下,使用接触角测试仪表征液滴在具有 V 形棱柱微结构的 PDMS 上的浸润情况。实验中所用的液滴为去离子水。分别在每种 V 形棱柱 PDMS 表面选取 5 个不同位置滴加液滴,体积为 5 μL,然后记录液滴的单向浸润情况。

基于 PDMS 具有良好的弹性,将所得 PDMS 两端分别进行非对称拉伸,观察液滴的单向浸润情况。

五、数据处理

1. 注入润滑油前后 V 形棱柱微结构 PDMS 表面上液滴的接触角及滑移方向(向左记为"-",向右记为"+"):

	注入润滑油前			注入润滑油后		
接触角/(°)						
浸润距离/mm						
浸润方向						

2. 拉伸 V 形棱柱微结构的 PDMS 表面对液滴浸润方向及距离的影响(向左记为"-",向右记为"+"):

距离 倍数 位置	1	1.5	2	2.25
拉伸 AB 端				
拉伸 CD 端				

六、预习思考题

1. 如何控制 V 形棱柱微结构 PDMS 膜的厚度?

2. PDMS 主剂和硬化剂的比例对于本实验有什么影响?

3. 影响液滴滑移距离的因素还有哪些?

七、参考文献

［1］ Tian D，Zhang N，Zheng X，et al. Fast responsive and controllable liquid transport on a magnetic fluid/nanoarray composite interface. ACS Nano，2016，10：6220-6226.

［2］ Li Y，Zhang Q，Chen R，et al. Stretch-enhanced anisotropic wetting on transparent elastomer film for controlled liquid transport. ACS Nano，2021，15：19981-19989.

实验三十一　温度调控非对称微纳米结构表面液体各向异性浸润研究

一、目的要求

1. 了解非对称微结构阵列表面的制备方法。
2. 掌握温度响应材料形貌变化及表面浸润性变化的原理。
3. 理解温度调控非对称微结构阵列表面液体输运方向的影响因素,能分析解决相关微流体通道输运问题。

二、基本原理

材料表面液体自发、定向输运在液体泵送、液体二极管、微流控装置、雾收集、油水分离和冷凝器等方面具有广泛的应用。自然界许多植物和动物表面具有特殊的几何图案化结构,从而使其具有液体的自主输运现象,为实现无能耗液体可控输运提供了灵感。目前研究工作主要集中于通过设计梯度结构实现液体单向输运,但是还难以通过改变各向异性微结构的排列方式实现液体传输方向切换。

此外,外部刺激切换液体输运方向对智能液体操纵和传输具有重要意义。其中,热刺激是在固体表面上激发液体定向输运的重要方法之一。基于聚和(N-异丙基丙烯酰胺)(PNIPAAm)材料可以在不同温度下实现分子内和分子之间氢键的转化(见图 4 - 31 - 1),分别对应凝胶体积的收缩和溶胀,从而导致表面浸润性在疏水性和亲水性之间发生变化,即当温度低于临界转变温度(33 ℃,LCST)时,由于酰胺键与水形成分子间氢键,凝胶在表面上发生溶胀作用,表面浸润性呈现亲水性。当温度高于 T_{LCST} 时,由于酰胺键形成分子内氢键,导致凝胶在表面收缩,表面浸润性变为疏水性。尽管相关研究在该领域已经取得了很大进展,但仍然难以对表面微观结构进行原位实时转换,并实现按需切换的液体传输方向控制。

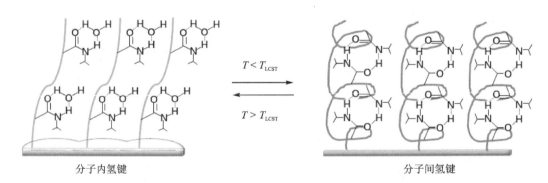

分子内氢键　　　　　　　　　　　　　　　　　　分子间氢键

图 4 - 31 - 1　PNIPAAm 在不同温度下实现分子内和分子间之间氢键的转化机理图

在研究过程中,为了准确量化水滴在表面的各向异性浸润趋势,将水滴在 $+X$ 方向上铺展的长度表示为 L_{+X},在 $-X$ 方向上铺展的长度表示为 L_{-X},并定义整流系数(k)来表示其单向浸润的倾向(见图 4 - 31 - 2):

$$k = \frac{L_{+X}}{L_{-X}} \tag{4-31-1}$$

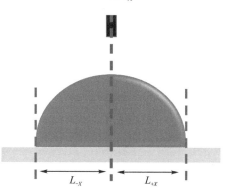

注：水滴在$+X$方向上扩散长度为L_{+X}，在$-X$方向上扩散长度为L_{-X}。

图 4 - 31 - 2　液体在表面单向浸润的倾向

若$k>1$，随着k的增大，表明液滴沿$+X$方向的单向浸润的趋势越大；若$k<1$，表明液滴沿$-X$方向的单向浸润趋势随k的增大而减小；而$k=1$表示液滴在表面主要呈各向同性浸润。

本实验通过制备不同排列的 V 形棱柱阵列（VPM），构筑各向异性微结构表面，并修饰温度响应材料，研究温度及结构参数对表面浸润行为及输运方向的影响并探究其机理。

三、仪器和试剂

1. 仪器：提拉涂覆机，超声波清洗器，恒温加热器，接触角测试仪，数码相机。

2. 试剂：硅片，聚甲基丙烯酸甲酯（PMMA），聚 N -异丙基丙烯酰胺，四氢呋喃（THF），二氧化钛纳米颗粒（P25），去离子水。

四、实验步骤

1. 周期性 VPM 表面的制备

如图 4 - 31 - 3 所示，采用光刻蚀法设计制备周期性 VPM 表面。VPM 表面包含许多 V 形棱柱结构，其中 a、b、c、h、ϕ 和 l 分别表示 V 形棱柱的横向间距、纵向间距、交错间距、臂宽、夹角和长度。通过改变 V 形棱柱的参数和排列方式，从而可以设计制备得到一系列结构参数可变的 VPM 各向异性微结构表面。

2. PMMA 和 PMMA/PNIPAAm/TiO₂ 涂覆 VPM 表面的制备

在本实验中，通过提拉法将 VPM 表面均匀涂覆上 PMMA 薄膜。首先将 PMMA 与 THF 按 6∶94 的比例混合，搅拌 1 h 后得到 PMMA 溶液。用提拉涂覆机将硅片以 40 mm·min^{-1} 的速度浸入 PMMA 溶液并从溶液中拉出，然后放入烘箱中烘干（50 ℃），在 VPM 表面形成 PMMA 薄膜。

用同样的方法，在 VPM 表面制备温度响应 PMMA/PNIPAAm/TiO₂ 薄膜。其中，在制备 PMMA/PNIPAAm/TiO₂ 薄膜时，PMMA、PNIPAAm、TiO₂ 和 THF 的比例为 6∶6∶1∶87，其他步骤也与制备 PMMA 薄膜的步骤完全相同，最终可得到温度响应 VPM 表面。

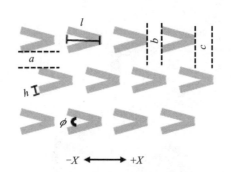

图 4 - 31 - 3 V 形棱柱微阵列(VPM)表面的基本单元

3. 不同排列方式对 PMMA/VPM 表面各向异性浸润性的影响

通过改变 V 形棱柱的参数和排列方式,即调整不同的 a、b、c 以及 ϕ 的参数来观察水滴 (5 μL)在不同 PMMA/VPM 表面的浸润性及浸润方向性。

具体参数如下:

(1) 改变不同夹角的周期性 V 形微柱结构表面,ϕ 分别为 15°、30°、45°、60°、90°、120°,相邻 V 形结构之间的横纵间距 a、b 均为 5 μm。

(2) 改变不同横向间距的周期性 V 形微柱结构表面,a 分别为 0、5、10、20、30、40 μm,相邻 V 形结构之间的纵间距为 5 μm。

(3) 改变不同纵向间距的周期性 V 形微柱结构表面,b 分别为 0、5、10、20、30、40 μm,相邻 V 形结构之间的横间距为 5 μm。

(4) 改变不同交错间距的周期性 V 形微柱结构表面,c 分别为 0、5、10、20、30、35 μm,相邻 V 形结构之间的横纵间距为 5 μm。

(5) 改变不同交错间距的周期性 V 形微柱结构表面,h 分别为 2、3、4、5、6、8 μm,相邻 V 形结构之间的横纵间距为 5 μm。

(6) 改变不同交错间距的周期性 V 形微柱结构表面,l 分别为 12、15、25、50、75 μm,相邻 V 形结构之间的横纵间距为 5 μm。

4. 温度响应 VPM 表面各向异性浸润性的影响

在实验步骤 3 的基础上,选用平行($a=5$ μm,$b=5$ μm,$\phi=30°$,$c=0$ μm,$h=5$ μm,$l=25$ μm)和交错($a=5$ μm,$b=35$ μm,$\phi=30°$,$c=30$ μm,$h=5$ μm,$l=25$ μm)结构的温度响应 VPM 表面,分别研究温度为 15、20、30、40、50、60 ℃时,温度响应 VPM 表面的液滴浸润性及浸润方向性。

五、数据处理

1. 记录不同条件下的液滴在 VPM 表面的接触角及其 k 值。

(1) ϕ 的影响:

$\phi/(°)$	15	30	45	60	90	120
接触角/(°)						
k						

（2）a 的影响：

$a/\mu m$	0	5	10	20	30	40
接触角/(°)						
k						

（3）b 的影响：

$b/\mu m$	0	5	10	20	30	40
接触角/(°)						
k						

（4）c 的影响：

$c/\mu m$	0	5	10	20	30	35
接触角/(°)						
k						

（5）h 的影响：

$h/\mu m$	2	3	4	5	6	8
接触角/(°)						
k						

（6）l 的影响：

$l/\mu m$	12	15	25	50	75	
接触角/(°)						
k						

（7）平行结构 T（℃）的影响：

$T/℃$	15	20	30	40	50	60
接触角/(°)						
k						

（8）交错结构 T（℃）的影响：

$T/℃$	15	20	30	40	50	60
接触角/(°)						
k						

2. 依据实验测得的数据，分别以水滴在 $+X$ 方向和 $-X$ 方向润湿长度之比的整流系数（k）随 ϕ、a、b、c、h、l 以及 T 的变化作图，讨论并总结结构参数及温度对表面液体浸润方向的调控规律。

3. 分析讨论在 VPM 表面实现明显各向异性浸润的边界条件。

六、预习思考题

1. 具有各向异性浸润性的表面有什么应用？

2. 为什么改变温度(大于或小于 LCST)会使液滴在温度响应 VPM 表面上发生浸润性变化?

3. 根据本实验内容,能否设计一个可以控制液体单向流动和双向输运的开关器件? 如何设计?

七、参考文献

[1] Daniel S，Chaudhury M K，Chen J C. Fast drop movements resulting from the phase change on a gradient surface. Science，2001，291：633-636.

[2] Li C，Li N，Zhang X，et al. Unidirectional transportation on peristome-mimetic surfaces for completely wetting liquids. Angew. Chem. Int. Ed.，2016，55：14988-14992.

[3] Zhang Q，He L，Zhang X，et al. Switchable direction of liquid transport via an anisotropic microarray surface and thermal stimuli. ACS Nano，2020，14：1436-1444.

实验三十二　非对称多孔膜表面
可控液体铺展与渗透研究

一、目的要求

1. 掌握单层非对称多孔薄膜的制备方法。

2. 理解并掌握非对称多孔材料表面液体铺展与渗透的竞争机理,探究液体在非对称多孔薄膜表面单向渗透的影响因素。

3. 能够基于液体铺展与渗透机制,分析、设计和解决快速透水干燥的面料及涂层材料中涉及的难题。

二、基本原理

智能材料表面液体的可控输运在微反应器、传质传热、集水、微流控器件等领域具有重要的应用。其中具有特殊浸润行为的多孔膜可以实现液体定向输运,即液体可以从膜的一个表面渗透到另一个表面,但反向输运会受阻碍,称之为单向渗透。通常单向渗透膜是由不同孔径以及具有相反润湿性表面的多层多孔材料通过紧密堆积而成的,例如,亲水-疏水多孔膜。

在以往的研究中,单向液体渗透已经取得了很大的进展,但仍然存在挑战。一方面,单向渗透膜通常由多层膜组成,它往往表现出较差的力学性能以及不稳定性,很容易发生分层现象,导致层与层之间夹有液体。另一方面,对于亲水-疏水膜来说,当液体接触膜的疏水侧表面时,液体所需要的初始驱动压力比较大,导致液体的输运很容易被堵塞。而当液体接触膜的亲水侧表面时,液体也会受到比较大的膜阻力,难以透过膜表面。而对于全亲水膜来说,虽然它需要很小的初始驱动压力,但由于在亲水环境中膜具有双向输运的趋势,很难控制液体具体的流动方向。

聚醚砜(PES)是一种可以通过相分离的方法构建非对称多孔膜的亲水性高分子材料(见图 4 - 32 - 1)。由于其不对称的孔径,液滴在 PES 膜的两表面会存在浸润行为的差异,从而表现出不同的铺展和渗透的竞争行为,为用于多功能、高效的单向液体渗透提供了可能。

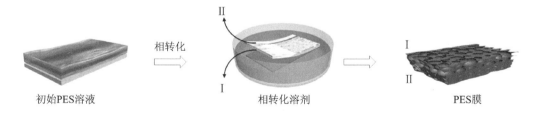

图 4 - 32 - 1　PES 溶液的相分离过程

当水滴接触多孔膜表面时,两侧会产生不同的浸润行为,亲水一侧水滴表现出更强的铺展性能,而相对疏水的一侧则表现出钉扎现象,表现为液体与表面的接触线不移动而渗透的现象。因此,液体在两侧铺展和渗透之间的竞争在液体的单向渗透中起着关键的作用(见图 4 - 32 - 2)。如果膜两侧表面具有合适的亲疏水性能差,则液体会在拉普拉斯压力作用下,通过多孔结构进行单向渗透。

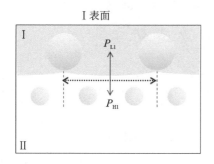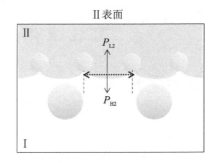

图 4 - 32 - 2　水滴在膜两表面的渗透示意图

本实验通过相分离法制备聚醚砜多孔结构材料,研究其表面结构和表面浸润行为,分析和讨论液体在表面的渗透状态并揭示其渗透机理。

三、仪器和试剂

1. 仪器:超声波清洗器,电子天平,数码相机,烘箱,接触角测试仪。
2. 试剂:聚醚砜,聚乙烯吡咯烷酮,二甲基乙酰胺,乙醇,超纯水。

四、实验步骤

1. 多孔 PES 膜制备

将 0.3 g 聚醚砜(PES)、0.025 g 聚乙烯吡咯烷酮(PVP)溶于 3 mL 二甲基乙酰胺(DMAc)中,搅拌 4 h。将初始 PES 溶液均匀涂覆在玻璃基板(1.5 cm × 4 cm)上,然后将其浸入相转化溶剂中,制备得到 PES 膜。最后,将得到的 PES 膜用乙醇超声清洗 1 min,在室温下干燥并进行表征与分析。

2. PES 膜表面的单向水输运性能测试

在膜上滴入约 20 μL 的去离子水,并将 pH 值指示纸置于 PES 膜下,分别观察液体在膜两表面的浸润性及输运行为。

(1) 改变不同浓度($0.5C_0$、C_0、$1.5C_0$、$3C_0$、$5C_0$)的初始 PES 溶液,其中初始 PES 溶液的体积为 50 μL,相转化溶剂为乙醇/水(体积分数)=50 %,去离子水的 pH=7。

(2) 改变不同体积(25、50、100、150、200 μL)的初始 PES 溶液,其中初始 PES 溶液的浓度为 C_0,相转化溶剂为乙醇/水(体积分数)=50 %,去离子水的 pH=7。

(3) 改变不同相转化溶剂(乙醇占水的体积分数为 0%,30%,50%,70%,100%),其中初始 PES 溶液的浓度为 C_0,体积为 50 μL,去离子水的 pH=7。

(4) 改变不同 pH 值的去离子水(pH=1,4,7,10,14),其中初始 PES 溶液的浓度为 C_0,体积为 50 μL,相转化溶剂为乙醇/水(体积分数)=50%。

五、数据处理

1. 记录不同条件下 PES 溶液所制备得到的 PES 膜对液滴的浸润及输运行为。

(1) 改变 PES 溶液不同的初始浓度：

初始浓度	$0.5C_0$	C_0	$1.5C_0$	$3C_0$	$5C_0$
Ⅰ 表面					
Ⅱ 表面					
输运行为					

(2) 改变不同体积的初始 PES 溶液：

PES 溶液/μL	25	50	100	150	200
Ⅰ 表面					
Ⅱ 表面					
输运行为					

(3) 改变相转化溶液，即不同体积的乙醇/水：

乙醇占水体积分数/%	0	30	50	70	100
Ⅰ 表面					
Ⅱ 表面					
输运行为					

(4) 改变液体的酸碱性，即不同 pH 值的去离子水：

pH 值	1	4	7	10	14
Ⅰ 表面					
Ⅱ 表面					
输运行为					

2. 依据实验测得的数据，分别总结液体在不同 PES 表面的输运现象并得出规律。

3. 实现明显单向渗透性能的 PES 膜表面的边界条件。

六、预习思考题

1. 什么是相转化？相转化的原理是什么？还有哪些高分子可以利用相转化法得到多孔膜？

2. 为什么改变乙醇和水的体积比可以得到输运状态不同的 PES 膜？

3. 液滴或油滴在表面的单向输运有什么应用？

4. 请详细分析孔径是如何影响液滴在膜两表面不同的输运能力的。

七、参考文献

[1] Lei W，Hou G，Liu M，et al. High-speed transport of liquid droplets in magnetic tubular microactuators. Sci. Adv.，2018，4：8767.

[2] Zhang Q，Li Y，Yan Y，et al. Highly flexible monolayered porous membrane with superhydrophilicity-hydrophilicity for unidirectional liquid penetration. ACS Nano，2020，14：7287-7296.

实验三十三　各向异性鳞片表面的设计制备及其表面液滴输运研究

一、目的要求

1. 掌握相分离制备鳞片结构表面及疏水化处理的方法。
2. 理解并掌握稳定超疏水锥阵列结构表面对液滴的各向异性输运的机理。
3. 基于液体在超疏水锥阵列结构表面的各向异性行为,能够分析、分解超疏水表面设计的复杂问题,具备新材料设计的创新意识。

二、基本原理

在表面上单向控制液体的传输是材料科学研究的一个重要课题,其在微反应器、润滑、喷墨打印、自清洁表面和微流体等领域引起了广泛的关注。液体单向输运行为在自然界中已经存在,并被许多生物利用来实现各种功能。这些现象都是由于生物表面存在大量各向异性的微纳米结构,从而对液滴可以产生定向的浸润或粘附。目前已有研究人员通过借鉴生物表面的微纳米结构成功制备了大量的人造各向异性表面,达到控制液滴运动方向的目的。

在某些情况下,增加表面疏水性可以进一步降低液滴在表面上的摩擦。一般采用低表面能材料和粗糙的微纳米结构,可以在液滴下形成空气层制备超疏水表面。然而,通常过高的液体压力会破坏粗糙微纳米结构之间的空气层,相应地,固-气-液复合界面将被破坏,形成高度粘附的表面,从而不利于液滴的无损输运。因此,如何设计制备稳定的固气液复合界面,并用于无损失地定向收集和输运液体具有挑战性。

受生物表面各向异性结构引流的启发,当液滴滴在各向异性超疏水表面并对其进行挤压时,液滴可以在向前移动的同时进一步降低表面垂直压力,进行无损输运,达到"引流减压"的效果(见图 4-33-1),其拉普拉斯压力(ΔP)可描述为

$$\Delta P = \gamma_w \left(\frac{1}{R_1} + \frac{1}{R_2} \right) \tag{4-33-1}$$

式中,γ_w 为水的界面张力,R_1 和 R_2 为液滴在微观结构上的主要曲率半径。

本实验通过聚合物溶液的梯度相变制备出各向异性鳞片表面(ACA),经疏水处理,探究表面结构参数、疏水程度与表面浸润行为的关系,并探寻其各向异性输运机理。

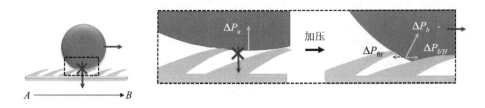

图 4-33-1　超疏水各向异性表面对液滴的"引流减压"

三、仪器和试剂

1. 仪器：接触角测试仪,超声波清洗器,电子天平,数码相机,烘箱。
2. 试剂：聚醚砜,聚乙烯吡咯烷酮,二甲基乙酰胺,乙醇,正己烷,二氧化硅,超纯水。

四、实验步骤

1. 多孔 PES 膜制备

将 0.3 g 聚醚砜(PES)、0.025 g 聚乙烯吡咯烷酮(PVP)溶于 3 mL 二甲基乙酰胺(DMAc)中,搅拌 4 h,得到均匀的初始 PES 溶液(定义初始 PES 溶液浓度为 C_0)。之后,将初始 PES 溶液均匀涂覆在玻璃基板(1.5 cm × 4 cm)上,浸入相转化溶剂中得到多孔 PES 膜。最后,将得到的 PES 膜用乙醇超声清洗 1 min 并在室温下干燥。

2. 超疏水 ACA 表面的制备

利用胶带剥离步骤 1 得到的 PES 膜大孔侧表面,制备得到 ACA 表面。然后将 ACA 表面用乙醇清洗 30 s,并将其浸泡疏水二氧化硅(SiO_2)纳米颗粒/正己烷溶液中 20 min(定义初始浓度为 C_1,即 10 mg 疏水 SiO_2 纳米颗粒分散在 20 mL 正己烷中),室温干燥后可以得到超疏水 ACA 表面(见图 4 - 33 - 2),并记录其接触角(黑色箭头 AB 表示初始 PES 溶液进入相变溶剂的方向)。

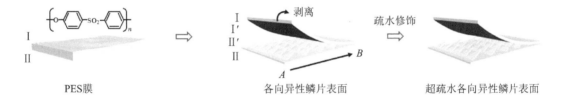

PES膜　　　　　　各向异性鳞片表面　　　　　　超疏水各向异性鳞片表面

图 4 - 33 - 2　制备超疏水 ACA 表面示意图

(1) 改变不同浓度($0.5C_0$、$1C_0$、$1.5C_0$、$3C_0$、$5C_0$)的初始 PES 溶液,其中初始 PES 溶液的体积为 200 μL,相转化溶剂为乙醇/水(体积分数)=50%,二氧化硅修饰浓度为 $1.5C_1$。

(2) 改变不同体积(100、200、300、400、500 μL)的初始 PES 溶液,其中初始 PES 溶液的浓度为 C_0,相转化溶剂为乙醇/水(体积分数)=50%,二氧化硅修饰浓度为 $1.5C_1$。

(3) 改变不同体积比的乙醇/水混合相转化溶剂(体积分数)(0%,30%,50%,70%,100%)中,其中初始 PES 溶液的浓度为 C_0,初始 PES 溶液的体积为 200 μL,二氧化硅修饰浓度为 $1.5C_1$。

(4) 改变不同浓度($0C_1$、$0.5C_1$、$1C_1$、$1.5C_1$、$2C_1$、$3C_1$)的二氧化硅修饰,其中初始 PES 溶液的浓度为 C_0,初始 PES 溶液的体积为 200 μL,相转化溶剂为乙醇/水(体积分数)=50%。

3. 超疏水 ACA 表面的各向异性滚动测试

在步骤 1、2 建立的实验的基础上,测定不同超疏水各向异性 ACA 表面在 AB 和 BA 方向上液体的滚动角。

五、数据处理

1. 记录不同条件下，水滴在各向异性 ACA 表面的接触角、滚动角以及输运行为。

（1）改变初始 PES 溶液浓度：

初始 PES 溶液浓度	$0.5C_0$	$1C_0$	$1.5C_0$	$3C_0$	$5C_0$
接触角/（°）					
滚动角（AB 方向）					
滚动角（BA 方向）					
输运行为					

（2）改变初始 PES 溶液体积：

初始 PES 溶液体积/μL	100	200	300	400	500
接触角/（°）					
滚动角（AB 方向）					
滚动角（BA 方向）					
输运行为					

（3）改变乙醇占水体积分数：

乙醇占水体积分数/％	0	30	50	70	100
接触角/（°）					
滚动角（AB 方向）					
滚动角（BA 方向）					
输运行为					

（4）改变二氧化硅修饰浓度：

二氧化硅修饰浓度	$0C_1$	$0.5C_1$	$1C_1$	$1.5C_1$	$2C_1$	$3C_1$
接触角/（°）						
滚动角（AB 方向）						
滚动角（BA 方向）						
输运行为						

2. 依据实验测得的数据，分别以不同条件下对 AB、BA 方向的滚动角、接触角及输运行为作图，并总结变化规律。

3. 分析讨论实现明显各向异性输运行为的边界条件。

六、预习思考题

1. 鳞片结构的形成机理是什么？

2. 如何设计一个小型超疏水表面器件用于液滴的无损输运？

3. 如何保证超疏水表面具有耐久性？

4. 液滴在超疏水表面的各向异性输运有什么潜在的应用？

七、参考文献

［1］Wong T，Kang S，Tang S，et al. Bioinspired self-repairing slippery surfaces with pressure-stable omniphobicity. Nature，2011，477：443-447.

［2］Lafuma A，Quéré D. Superhydrophobic states. Nat. Mater.，2003，2：457-460.

［3］Zhang Q，Bai X，Li Y，et al. Ultrastable super-hydrophobic surface with an ordered scaly structure for decompression and guiding liquid manipulation. ACS Nano，2022，16：16843-16852.

实验三十四　各向异性微结构导流
气泡提升电解水性能研究

一、目的要求

1. 了解各向异性微结构凹槽镍板的制备方法。
2. 理解并掌握各向异性微结构对表面液滴/气泡浸润性的影响原理。
3. 通过探究不同微结构凹槽镍板对电解水制氢过程气泡的导流作用,能够分析、解决界面传质、传热过程中的复杂问题。

二、实验原理

电解水制氢是目前获取清洁能源的方法之一。异相电解水制氢效率会受到电极表面吸附的气泡产物的影响,这是由于在电解水反应过程中,电极表面将产生大量气泡产物附着于电极表面,进而导致电极有效工作面积减小,从而阻碍电解质与电极接触,降低了电解水制氢的效率。因此,在制备电解水制氢电极时,需要对电极表面浸润性进行调控,这有利于电解液与电极充分接触并使表面气泡产物快速排出,进而提高电解水催化反应的效率。

自然界中许多生物利用其各向异性润湿行为的表面结构实现液滴充分接触和引流,例如仙人掌通过其针状叶的锥状结构将液滴从叶子顶部驱动到根部。基于仿生制备的各向异性润湿行为表面为液滴或水下气泡的引流提供了有效的解决途径,因其具有操作简便、能耗低等优势,近年来引起了广泛关注。

为实现液滴各向异性浸润行为,研究人员通过控制固体或液体界面的化学组成、物理微结构梯度变化引起的梯度浸润性来实现这一目标。已有研究表明,液滴或水下气泡在微结构表面的浸润行为与微结构的尺寸和分布等密切相关,改变微结构可用于实现液滴或水下气泡流动方向和速度的控制。如图4-34-1所示,当液滴或水下气泡接触到微结构不均匀的各向异性表面时,由于表面不同部分的浸润性存在差异,

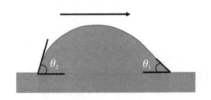

图4-34-1　各向异性浸润性表面的液滴或水下气泡驱动原理

液滴或水下气泡形成的接触角也不同,产生不平衡的拉普拉斯压力,从而驱动液滴或水下气泡向润湿性较强的一端移动。

本实验通过激光刻蚀法在镍板电极上构造凹槽微结构,实现液体及水下气泡在电极上的各向异性浸润行为,减小气泡对电极有效面积的粘附,使电解液与电极充分接触,进而提高电解水制氢的效率。

三、仪器和试剂

1. 仪器:激光打标机,接触角测试仪,电化学工作站,电子天平,超声波清洗仪。
2. 试剂:镍板,乙醇,去离子水,氢氧化钾。

四、实验步骤

1. 微结构凹槽镍板的制备

如图 4 - 34 - 2 所示,利用激光束在镍板(1.5 cm$\times 3.5$ cm)上刻蚀同类型凹槽。激光在电流 1 A、频率 20 kHz、速度 $1\,000$ mm·s^{-1} 的强度下刻蚀镍板表面 80 次,制备的镍板在乙醇溶液中超声洗涤 10 min,再用去离子水冲洗烘干,得到凹槽深度为 0.5 mm 的微结构凹槽镍板。

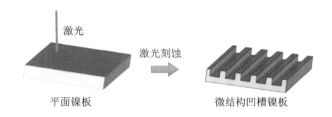

激光

激光刻蚀

平面镍板   微结构凹槽镍板

图 4 - 34 - 2 微结构凹槽镍板的制备示意图

2. 不同微结构凹槽镍板表面对水滴各向异性浸润性的影响

通过改变凹槽镍板的结构参数,设计一系列结构可变的各向异性微结构镍板。图 4 - 34 - 3 为微结构凹槽镍板结构参数示意图,其中 w 和 s 分别表示镍板表面的凹槽宽度和凹槽间距。相比于无微结构镍板,微结构凹槽镍板表面的液滴存在两个特征接触角,即平行方向(X)静态接触角 θ_X 和垂直方向(Y)静态接触角 θ_Y。

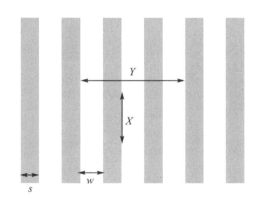

图 4 - 34 - 3 微结构凹槽镍板结构参数示意图

通过调整微结构凹槽镍板 w 和 s 的不同取值来观察水滴(5 μL)在镍板表面的各向异性浸润行为,分别测量平行方向(X)和垂直方向(Y)的静态接触角 θ_X 和 θ_Y 并记录数据。具体参数如下:

(1) 镍板表面凹槽宽度 w 为 0.1 mm,依次改变凹槽间距 s 分别为 0.1、0.2、0.3 mm。

(2) 镍板表面凹槽宽度 w 为 0.2 mm,依次改变凹槽间距 s 分别为 0.1、0.2、0.3 mm。

(3) 镍板表面凹槽宽度 w 为 0.3 mm,依次改变凹槽间距 s 分别为 0.1、0.2、0.3 mm。

3. 不同微结构凹槽镍板表面对水下气泡浸润性能的影响

在步骤 2 的基础上,将制备的微结构凹槽镍板和未激光刻蚀的镍板水平架在水中,凹槽镍板带有凹槽的一面朝下。将气泡(5 μL)打在镍板表面,测量镍板表面静态气泡接触角 θ,并记录数据。

4. 不同微结构凹槽镍板对电解水制氢性能的影响

将步骤 2 制备的微结构凹槽镍板和未激光刻蚀的镍板分别作为工作电极进行三电极体系电催化析氢反应测试,参比电极为银-氯化银电极,对电极为石墨电极。采用线性电位扫描法测量镍板在 1 M KOH 中的极化曲线,(扫描速度:5 mV/s;扫描范围:−1.5～−1.0 V),记录镍板在 10 mA·cm⁻² 时的过电势数据,并用 origin 软件作图,总结变化规律。

五、数据处理

1. 液滴在不同凹槽镍板表面的接触角:

类　型	凹槽宽度 w/mm					
	0.1		0.2		0.3	
凹槽间距 s/mm						
接触角 θ_Y/(°)						
接触角 θ_X/(°)						

2. 水下气泡在不同凹槽镍板表面的接触角:

类　型	凹槽宽度 w/mm						未激光刻蚀镍板
	0.1		0.2		0.3		
凹槽间距 s/mm							
接触角 θ/(°)							

3. 不同凹槽镍板在 10 mA/cm² 时的析氢反应过电势:

类　型	凹槽宽度 w/mm						未激光刻蚀镍板
	0.1		0.2		0.3		
凹槽间距 s/mm							
过电势/mV							

六、预习思考题

1. 利用激光刻蚀镍板表面的机理是什么?

2. 微结构凹槽镍板对液滴和水下气泡的静态接触角的影响因素是否相同,为什么?

3. 测量水下气泡静态接触角时为什么要将镍板平放,如果将镍板倾斜放置会对测量结果有什么影响?

4. 本实验通过记录析氢反应过电势来评价微结构镍板对电解水制氢过程导流气体产物的影响,是否还有其他实验参数来评价这一指标?

七、参考文献

［1］ Liu G，Kraft M，Vollmer D，et al. Wetting-regulated gas-involving (photo)electro-catalysis：biomimetics in energy conversion. Chem. Soc. Rev.，2021，50：10674.

［2］ Dai H，Dong Z，Jiang L. Directional liquid dynamics of interfaces with superwetta-bility. Sci. Adv.，2020，6：eabb5528.

实验三十五　磁场可控液/孔复合界面流体渗透研究

一、目的要求

1. 了解不同种类磁性液体的物理和化学性质。

2. 理解流体在磁场可控开闭的多孔复合界面实现渗透的原理,探究影响流体在多孔复合界面渗透的影响因素。

3. 基于磁场可控的多孔复合膜开关,能够设计新材料和智能可控界面解决表界面复杂应用问题。

二、基本原理

近年来,多孔材料表面的流体传输在化学分析、气体分离、废水处理、能源收集、医疗诊断与治疗等领域引起了广泛关注。在众多需求的驱使下,科学家们对多孔膜的结构、化学组成等进行设计,以实现特定功能。其中,通过操纵多孔表面的润湿特性和外部刺激可以实现多孔膜上的流体输运调控。

磁响应材料具有响应时间短、能耗低和非接触等优点。其中,磁性液体是磁响应界面研究中一种重要的新型功能材料,它是由直径为纳米量级的磁性固体颗粒、基载液以及界面活性剂三者混合而成的一种稳定的胶状液体,在具有液体的流动性的同时,也具有固体磁性材料的磁性。该流体在静态时无磁性吸引力,而当外加磁场作用时表现出磁性,因此,它对磁场的反应比固体磁性结构材料更灵活。

基于磁性液体的良好流变性,将其与微纳米多孔结构组合,形成磁场响应复合膜。如图 4-35-1 所示,将磁性液体涂覆在微纳米结构网上形成液膜后,由于单位孔结构内磁性液体量的不同会造成复合膜形态的差异,从而影响复合膜的承载性能。根据磁性液体膜的厚度与丝网的丝径之比,本实验中将复合膜划分为三种形态:厚态($h \geqslant 4r$)、中态($2r \leqslant h < 4r$)和薄态($h < 2r$)。

图 4-35-1　磁性液体/微纳米孔结构复合膜的三种状态

以磁性液体膜的厚度为中态为例,复合膜孔结构会对磁场产生动态响应。如图 4-35-2 所示,在没有磁场的条件下,磁性液体被牢牢锁定在微纳米结构中,形成稳定的磁性液体/微纳米结构多孔网复合膜,此时复合薄膜呈现关闭状态。施加磁场后,磁性液体沿着网状结构的金属丝在磁场的平行方向上聚集,导致复合薄膜原来的闭孔打开。移去磁场后,由于磁性液体的表面张力的协同作用以及磁性液体与网格的多孔结构之间的低能量状态,磁性液体回到原来的位置,复合膜的孔隙被重新关闭。

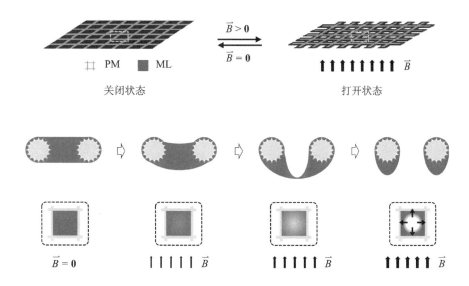

图 4 - 35 - 2　磁场响应复合界面多孔结构开闭过程示意图

　　基于磁场响应复合界面多孔结构开闭过程,水滴在复合薄膜孔结构关闭时稳定存在于膜上方,而当复合薄膜孔结构打开时,水滴实现渗透(见图 4 - 35 - 3)。

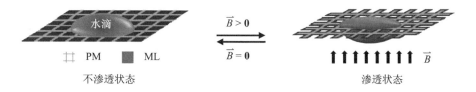

图 4 - 35 - 3　水滴在磁响应复合界面上的渗透过程示意图

　　磁场响应复合界面上的液体渗透机制可以通过水滴滴加到复合膜上时产生的附加压力 (ΔP) 来解释:

$$\Delta P = \frac{4\gamma_{L_1 L_2} \cos \theta}{D} \tag{4-34-1}$$

式中,$\gamma_{L_1 L_2}$ 是水-磁性液体界面处的界面张力,θ 是水在磁性液表面的前进接触角,D 是复合膜的实际孔径。

　　根据上述方程(4 - 34 - 1),复合膜的承载力主要取决于多孔结构的孔径和磁性液体的性质。当附加压力 ΔP 大于水的静水压(P_H)时,即 $\Delta P > P_H$ 时,水滴不会渗透复合膜。而在磁场作用下,磁性液体沿着多孔结构的孔壁聚集,从而使得复合膜孔逐渐打开,并随磁场强度增大而增大。磁性液体覆盖的微纳米结构复合薄膜的附加压力逐渐减小,当附加压力减小至 $\Delta P' < P_H$ 时,水会立即发生渗透。

　　本实验中,通过在具有微米孔径结构的金属丝网上制备纳米阵列结构,形成微纳米复合的多孔结构,然后将磁性液体与之复合,形成液/孔复合膜,探究磁场响应液/孔复合膜流体(水和气体)的渗透性能。

三、仪器和试剂

1. 仪器：接触角测量仪，全自动表面张力测量仪，旋转粘度计，马弗炉，烘箱，数码相机，磁铁，高斯计，微型注射器。

2. 试剂：矿物油，长链烷烃，去离子水，油酸钠，癸二酸二异辛酯，超顺磁四氧化三铁颗粒，氧化锌溶胶，乙醇，六亚甲基四胺，硝酸锌。

四、实验步骤

1. 微纳米结构多孔网的制备

在清洁的不锈钢丝网上，通过两步溶液法制备 ZnO 纳米棒阵列。首先，将不同孔径的丝网用乙醇和去离子水洗净，置于烘箱中在 50 ℃ 下干燥 20 min 左右；然后将清洁的丝网表面涂覆 ZnO 溶胶（0.5 M 乙酸锌的乙二醇甲醚溶液，并在其中加入一乙醇胺 2~3 次，其中乙酸锌与一乙醇胺的物质的量之比为 1∶1），在 350 ℃ 的马弗炉中进行退火处理，在丝网表面制备得到 100~200 nm 厚的晶种层；接着将修饰好的丝网垂直悬挂于六亚甲基四胺（0.025 M）和硝酸锌（0.025 M）配制的水溶液中，于反应釜中在 85 ℃ 下反应 15 h；最后，将生长有 ZnO 纳米阵列的丝网从生长液中移出，在用去离子水清洗后干燥保存，用于后续实验。其中，微纳米结构 ZnO 网膜形貌可以通过扫描电子显微镜进行表征。

2. 不同种类磁性液体的制备

采用平均粒径为 10 nm 的球形氧化铁（四氧化三铁）纳米颗粒作为超顺磁粒子，制备得到 MLA 和 MLB 的磁性液体。其中，MLA 为矿物油类磁性液体，基液为 90% 的矿物油和 10% 的长链烷烃，表面活性剂是油酸钠。MLB 为二酯类磁性液体，基液为癸二酸二异辛酯，表面活性剂是油酸钠。

采用全自动表面张力测量仪和旋转粘度计分别测量两种磁性液体的表面张力 γ 和粘度 η。

3. 磁性液体/微纳米多孔结构复合界面的制备

将两种磁性液体滴加在微纳米结构 ZnO 网上，形成均匀的磁性液体/微纳米多孔结构复合膜。根据单位网格内磁性液体量，计算磁性液体膜的厚度与丝网的丝径之比，分析复合膜形态的差异。针对不同状态的复合膜，采用接触角测量仪测量水滴在两种复合膜上的接触角（所用水滴体积为 5 μL）。

4. 磁性液体/微纳米多孔结构复合膜液滴渗透的影响因素

（1）孔径对液滴渗透行为的影响

选取其中一种磁性液体（如 MLA）和成膜形态（如中态），在复合膜上滴加水滴，观察不同孔径的复合膜上水滴能否发生渗透现象，并记录出现两种极端情况的临界孔径：第一种为临界不渗透孔径（A_{ci}），即小于该孔径时，即使在磁场作用下，水滴也不会从膜上渗透；第二种为临界渗透孔径（A_{cp}），即大于该孔径时，水滴会直接从膜上渗透。若想实现水滴的磁响应渗透控制，应使复合膜的孔径处于 A_{ci} 与 A_{cp} 之间，称之为磁响应渗透控制区域。

（2）复合膜的成膜形态对液滴渗透行为的影响

选取其中一种磁性液体种类不变（如 MLA），改变复合膜的成膜形态，重复（1）中的实验，得到两种成膜形态下的 A_{ci} 和 A_{cp} 并记录。

（3）磁性液体种类对液滴渗透行为的影响

改变磁性液体种类，重复（1）和（2）中的实验，得到另一种磁性液体下不同成膜形态对应的 A_{ci} 和 A_{cp} 并记录。

5．磁场强度对磁响应复合膜液滴渗透的影响

根据步骤 4 中的结果，在复合膜的 A_{ci} 和 A_{cp} 之间，调节磁场控制水滴渗透，采用高斯计记录不同条件下所需的磁场强度值 H_p。

（1）改变多孔网的孔径（$A_{ci} \sim A_{cp}$），在不同孔径的复合膜上滴加水滴，然后在水滴和复合膜的正下方施加磁场，测量并记录不同磁性液体种类和成膜形态下水滴发生渗透所需要的渗透磁场强度值 H_p。

（2）改变复合膜的成膜形态，并在不同形态的复合膜上滴加水滴，然后在水滴和复合膜的正下方施加磁场，测量并记录在不同磁性液体种类和孔径下，水滴发生渗透所需要的渗透磁场强度值 H_p。

（3）改变磁性液体的种类，重复（1）和（2）中的实验，测量并记录水滴发生渗透所需要的渗透磁场强度值 H_p。

6．磁响应复合膜气体渗透性能研究

重复以上步骤 4 和 5 步骤，研究磁响应复合膜表面气体的渗透性能。

五、数据记录与处理

1. 不同种类磁性液体的性质：

磁性液体种类	表面张力 $\gamma / (N \cdot m^{-1})$	粘度 $\eta / (Pa \cdot s)$	水滴在复合膜表面的接触角 $/(°)$
MLA			
MLB			

2. 不同孔径的不锈钢网对应的复合膜形态 h 值：

目 数	500	300	200	150	120	100	80	70	60	50	40	30	20
丝径 $2r/\text{mm}$	0.025	0.038	0.045	0.053	0.065	0.066	0.113	0.119	0.150	0.123	0.185	0.220	0.240
孔径 D/mm	0.036	0.055	0.060	0.129	0.162	0.192	0.203	0.361	0.403	0.663	0.710	1.154	1.511
薄态 h/mm													
中态 h/mm													
厚态 h/mm													

3. 记录不同条件下水滴的临界不渗透孔径(A_{ci})和临界渗透孔径(A_{cp}):

MLA	复合膜成膜形态	薄 态	中 态	厚 态
	临界不渗透孔径(A_{ci})/mm			
	临界渗透孔径(A_{cp})/mm			
MLB	复合膜成膜形态	薄 态	中 态	厚 态
	临界不渗透孔径(A_{ci})/mm			
	临界渗透孔径(A_{cp})/mm			

4. 记录不同条件下水滴渗透的渗透磁场强度值 H_p:

H_p (MLA)	孔径/mm					
	薄 态					
	中 态					
	厚 态					
H_p (MLB)	孔径/mm					
	薄 态					
	中 态					
	厚 态					

5. 依据实验测得的数据,分别以 A_{ci}、A_{cp} 和 H_p 对孔径、复合膜成膜形态和磁性液体种类作出相应点线图或柱状图,总结变化规律。

6. 根据磁响应复合膜气体渗透结果,分析总结磁响应复合膜气体渗透变化规律。

六、预习思考题

1. 若将 MLA 和 MLB 以 1∶1 的比例混合,改变不同变量,重复上述实验,试分析各条曲线的变化趋势。

2. 请根据学过的物理化学原理,评估一下油基磁性液体输运水滴的稳定性,并进行设计。

3. 磁响应界面主要可以应用在哪些生产生活领域?

七、参考文献

[1] Lei W, Hou G, Liu M, et al. High-speed transport of liquid droplets in magnetic tubular microactuators. Sci. Adv., 2018, 4: 8767.

[2] Sun Z, Cao Z, Li Y, et al. Switchable smart porous surface for controllable liquid transportation. Mater. Horiz., 2022, 9: 780-790.

附录 物理化学实验常用数据表

表 1 基本物理常数

类别（Sort）	量的名称（quantity）	符号（symbol）	数值（value）
普通常数（general constants）	真空中光速（speed of light in vacuum）	c	$2.997\ 924\ 58\times10^8$ m·s^{-1}
	真空磁导率（permeability of vacuum）	μ_0	$4\pi\times10^{-7}=$ $1.256\ 637\ 061\ 435\ 92\times$ 10^{-6} H·m^{-1}
	真空介电常数（permittivity of vacuum）	ε_0	$(\mu_0 c^2)^{-1}$
	普朗克常数（Planck constant）	h	$6.626\ 176\times10^{-34}$ J·s
	万有引力常数（gravitational constant）	G	6.672×10^{-11} N·m^2·kg^{-2}
	重力加速度（standard acceleration of gravity）	g	$9.806\ 65$ m·s^{-2}
电磁常数（electromagnetic constants）	基本电荷（elementary charge）	e	$1.602\ 189\times10^{-19}$ C
	磁通量子（magnetic flux quantum）	0	$2.067\ 851\times10^{-15}$ Wb
	玻尔磁子（Bohr magneton）	$\mu_B=eh/2m_e c$	$9.274\ 078\times10^{-24}$ J·T^{-1}
	核磁子（nuclear magneton）	$\mu_N=e/2m_p c$	$5.050\ 824\times10^{-27}$ J·T^{-1}
原子常数（atomic constants）	精细结构常数（fine-structure constant）		$7.297\ 351\times10^{-3}$
	里德伯常数（Rydberg constant）	$R_\infty=m_e c^2/2h$	$1.097\ 373\ 18\times10^7$ m^{-1}
	玻尔半径（Bohr radius）	a_0	$0.529\ 177\ 06\times10^{-10}$ m
	哈特利能量（Hartree energy）	E_h	$27.211\ 6$ eV
	环流量子（quantum of circulation）	h/m_e	$7.273\ 89\times10^{-4}$ J·s·kg^{-1}
	电子质量（electron mass）	m_e	$9.109\ 53\times10^{-31}$ kg
	质子质量（proton mass）	m_p	$1.672\ 649\times10^{-27}$ kg
	中子质量（neutron mass）	m_n	$1.674\ 954\times10^{-27}$ kg
物理化学常数（physicochemical constants）	阿伏加德罗常数（Avogadro constant）	N_A 或 L	$6.022\ 045\times10^{23}$ mol^{-1}
	原子质量单位（atomic mass unit）	amu	$1.660\ 566\times10^{-27}$ kg
	法拉第常数（faraday constant）	$F=N_A e$	$9.648\ 456\times10^4$ C·mol^{-1}
	摩尔气体常数（molar gas constant）	R	$8.314\ 41$ J·(K·mol)$^{-1}$
	玻耳兹曼常数（Boltzmann constant）	k	$1.380\ 662\times10^{-23}$ J·K^{-1}
	理想气体在标准状态下的摩尔体积 [molar volume, ideal gas（在 273.15 K，101.325 kPa）]	V_m	$22.413\ 8$ L
	标准大气压（standard atmosphere）	—	$101\ 325$ Pa

表 2　国际单位制的基本单位

量的名称	单位名称	单位符号	中文符号
基本单位			
长度	米 metre	m	米
质量*	千克(公斤) kilogram	kg	千克
时间	秒 second	s	秒
电流	安[培] Ampere	A	安
热力学温度	开[尔文] Kelvin	K	开
物质的量	摩[尔] Mole	mol	摩
发光强度	坎[德拉] Candela	cd	坎

*　质量习惯称为重量。

表 3　国际单位制中具有专门名称的导出单位

量的名称	单位名称	单位符号	中文符号	其他表示式例
频率	赫兹,Hertz	Hz	赫	s^{-1}
力,重力	牛顿,Newton	N	牛	$kg \cdot m \cdot s^{-2}$
压力,压强,应力	帕斯卡,Pascal	Pa	帕	N/m^2
能量,功,热	焦耳,Joule	J	焦	$N \cdot m$
功率,辐射通量	瓦特,Wart	W	瓦	$J \cdot s^{-1}$
电荷量	库仑,coulomb	C	库	$A \cdot s$
电位,电压,电动势	伏特,Volt	V	伏	$W \cdot A^{-1}$
电容	法拉,Farad	F	法	$C \cdot V^{-1}$
电阻	欧姆,Ohm	Ω	欧	$V \cdot A^{-1}$
电导	西门子,siemens	S	西	$A \cdot V^{-1}$
磁通量	韦伯,Weber	Wb	韦	$V \cdot s$
磁通量密度/磁感应强度	特斯拉,Tesla	T	特	$Wb \cdot m^{-1}$
电感	亨利,Henry	H	亨	$Wb \cdot A^{-1}$
摄氏温度	摄氏度,degree Celsius	℃	摄氏度*	K
光通量	流明,lumen	lm	流	$cd \cdot sr$
光照度	勒克斯,Lux	lx	勒	$lm \cdot m^{-2}$

*　每变化 1 K 相当于变化 1 ℃。

表 4　力单位换算表

力单位	牛(N)	千克力(kgf)	磅力(lbf)	达因(dyn)
N	1	0.102	0.225	10^5
kgf	9.8	1	2.21	9.8×10^5
lbf	4.45	0.454	1	4.45×10^5
dyn	10^{-5}	1.02×10^{-6}	2.225×10^{-6}	1

表5　压力单位换算表

压力单位	帕斯卡（Pa）	巴（bar）	工程大气压（at）	标准大气压（atm）	托（Torr）	磅力每平方英寸（psi）
Pa	$\equiv 1\ N \cdot m^{-2}$	$= 10^{-5}$	$\approx 10.197 \times 10^{-6}$	$\approx 9.8692 \times 10^{-6}$	$\approx 7.500\ 6 \times 10^{-3}$	$\approx 145.04 \times 10^{-6}$
bar	$= 100\ 000$	$\equiv 10^{6}\ dyn \cdot cm^{-2}$	$\approx 1.019\ 7$	$\approx 0.986\ 92$	≈ 750.06	≈ 14.504
at	$= 98\ 066.5$	$= 0.980\ 665$	$\equiv 1\ kgf \cdot cm^{-2}$	$\approx 0.967\ 84$	≈ 735.56	≈ 14.223
atm	$= 101\ 325$	$= 1.013\ 25$	$\approx 1.033\ 2$	$\equiv 101\ 325$	$= 760$	≈ 14.696
Torr	≈ 133.322	$\approx 1.333\ 2 \times 10^{-3}$	$\approx 1.359\ 5 \times 10^{-3}$	$\approx 1.315\ 8 \times 10^{-3}$	$\equiv 1\ mmHg$	$\approx 19.337 \times 10^{-3}$
psi	$\approx 6\ 894.76$	$\approx 68.948 \times 10^{-3}$	$\approx 70.307 \times 10^{-3}$	$\approx 68.046 \times 10^{-3}$	≈ 51.715	$\equiv 1\ lbf \cdot in^{-2}$

表6　能量单位换算表

功率单位	W	kW	$J \cdot s^{-1}$	$kJ \cdot h^{-1}$	$cal \cdot s^{-1}$	$kcal \cdot h^{-1}$	
W	1	0.001	1	3.6	0.239	0.86	$1\ W = 1\ J \cdot s^{-1} = 1\ N \cdot m \cdot s^{-1}$，$1\ kcal \cdot h^{-1} = 1.163\ W$ $1\ kW = 859.845\ kcal \cdot h^{-1}$，$1\ kw \cdot h^{-1} = 3\ 600\ 000\ J$ 1 千卡/1 大卡/1 000 卡路里（kcal）＝4.184 千焦（kJ）
kW	1 000	1	1 000	3 600	239	860	$1\ Btu \cdot h^{-1} = 0.293\ 07\ W$，$1\ W = 3.412\ Btu \cdot h^{-1}$ 1 HP＝550 ft · lbf · s^{-1}
$J \cdot s^{-1}$	1	0.001	1	3.6	0.239	0.86	1 瓦＝1 焦（耳）/秒＝1 牛（顿）· 米/秒， 1 千卡/时＝1.163 瓦
$kJ \cdot h^{-1}$	0.28	280	0.28	1	0.067	67	1 千瓦＝859.845 千卡/时， 1 英热单位/时＝0.293 07 瓦
$cal \cdot s^{-1}$	4.2	0.004 2	4.2	15.12	1	3.6	瓦特的定义是 1 焦耳/秒（$1\ J \cdot s^{-1}$）， 即每秒钟转换、使用或耗散的 （以焦耳为量度的）能量的速率，1 W＝4.2 J
$kcal \cdot h^{-1}$	1.167	0.001 17	1.167	4.2	0.278	1	1 kcal（千卡）＝427 kg · m（千克 · 米）， 1 kW（千瓦）＝860 kcal · h^{-1}（千卡/时） 1 kcal · h^{-1}＝1.163 W，1USRT（美国冷吨）＝ 3 024 kcal · h^{-1}（千卡/时）＝3 517.9 kW， 1RT（日本冷吨）＝3 320 kcal · h^{-1}（千卡/时）＝ 3 816.1 kW，1 匹（HP）＝2 500 W
							1 冷吨＝3 024 千卡/小时＝3.516 9 千瓦

表7　各种燃料热值表

能源名称	平均低位发热量/ （kJ · kg^{-1}）	折标准煤系数/ （kg 标准煤 · kg^{-1}）	能源名称	平均低位发热量/ （kJ · m^{-3}）	折标准煤系数/ （kg 标准煤 · m^{-3}）
原煤	20 908	0.714 3	油田天然气	38 931	1.330 0
洗精煤	26 344	0.900 0	气田天然气	35 544	1.214 3
洗中煤	8 363	0.285 7	煤矿瓦斯气	14 636～16 726	0.5～0.571 4
煤泥	8 363～12 545	0.285 7～0.428 5	焦炉煤气	16 726～17 081	0.571 4～0.614 3
焦炭	28 435	0.971 4	发生炉煤气	5 227	0.178 6
原油	41 816	1.428 6	重油催化裂解煤气	19 235	0.657 1
燃料油	41 816	1.428 6	重油热裂解煤气	35 544	1.214 3

续表 7

能源名称	平均低位发热量/ (kJ·kg^{-1})	折标准煤系数/ (kg 标准煤·kg^{-1})	能源名称	平均低位发热量/ (kJ·m^{-3})	折标准煤系数/ (kg 标准煤·m^{-3})
汽油	43 070	1.471 4	焦碳制气	16 308	0.557 1
煤油	43 070	1.471 4	压力气化煤气	15 054	0.514 3
柴油	42 552	1.457 1	水煤气	10 454	0.357 1
液化石油气	50 179	1.714 3	煤焦油	33 453	1.142 9
炼厂干气	45 998	1.571 4	甲苯	41 816	1.428 6

表 8　水在各温度时的饱和蒸气压

温度/℃	压力/mmHg	温度/℃	压力/mmHg	温度/℃	压力/mmHg	温度/℃	压力/mmHg
0	4.597	26	25.21	51	97.02	76	301.4
1	4.926	27	26.74	52	102.1	77	314.1
2	5.294	28	28.35	53	107.2	78	327.3
3	5.685	29	30.04	54	112.5	79	341.0
4	6.101	30	31.82	55	118.0	80	355.1
5	6.543	31	33.70	56	123.8	81	369.1
6	7.013	32	35.66	57	129.8	82	384.9
7	7.513	33	37.73	58	136.1	83	400.6
8	8.045	34	39.90	59	142.6	84	416.8
9	8.609	35	42.18	60	149.4	85	433.6
10	9.209	36	44.56	61	156.4	86	450.9
11	9.844	37	47.07	62	163.8	87	468.7
12	10.520	38	49.69	63	171.4	88	487.1
13	11.23	39	52.44	64	179.3	89	506.1
14	11.99	40	55.32	65	187.5	90	525.8
15	12.79	41	58.34	66	196.1	91	546.1
16	13.63	42	61.50	67	205.0	92	567.0
17	14.53	43	64.80	68	214.2	93	588.6
18	15.48	44	68.26	69	223.7	94	610.9
19	16.48	45	71.88	70	233.7	95	633.9
20	17.54	46	75.65	71	243.9	96	657.6
21	18.65	47	79.60	72	254.6	97	682.1
22	19.83	48	83.71	73	256.7	98	707.3
23	21.07	49	88.02	74	277.2	99	733.2
24	22.38	50	92.51	75	289.1	100	760.0
25	23.76						

表9 不同温度时水的密度、粘度及与空气界面上的表面张力

温度 $t/℃$	密度 $d/(g \cdot cm^{-3})$	$10^3 \cdot$ 粘度 $\eta/(Pa \cdot s)$	折射率 n_D	张力 $\gamma/(mN \cdot m^{-1})$
0	0.999 87	1.787	1.333 95	75.64
5	0.999 99	1.519	1.333 88	74.92
10	0.999 73	1.307	1.333 69	74.22
11	0.999 63	1.271	1.333 64	74.07
12	0.999 52	1.235	1.333 58	73.93
13	0.999 40	1.202	1.333 52	73.78
14	0.999 27	1.169	1.333 46	73.64
15	0.999 13	1.139	1.333 39	73.49
16	0.998 97	1.109	1.333 31	73.34
17	0.998 80	1.081	1.333 24	73.19
18	0.998 62	1.053	1.333 16	73.05
19	0.998 43	1.027	1.333 07	72.90
20	0.998 23	1.002	1.332 99	72.75
21	0.998 02	0.977 9	1.332 90	72.59
22	0.997 80	0.954 8	1.332 80	72.44
23	0.997 56	0.932 5	1.332 71	72.28
24	0.997 32	0.911 1	1.332 61	72.13
25	0.997 07	0.890 4	1.332 50	71.97
26	0.996 81	0.870 5	1.332 40	71.82
27	0.996 54	0.851 3	1.332 29	71.66
28	0.996 26	0.832 7	1.332 17	71.50
29	0.995 97	0.814 8	1.332 06	71.35
30	0.995 67	0.797 5	1.331 94	71.18
40	0.992 24	0.652 9	1.330 61	69.56
50	0.988 07	0.546 8	1.329 04	67.91
60	0.965 34	0.314 7	1.327 25	60.75

表10 一些液体的饱和蒸气压

化合物	25 ℃时的蒸气压	温度范围/℃	A	B	C
丙酮(C_3H_6O)	230.05		7.024 47	1 161.0	224
苯(C_6H_6)	95.18		6.905 65	1 211.033	220.790
溴(Br_2)	226.32		6.832 98	1 133.0	228.0
甲醇(CH_4O)	126.40	$-20 \sim 140$	7.878 63	1 473.11	230.0
甲苯(C_7H_8)	28.45		6.954 64	1 344.80	219.482
乙酸($C_2H_4O_2$)	15.59	$0 \sim 36$	7.803 07	1 651.2	225
		$36 \sim 170$	7.188 07	1 416.7	211

化合物	25 ℃时的蒸气压	温度范围/℃	A	B	C
氯仿(CHCl$_3$)	227.72	−30～150	6.903 28	1 163.03	227.4
四氯化碳(CCl$_4$)	115.25		6.933 90	1 242.43	230.0
乙酸乙酯(C$_4$H$_8$O$_2$)	94.29	−20～150	7.098 08	1 238.71	217.0
乙醇(C$_2$H$_6$O)	56.31		8.044 94	1 554.3	222.65
乙醚(C$_4$H$_{10}$O)	534.31		6.785 74	994.195	220.0
乙酸甲酯(C$_3$H$_6$O$_2$)	213.43		7.202 11	1 232.83	228.0
环己烷(C$_6$H$_{12}$)		−20～142	6.844 98	1 203.526	222.86

注：表中所列各化合物的蒸气压可用下列方程式计算：

$$\lg p = A - B/(C+t)$$

式中，A、B、C 为三常数；p 为化合物的蒸气压(mmHg)；t 为摄氏温度。

表 11　环己烷在不同温度下的饱和蒸气压

温度/℃	P/mmHg	温度/℃	P/mmHg
10.0	47.2	52.0	294.0
14.7	60.0	60.0	389.2
20.0	95.2	65.0	461.3
25.0	98.2	70.0	542.3
30.0	121.9	75.0	635.3
36.0	156.7	80.0	740.3
42.0	200.0	81.0	762.8
47.0	242.8	85.0	858.1

表 12　几种常用液体沸点和沸点时的摩尔汽化热 $\Delta_{vap}H_m$

名　称	沸点/℃	$\Delta_{vap}H_m$/(kJ · mol^{-1})
水	373.2	40.679
苯	353.9	30.714
甲苯	383.8	33.463
环己烷	353.95	30.143
乙醇	351.5	39.380
丙醇	355.5	40.080
正丁醇	390.0	43.822
丙酮	329.4	30.254
乙醚	307.8	17.588
乙酸	391.5	24.323
氯仿	334.7	29.469

表 13　几种常用液体的折光率（n_D^t）

物　质	温度/℃		物　质	温度/℃	
	15	20		15	20
苯	1.504 39	1.501 10	四氯化碳	1.463 05	1.460 44
丙酮	1.381 75	1.359 11	乙醇	1.363 30	1.360 48
甲苯	1.499 8	1.496 8	环己烷	1.429 00	
乙酸	1.377 6	1.371 7	硝基苯	1.554 7	1.552 4
氯苯	1.527 48	1.524 60	正丁醇		1.399 3
氯仿	1.448 53	1.445 50	二硫化碳	1.629 35	1.625 46
正丙醇		1.385 00	异丁醇		1.396 0

表 14　几种常用物质的凝固点和摩尔凝固点降低常数

溶　剂	凝固点/℃	$K_f/(K \cdot mol^{-1} \cdot kg)$
水	0.00	1.86
苯	5.53	5.12
乙酸	16.63	3.90
樟脑	178.4	37.7
萘	80.25	6.9
环己烷	6.50	20.2
环己醇	6.544	39.3
硝基苯	5.70	6.9
三溴甲烷	7.8	14.4

表 15　KCl 溶液的电导率

$t/℃$	$c/(mol \cdot L^{-1})$			
	1.000	0.100 0	0.020 0	0.010 0
0	0.065 41	0.007 15	0.001 521	0.000 776
5	0.074 14	0.008 22	0.001 752	0.000 896
10	0.083 19	0.009 33	0.001 994	0.001 020
15	0.092 52	0.010 48	0.002 243	0.001 147
16	0.094 41	0.010 72	0.002 294	0.001 173
17	0.096 31	0.010 95	0.002 345	0.001 199
18	0.098 22	0.011 19	0.002 397	0.001 225
19	0.100 14	0.011 43	0.002 449	0.001 251
20	0.102 07	0.011 67	0.002 501	0.001 278
21	0.104 00	0.011 91	0.002 553	0.001 305
22	0.105 94	0.012 15	0.002 606	0.001 332

物理化学实验

续表 15

$t/℃$	$c/(mol \cdot L^{-1})$			
	1.000	0.1000	0.020 0	0.010 0
23	0.107 89	0.012 39	0.002 659	0.001 359
24	0.109 84	0.012 64	0.002 712	0.001 386
25	0.111 80	0.012 88	0.002 765	0.001 413
26	0.113 77	0.013 13	0.002 819	0.001 441
27	0.115 74	0.013 37	0.002 873	0.001 468
28		0.013 62	0.002 927	0.001 496
29		0.013 87	0.002 981	0.001 524
30		0.014 12	0.003 036	0.001 552
35		0.015 39	0.003 312	
36		0.015 64	0.003 368	

① 电导率单位为 $S \cdot cm^{-1}$。

② 在空气中称取 74.56 g 的 KCl,溶于 18 ℃水中,稀释到 1 L,其浓度为 1.000 mol $\cdot$ L^{-1}(密度为 1.044 9 g $\cdot$ cm^{-3}),再稀释得到其他浓度溶液。

表 16 常用参比电极的电势与温度系数

名 称	体 系	E/V^*	$(dE/dT)/(mV \cdot K^{-1})$
氢电极	$Pt, H_2 \mid H^+ (a_{H^+}=1)$	0.000 0	
饱和甘汞电极	$Hg, Hg_2Cl_2 \mid$ 饱和 KCl	0.241 5	-0.761
标准甘汞电极	$Hg, Hg_2Cl_2 \mid 1\ mol \cdot L^{-1} KCl$	0.280 0	-0.275
甘汞电极	$Hg, Hg_2Cl_2 \mid 0.1\ mol \cdot L^{-1} KCl$	0.333 7	-0.875
银-氯化银电极	$Ag, AgCl \mid 0.1\ mol \cdot L^{-1} KCl$	0.290	-0.3
氧化汞电极	$Hg, HgO \mid 0.1\ mol \cdot L^{-1} KOH$	0.165	
硫酸亚汞电极	$Hg, Hg_2SO_4 \mid 1\ mol \cdot L^{-1} H_2SO_4$	0.675 8	
硫酸铜电极	$Cu \mid$ 饱和 $CuSO_4$	0.316	-0.7

* 25 ℃;相对于标准氢电极(NCE)。

表 17 甘汞电极的电极电势与温度的关系

甘汞电极	体 系	φ/V
饱和甘汞电极	$Hg, Hg_2Cl_2 \mid$ 饱和 KCl	$0.241\ 2-6.61 \times 10^{-4}(t/℃-25)-1.75 \times 10^{-6}(t/℃-25)^2-9 \times 10^{-10}(t/℃-25)^3$
标准甘汞电极	$Hg, Hg_2Cl_2 \mid 1\ mol \cdot L^{-1} KCl$	$0.280\ 1-2.75 \times 10^{-4}(t/℃-25)-2.50 \times 10^{-6}(t/℃-25)^2-4 \times 10^{-9}(t/℃-25)^3$
甘汞电极	$Hg, Hg_2Cl_2 \mid 0.1\ mol \cdot L^{-1} KCl$	$0.333\ 7-8.75 \times 10^{-5}(t/℃-25)-3 \times 10^{-6}(t/℃-25)^2$

表 18 一些液体在不同温度的表面张力

温度/℃ 物 质	$10^3 \cdot$ 表面张力/$(N \cdot m^{-1})$					
	0	10	20	30	40	50
水	75.64	74.22	72.75	71.18	69.56	67.91
乙酸乙酯	26.55		23.9			20.2
乙醇	24.05	22.14	22.27	21.43	20.60	19.08
四氯化碳		28.10	26.77	25.53		23.14
正丁醇	26.2		24.6			22.1

表 19 25 ℃时普通电极反应的超电势

电极名称 (name of electrode)	电流密度(current density)i/$(A \cdot m^{-2})$				
	10	100	1 000	5 000	50 000
H_2(1 mol $\cdot$ L^{-1} H_2SO_4 溶液)					
Ag	0.097	0.13	0.3	0.48	0.69
Al	0.3	0.83	1.00	1.29	—
Au	0.017	—	0.1	0.24	0.33
Bi	0.39	0.4	—	0.78	0.98
Cd	—	1.13	1.22	1.25	
Co	—	0.2			
Cr	—	0.4	—	—	—
Cu	—	—	0.35	0.48	0.55
Fe	—	0.56	0.82	1.29	
石墨 C	0.002	—	0.32	0.60	0.73
Hg	0.8	0.93	1.03	1.07	
Ir	0.002 6	0.2			
Ni	0.14	0.3	—	0.56	0.71
Pb	0.40	0.4		0.52	1.06
Pd	0	0.04	—	—	—
Pt(光滑的)	0.000 0	0.16	0.29	0.68	
Pt(镀铂黑的)	0.000 0	0.030	0.041	0.048	0.051
Sb	—	0.4			
Sn	—	0.5	1.2	—	
Ta	—	0.39	0.4	—	
Zn	0.48	0.75	1.06	1.23	—

电极名称	电流密度(current density)$i/(A \cdot m^{-2})$				
(name of electrode)	10	100	1 000	5 000	50 000
O_2(1 mol·L^{-1} KOH 溶液)					
Ag	0.58	0.73	0.98	—	1.13
Au	0.67	0.96	1.24	—	1.63
Cu	0.42	0.58	0.66	—	0.79
石墨 C	0.53	0.90	1.09	—	1.24
Ni	0.35	0.52	0.73	—	0.85
Pt(光滑的)	0.72	0.85	1.28	—	1.49
Pt(镀铂黑的)	0.40	0.52	0.64	—	0.77
Cl_2(饱和 NaCl 溶液)					
石墨 C	—	—	0.25	0.42	0.53
Pt(光滑的)	0.008	0.03	0.054	0.161	0.236
Pt(镀铂黑的)	0.006	—	0.026	0.05	
Br_2(饱和 NaBr 溶液)					
石墨 C	—	0.002	0.027	0.16	0.33
Pt(光滑的)	—	0.002	—	0.26	—
Pt(镀铂黑的)	—	0.002	0.012	0.069	0.21
I_2(饱和 NaI 溶液)					
石墨 C	0.002	0.014	0.097	—	—
Pt(光滑的)	—	0.003	0.03	0.12	0.22
Pt(镀铂黑的)	—	0.006	0.032	—	0.196

表 20　标准电极电势

电极过程(electrode process)	$E^{\ominus}/V$
$Ag^+ + e \Longrightarrow Ag$	0.799 6
$Ag^{2+} + e \Longrightarrow Ag^+$	1.980
$AgBr + e \Longrightarrow Ag + Br^-$	0.071 3
$AgBrO_3 + e \Longrightarrow Ag + BrO_3^-$	0.546
$AgCl + e \Longrightarrow Ag + Cl^-$	0.222
$AgCN + e \Longrightarrow Ag + CN^-$	-0.017
$Ag_2CO_3 + 2e \Longrightarrow 2Ag + CO_3^{2-}$	0.470
$Ag_2C_2O_4 + 2e \Longrightarrow 2Ag + C_2O_4^{2-}$	0.465
$Ag_2CrO_4 + 2e \Longrightarrow 2Ag + CrO_4^{2-}$	0.447
$AgF + e \Longrightarrow Ag + F^-$	0.779
$Ag_4[Fe(CN)_6] + 4e \Longrightarrow 4Ag + [Fe(CN)_6]^{4-}$	0.148
$AgI + e \Longrightarrow Ag + I^-$	-0.152

续表 20

电极过程（electrode process）	$E^{\ominus}/V$
$AgIO_3 + e \longrightarrow Ag + IO_3^-$	0.354
$Ag_2MoO_4 + 2e \longrightarrow 2Ag + MoO_4^{2-}$	0.457
$[Ag(NH_3)_2]^+ + e \longrightarrow Ag + 2NH_3$	0.373
$AgNO_2 + e \longrightarrow Ag + NO_2^-$	0.564
$Ag_2O + H_2O + 2e \longrightarrow 2Ag + 2OH^-$	0.342
$2AgO + H_2O + 2e \longrightarrow Ag_2O + 2OH^-$	0.607
$Ag_2S + 2e \longrightarrow 2Ag + S^{2-}$	−0.691
$Ag_2S + 2H^+ + 2e \longrightarrow 2Ag + H_2S$	−0.036 6
$AgSCN + e \longrightarrow Ag + SCN^-$	0.089 5
$Ag_2SeO_4 + 2e \longrightarrow 2Ag + SeO_4^{2-}$	0.363
$Ag_2SO_4 + 2e \longrightarrow 2Ag + SO_4^{2-}$	0.654
$Ag_2WO_4 + 2e \longrightarrow 2Ag + WO_4^{2-}$	0.466
$Al_3 + 3e \longrightarrow Al$	−1.662
$AlF_6^{3-} + 3e \longrightarrow Al + 6F^-$	−2.069
$Al(OH)_3 + 3e \longrightarrow Al + 3OH^-$	−2.31
$AlO_2^- + 2H_2O + 3e \longrightarrow Al + 4OH^-$	−2.35
$Am^{3+} + 3e \longrightarrow Am$	−2.048
$Am^{4+} + e \longrightarrow Am^{3+}$	2.60
$AmO_2^{2+} + 4H^+ + 3e \longrightarrow Am^{3+} + 2H_2O$	1.75
$As + 3H^+ + 3e \longrightarrow AsH_3$	−0.608
$As + 3H_2O + 3e \longrightarrow AsH_3 + 3OH^-$	−1.37
$As_2O_3 + 6H^+ + 6e \longrightarrow 2As + 3H_2O$	0.234
$HAsO_2 + 3H^+ + 3e \longrightarrow As + 2H_2O$	0.248
$AsO_2^- + 2H_2O + 3e \longrightarrow As + 4OH^-$	−0.68
$H_3AsO_4 + 2H^+ + 2e \longrightarrow HAsO_2 + 2H_2O$	0.560
$AsO_4^{3-} + 2H_2O + 2e \longrightarrow AsO_2^- + 4OH^-$	−0.71
$AsS_2^- + 3e \longrightarrow As + 2S^{2-}$	−0.75
$AsS_4^{3-} + 2e \longrightarrow AsS_2^- + 2S^{2-}$	−0.60
$Au^+ + e \longrightarrow Au$	1.692
$Au^{3+} + 3e \longrightarrow Au$	1.498
$Au^{3+} + 2e \longrightarrow Au^+$	1.401
$AuBr_2^- + e \longrightarrow Au + 2Br^-$	0.959
$AuBr_4^- + 3e \longrightarrow Au + 4Br^-$	0.854
$AuCl_2^- + e \longrightarrow Au + 2Cl^-$	1.15
$AuCl_4^- + 3e \longrightarrow Au + 4Cl^-$	1.002
$AuI + e \longrightarrow Au + I^-$	0.50

电极过程(electrode process)	$E^{\ominus}/V$
$Au(SCN)_4^- + 3e === Au + 4SCN^-$	0.66
$Au(OH)_3 + 3H^+ + 3e === Au + 3H_2O$	1.45
$BF_4^- + 3e === B + 4F^-$	-1.04
$H_2BO_3^- + H_2O + 3e === B + 4OH^-$	-1.79
$B(OH)_3 + 7H^+ + 8e === BH_4^- + 3H_2O$	$-.0481$
$Ba^{2+} + 2e === Ba$	-2.912
$Ba(OH)_2 + 2e === Ba + 2OH^-$	-2.99
$Be^{2+} + 2e === Be$	-1.847
$Be_2O_3^{2-} + 3H_2O + 4e === 2Be + 6OH^-$	-2.63
$Bi^+ + e === Bi$	0.5
$Bi^{3+} + 3e === Bi$	0.308
$BiCl_4^- + 3e === Bi + 4Cl^-$	0.16
$BiOCl + 2H^+ + 3e === Bi + Cl^- + H_2O$	0.16
$Bi_2O_3 + 3H_2O + 6e === 2Bi + 6OH^-$	-0.46
$Bi_2O_4 + 4H^+ + 2e === 2BiO^+ + 2H_2O$	1.593
$Bi_2O_4 + H_2O + 2e === Bi_2O_3 + 2OH^-$	0.56
$Br_2(水溶液,aq) + 2e === 2Br^-$	1.087
$Br_2(液体) + 2e === 2Br^-$	1.066
$BrO^- + H_2O + 2e === Br^- + 2OH$	0.761
$BrO_3^- + 6H^+ + 6e === Br^- + 3H_2O$	1.423
$BrO_3^- + 3H_2O + 6e === Br^- + 6OH^-$	0.61
$2BrO_3^- + 12H^+ + 10e === Br_2 + 6H_2O$	1.482
$HBrO + H^+ + 2e === Br^- + H_2O$	1.331
$2HBrO + 2H^+ + 2e === Br_2(水溶液,aq) + 2H_2O$	1.574
$CH_3OH + 2H^+ + 2e === CH_4 + H_2O$	0.59
$HCHO + 2H^+ + 2e === CH_3OH$	0.19
$CH_3COOH + 2H^+ + 2e === CH_3CHO + H_2O$	-0.12
$(CN)_2 + 2H^+ + 2e === 2HCN$	0.373
$(CNS)_2 + 2e === 2CNS^-$	0.77
$CO_2 + 2H^+ + 2e === CO + H_2O$	-0.12
$CO_2 + 2H^+ + 2e === HCOOH$	-0.199
$Ca^{2+} + 2e === Ca$	-2.868
$Ca(OH)_2 + 2e === Ca + 2OH^-$	-3.02
$Cd^{2+} + 2e === Cd$	-0.403
$Cd^{2+} + 2e === Cd(Hg)$	-0.352
$Cd(CN)_4^{2-} + 2e === Cd + 4CN^-$	-1.09

续表 20

电极过程(electrode process)	$E^{\ominus}/V$
$CdO+H_2O+2e \Longrightarrow Cd+2OH^-$	-0.783
$CdS+2e \Longrightarrow Cd+S^{2-}$	-1.17
$CdSO_4+2e \Longrightarrow Cd+SO_4^{2-}$	-0.246
$Ce^{3+}+3e \Longrightarrow Ce$	-2.336
$Ce^{3+}+3e \Longrightarrow Ce(Hg)$	-1.437
$CeO_2+4H^++e \Longrightarrow Ce^{3+}+2H_2O$	1.4
$Cl_2(气体)+2e \Longrightarrow 2Cl^-$	1.358
$ClO^-+H_2O+2e \Longrightarrow Cl^-+2OH^-$	0.89
$HClO+H^++2e \Longrightarrow Cl^-+H_2O$	1.482
$2HClO+2H^++2e \Longrightarrow Cl_2+2H_2O$	1.611
$ClO_2^-+2H_2O+4e \Longrightarrow Cl^-+4OH^-$	0.76
$2ClO_3^-+12H^++10e \Longrightarrow Cl_2+6H_2O$	1.47
$ClO_3^-+6H^++6e \Longrightarrow Cl^-+3H_2O$	1.451
$ClO_3^-+3H_2O+6e \Longrightarrow Cl^-+6OH^-$	0.62
$ClO_4^-+8H^++8e \Longrightarrow Cl^-+4H_2O$	1.38
$2ClO_4^-+16H^++14e \Longrightarrow Cl_2+8H_2O$	1.39
$Cm^{3+}+3e \Longrightarrow Cm$	-2.04
$Co^{2+}+2e \Longrightarrow Co$	-0.28
$Co^{3+}+e \Longrightarrow Co^{2+}$	1.808
$[Co(NH_3)_6]^{3+}+e \Longrightarrow [Co(NH_3)_6]^{2+}$	0.108
$[Co(NH_3)_6]^{2+}+2e \Longrightarrow Co+6NH_3$	-0.43
$Co(OH)_2+2e \Longrightarrow Co+2OH^-$	-0.73
$Co(OH)_3+e \Longrightarrow Co(OH)_2+OH^-$	0.17
$Cr^{2+}+2e \Longrightarrow Cr$	-0.913
$Cr^{3+}+e \Longrightarrow Cr^{2+}$	-0.407
$Cr^{3+}+3e \Longrightarrow Cr$	-0.744
$[Cr(CN)_6]^{3-}+e \Longrightarrow [Cr(CN)_6]^{4-}$	-1.28
$Cr(OH)_3+3e \Longrightarrow Cr+3OH^-$	-1.48
$Cr_2O_7^{2-}+14H^++6e \Longrightarrow 2Cr^{3+}+7H_2O$	1.232
$CrO_2^-+2H_2O+3e \Longrightarrow Cr+4OH^-$	-1.2
$HCrO_4^-+7H^++3e \Longrightarrow Cr^{3+}+4H_2O$	1.350
$CrO_4^{2-}+4H_2O+3e \Longrightarrow Cr(OH)_3+5OH^-$	-0.13
$Cs^++e \Longrightarrow Cs$	-2.92
$Cu^++e \Longrightarrow Cu$	0.521
$Cu^{2+}+2e \Longrightarrow Cu$	0.342
$Cu^{2+}+e \Longrightarrow Cu^+$	0.17

电极过程(electrode process)	$E^{Å}/V$
$Cu^{2+}+2e\Longrightarrow Cu(Hg)$	0.345
$Cu^{2+}+Br^-+e\Longrightarrow CuBr$	0.66
$Cu^{2+}+Cl^-+e\Longrightarrow CuCl$	0.57
$Cu^{2+}+I^-+e\Longrightarrow CuI$	0.86
$Cu^{2+}+2CN^-+e\Longrightarrow [Cu(CN)_2]^-$	1.103
$CuBr_2^-+e\Longrightarrow Cu+2Br^-$	0.05
$CuCl_2^-+e\Longrightarrow Cu+2Cl^-$	0.19
$CuI_2^-+e\Longrightarrow Cu+2I^-$	0.00
$Cu_2O+H_2O+2e\Longrightarrow 2Cu+2OH^-$	−0.360
$Cu(OH)_2+2e\Longrightarrow Cu+2OH^-$	−0.222
$2Cu(OH)_2+2e\Longrightarrow Cu_2O+2OH^-+H_2O$	−0.080
$CuS+2e\Longrightarrow Cu+S^{2-}$	−0.70
$CuSCN+e\Longrightarrow Cu+SCN^-$	−0.27
$Dy^{2+}+2e\Longrightarrow Dy$	−2.2
$Dy^{3+}+3e\Longrightarrow Dy$	−2.295
$Er^{2+}+2e\Longrightarrow Er$	−2.0
$Er^{3+}+3e\Longrightarrow Er$	−2.331
$Es^{2+}+2e\Longrightarrow Es$	−2.23
$Es^{3+}+3e\Longrightarrow Es$	−1.91
$Eu^{2+}+2e\Longrightarrow Eu$	−2.812
$Eu^{3+}+3e\Longrightarrow Eu$	−1.991
$F_2+2H^++2e\Longrightarrow 2HF$	3.053
$F_2O+2H^++4e\Longrightarrow H_2O+2F^-$	2.153
$Fe^{2+}+2e\Longrightarrow Fe$	−0.447
$Fe^{3+}+3e\Longrightarrow Fe$	−0.037
$Fe^{3+}+e\Longrightarrow Fe^{2+}$	0.771
$[Fe(CN)_6]^{3-}+e\Longrightarrow [Fe(CN)_6]^{4-}$	0.358
$[Fe(CN)_6]^{4-}+2e\Longrightarrow Fe+6CN^-$	−1.5
$FeF_6^{3-}+e\Longrightarrow Fe^{2+}+6F^-$	0.4
$Fe(OH)_2+2e\Longrightarrow Fe+2OH^-$	−0.877
$Fe(OH)_3+e\Longrightarrow Fe(OH)_2+OH^-$	−0.56
$Fe_3O_4+8H^++2e\Longrightarrow 3Fe^{2+}+4H_2O$	1.23
$Fm^{3+}+3e\Longrightarrow Fm$	−1.89
$Fr^++e\Longrightarrow Fr$	−2.9
$Ga^{3+}+3e\Longrightarrow Ga$	−0.549
$H_2GaO_3^-+H_2O+3e\Longrightarrow Ga+4OH^-$	−1.29

续表 20

电极过程（electrode process）	$E^{\ominus}/V$
$Gd^{3+}+3e{=\!\!=\!\!=}Gd$	-2.279
$Ge^{2+}+2e{=\!\!=\!\!=}Ge$	0.24
$Ge^{4+}+2e{=\!\!=\!\!=}Ge^{2+}$	0.0
$GeO_2+2H^++2e{=\!\!=\!\!=}GeO(棕色)+H_2O$	-0.118
$GeO_2+2H^++2e{=\!\!=\!\!=}GeO(黄色)+H_2O$	-0.273
$H_2GeO_3+4H^++4e{=\!\!=\!\!=}Ge+3H_2O$	-0.182
$2H^++2e{=\!\!=\!\!=}H_2$	0.0000
$H_2+2e{=\!\!=\!\!=}2H^-$	-2.25
$2H_2O+2e{=\!\!=\!\!=}H_2+2OH^-$	-0.8277
$Hf^{4+}+4e{=\!\!=\!\!=}Hf$	-1.55
$Hg^{2+}+2e{=\!\!=\!\!=}Hg$	0.851
$Hg_2^{2+}+2e{=\!\!=\!\!=}2Hg$	0.797
$2Hg^{2+}+2e{=\!\!=\!\!=}Hg_2^{2+}$	0.920
$Hg_2Br_2+2e{=\!\!=\!\!=}2Hg+2Br^-$	0.1392
$HgBr_4^{2-}+2e{=\!\!=\!\!=}Hg+4Br^-$	0.21
$Hg_2Cl_2+2e{=\!\!=\!\!=}2Hg+2Cl^-$	0.2681
$2HgCl_2+2e{=\!\!=\!\!=}Hg_2Cl_2+2Cl^-$	0.63
$Hg_2CrO_4+2e{=\!\!=\!\!=}2Hg+CrO_4^{2-}$	0.54
$Hg_2I_2+2e{=\!\!=\!\!=}2Hg+2I^-$	-0.0405
$Hg_2O+H_2O+2e{=\!\!=\!\!=}2Hg+2OH^-$	0.123
$HgO+H_2O+2e{=\!\!=\!\!=}Hg+2OH^-$	0.0977
$HgS(红色)+2e{=\!\!=\!\!=}Hg+S^{2-}$	-0.70
$HgS(黑色)+2e{=\!\!=\!\!=}Hg+S^{2-}$	-0.67
$Hg_2(SCN)_2+2e{=\!\!=\!\!=}2Hg+2SCN^-$	0.22
$Hg_2SO_4+2e{=\!\!=\!\!=}2Hg+SO_4^{2-}$	0.613
$Ho^{2+}+2e{=\!\!=\!\!=}Ho$	-2.1
$Ho^{3+}+3e{=\!\!=\!\!=}Ho$	-2.33
$I_2+2e{=\!\!=\!\!=}2I^-$	0.5355
$I_3^-+2e{=\!\!=\!\!=}3I^-$	0.536
$2IBr+2e{=\!\!=\!\!=}I_2+2Br^-$	1.02
$ICN+2e{=\!\!=\!\!=}I^-+CN^-$	0.30
$2HIO+2H^++2e{=\!\!=\!\!=}I_2+2H_2O$	1.439
$HIO+H^++2e{=\!\!=\!\!=}I^-+H_2O$	0.987
$IO^-+H_2O+2e{=\!\!=\!\!=}I^-+2OH^-$	0.485
$2IO_3^-+12H^++10e{=\!\!=\!\!=}I_2+6H_2O$	1.195
$IO_3^-+6H^++6e{=\!\!=\!\!=}I^-+3H_2O$	1.085

续表 20

电极过程(electrode process)	$E^{Å}$/V
$IO_3^- + 2H_2O + 4e \rule[0.5ex]{1.5em}{0.4pt} IO^- + 4OH^-$	0.15
$IO_3^- + 3H_2O + 6e \rule[0.5ex]{1.5em}{0.4pt} I^- + 6OH^-$	0.26
$2IO_3^- + 6H_2O + 10e \rule[0.5ex]{1.5em}{0.4pt} I_2 + 12OH^-$	0.21
$H_5IO_6 + H^+ + 2e \rule[0.5ex]{1.5em}{0.4pt} IO_3^- + 3H_2O$	1.601
$In^+ + e \rule[0.5ex]{1.5em}{0.4pt} In$	-0.14
$In^{3+} + 3e \rule[0.5ex]{1.5em}{0.4pt} In$	-0.338
$In(OH)_3 + 3e \rule[0.5ex]{1.5em}{0.4pt} In + 3OH^-$	-0.99
$Ir^{3+} + 3e \rule[0.5ex]{1.5em}{0.4pt} Ir$	1.156
$IrBr_6^{2-} + e \rule[0.5ex]{1.5em}{0.4pt} IrBr_6^{3-}$	0.99
$IrCl_6^{2-} + e \rule[0.5ex]{1.5em}{0.4pt} IrCl_6^{3-}$	0.867
$K^+ + e \rule[0.5ex]{1.5em}{0.4pt} K$	-2.931
$La^{3+} + 3e \rule[0.5ex]{1.5em}{0.4pt} La$	-2.379
$La(OH)_3 + 3e \rule[0.5ex]{1.5em}{0.4pt} La + 3OH^-$	-2.90
$Li^+ + e \rule[0.5ex]{1.5em}{0.4pt} Li$	-3.040
$Lr^{3+} + 3e \rule[0.5ex]{1.5em}{0.4pt} Lr$	-1.96
$Lu^{3+} + 3e \rule[0.5ex]{1.5em}{0.4pt} Lu$	-2.28
$Md^{2+} + 2e \rule[0.5ex]{1.5em}{0.4pt} Md$	-2.40
$Md^{3+} + 3e \rule[0.5ex]{1.5em}{0.4pt} Md$	-1.65
$Mg^{2+} + 2e \rule[0.5ex]{1.5em}{0.4pt} Mg$	-2.372
$Mg(OH)_2 + 2e \rule[0.5ex]{1.5em}{0.4pt} Mg + 2OH^-$	-2.690
$Mn^{2+} + 2e \rule[0.5ex]{1.5em}{0.4pt} Mn$	-1.185
$Mn^{3+} + 3e \rule[0.5ex]{1.5em}{0.4pt} Mn$	1.542
$MnO_2 + 4H^+ + 2e \rule[0.5ex]{1.5em}{0.4pt} Mn^{2+} + 2H_2O$	1.224
$MnO_4^- + 4H^+ + 3e \rule[0.5ex]{1.5em}{0.4pt} MnO_2 + 2H_2O$	1.679
$MnO_4^- + 8H^+ + 5e \rule[0.5ex]{1.5em}{0.4pt} Mn^{2+} + 4H_2O$	1.507
$MnO_4^- + 2H_2O + 3e \rule[0.5ex]{1.5em}{0.4pt} MnO_2 + 4OH^-$	0.595
$Mn(OH)_2 + 2e \rule[0.5ex]{1.5em}{0.4pt} Mn + 2OH^-$	-1.56
$Mo^{3+} + 3e \rule[0.5ex]{1.5em}{0.4pt} Mo$	-0.200
$MoO_4^{2-} + 4H_2O + 6e \rule[0.5ex]{1.5em}{0.4pt} Mo + 8OH^-$	-1.05
$N_2 + 2H_2O + 6H^+ + 6e \rule[0.5ex]{1.5em}{0.4pt} 2NH_4OH$	0.092
$2NH_3OH^+ + H^+ + 2e \rule[0.5ex]{1.5em}{0.4pt} N_2H_5^+ + 2H_2O$	1.42
$2NO + H_2O + 2e \rule[0.5ex]{1.5em}{0.4pt} N_2O + 2OH^-$	0.76
$2HNO_2 + 4H^+ + 4e \rule[0.5ex]{1.5em}{0.4pt} N_2O + 3H_2O$	1.297
$NO_3^- + 3H^+ + 2e \rule[0.5ex]{1.5em}{0.4pt} HNO_2 + H_2O$	0.934
$NO_3^- + H_2O + 2e \rule[0.5ex]{1.5em}{0.4pt} NO_2^- + 2OH^-$	0.01
$2NO_3^- + 2H_2O + 2e \rule[0.5ex]{1.5em}{0.4pt} N_2O_4 + 4OH^-$	-0.85

电极过程（electrode process）	$E^{\ominus}/V$
$Na^+ + e \mathop{=\!=\!=} Na$	-2.713
$Nb^{3+} + 3e \mathop{=\!=\!=} Nb$	-1.099
$NbO_2 + 4H^+ + 4e \mathop{=\!=\!=} Nb + 2H_2O$	-0.690
$Nb_2O_5 + 10H^+ + 10e \mathop{=\!=\!=} 2Nb + 5H_2O$	-0.644
$Nd^{2+} + 2e \mathop{=\!=\!=} Nd$	-2.1
$Nd^{3+} + 3e \mathop{=\!=\!=} Nd$	-2.323
$Ni^{2+} + 2e \mathop{=\!=\!=} Ni$	-0.257
$NiCO_3 + 2e \mathop{=\!=\!=} Ni + CO_3^{2-}$	-0.45
$Ni(OH)_2 + 2e \mathop{=\!=\!=} Ni + 2OH^-$	-0.72
$NiO_2 + 4H^+ + 2e \mathop{=\!=\!=} Ni^{2+} + 2H_2O$	1.678
$No^{2+} + 2e \mathop{=\!=\!=} No$	-2.50
$No^{3+} + 3e \mathop{=\!=\!=} No$	-1.20
$Np^{3+} + 3e \mathop{=\!=\!=} Np$	-1.856
$NpO_2 + H_2O + H^+ + e \mathop{=\!=\!=} Np(OH)_3$	-0.962
$O_2 + 4H^+ + 4e \mathop{=\!=\!=} 2H_2O$	1.229
$O_2 + 2H_2O + 4e \mathop{=\!=\!=} 4OH^-$	0.401
$O_3 + H_2O + 2e \mathop{=\!=\!=} O_2 + 2OH^-$	1.24
$Os^{2+} + 2e \mathop{=\!=\!=} Os$	0.85
$OsCl_6^{3-} + e \mathop{=\!=\!=} Os^{2+} + 6Cl^-$	0.4
$OsO_2 + 2H_2O + 4e \mathop{=\!=\!=} Os + 4OH^-$	-0.15
$OsO_4 + 8H^+ + 8e \mathop{=\!=\!=} Os + 4H_2O$	0.838
$OsO_4 + 4H^+ + 4e \mathop{=\!=\!=} OsO_2 + 2H_2O$	1.02
$P + 3H_2O + 3e \mathop{=\!=\!=} PH_3(g) + 3OH^-$	-0.87
$H_2PO_2^- + e \mathop{=\!=\!=} P + 2OH^-$	-1.82
$H_3PO_3 + 2H^+ + 2e \mathop{=\!=\!=} H_3PO_2 + H_2O$	-0.499
$H_3PO_3 + 3H^+ + 3e \mathop{=\!=\!=} P + 3H_2O$	-0.454
$H_3PO_4 + 2H^+ + 2e \mathop{=\!=\!=} H_3PO_3 + H_2O$	-0.276
$PO_4^{3-} + 2H_2O + 2e \mathop{=\!=\!=} HPO_3^{2-} + 3OH^-$	-1.05
$Pa^{3+} + 3e \mathop{=\!=\!=} Pa$	-1.34
$Pa^{4+} + 4e \mathop{=\!=\!=} Pa$	-1.49
$Pb^{2+} + 2e \mathop{=\!=\!=} Pb$	-0.126
$Pb^{2+} + 2e \mathop{=\!=\!=} Pb(Hg)$	-0.121
$PbBr_2 + 2e \mathop{=\!=\!=} Pb + 2Br^-$	-0.284
$PbCl_2 + 2e \mathop{=\!=\!=} Pb + 2Cl^-$	-0.268
$PbCO_3 + 2e \mathop{=\!=\!=} Pb + CO_3^{2-}$	-0.506
$PbF_2 + 2e \mathop{=\!=\!=} Pb + 2F^-$	-0.344

续表 20

电极过程（electrode process）	$E^{\ominus}/V$
$PbI_2+2e\mathop{=\!=\!=}Pb+2I^-$	-0.365
$PbO+H_2O+2e\mathop{=\!=\!=}Pb+2OH^-$	-0.580
$PbO+4H^++2e\mathop{=\!=\!=}Pb+H_2O$	0.25
$PbO_2+4H^++2e\mathop{=\!=\!=}Pb^2+2H_2O$	1.455
$HPbO_2^-+H_2O+2e\mathop{=\!=\!=}Pb+3OH^-$	-0.537
$PbO_2+SO_4^{2-}+4H^++2e\mathop{=\!=\!=}PbSO_4+2H_2O$	1.691
$PbSO_4+2e\mathop{=\!=\!=}Pb+SO_4^{2-}$	-0.359
$Pd^{2+}+2e\mathop{=\!=\!=}Pd$	0.915
$PdBr_4^{2-}+2e\mathop{=\!=\!=}Pd+4Br^-$	0.6
$PdO_2+H_2O+2e\mathop{=\!=\!=}PdO+2OH^-$	0.73
$Pd(OH)_2+2e\mathop{=\!=\!=}Pd+2OH^-$	0.07
$Pm^{2+}+2e\mathop{=\!=\!=}Pm$	-2.20
$Pm^{3+}+3e\mathop{=\!=\!=}Pm$	-2.30
$Po^{4+}+4e\mathop{=\!=\!=}Po$	0.76
$Pr^{2+}+2e\mathop{=\!=\!=}Pr$	-2.0
$Pr^{3+}+3e\mathop{=\!=\!=}Pr$	-2.353
$Pt^{2+}+2e\mathop{=\!=\!=}Pt$	1.18
$[PtCl_6]^{2-}+2e\mathop{=\!=\!=}[PtCl_4]^{2-}+2Cl^-$	0.68
$Pt(OH)_2+2e\mathop{=\!=\!=}Pt+2OH^-$	0.14
$PtO_2+4H^++4e\mathop{=\!=\!=}Pt+2H_2O$	1.00
$PtS+2e\mathop{=\!=\!=}Pt+S^{2-}$	-0.83
$Pu^{3+}+3e\mathop{=\!=\!=}Pu$	-2.031
$Pu^{5+}+e\mathop{=\!=\!=}Pu^{4+}$	1.099
$Ra^{2+}+2e\mathop{=\!=\!=}Ra$	-2.8
$Rb^++e\mathop{=\!=\!=}Rb$	-2.98
$Re^{3+}+3e\mathop{=\!=\!=}Re$	0.300
$ReO_2+4H^++4e\mathop{=\!=\!=}Re+2H_2O$	0.251
$ReO_4^-+4H^++3e\mathop{=\!=\!=}ReO_2+2H_2O$	0.510
$ReO_4^-+4H_2O+7e\mathop{=\!=\!=}Re+8OH^-$	-0.584
$Rh^{2+}+2e\mathop{=\!=\!=}Rh$	0.600
$Rh^{3+}+3e\mathop{=\!=\!=}Rh$	0.758
$Ru^{2+}+2e\mathop{=\!=\!=}Ru$	0.455
$RuO_2+4H^++2e\mathop{=\!=\!=}Ru^{2+}+2H_2O$	1.120
$RuO_4+6H^++4e\mathop{=\!=\!=}Ru(OH)_2^{2+}+2H_2O$	1.40
$S+2e\mathop{=\!=\!=}S^{2-}$	-0.476
$S+2H^++2e\mathop{=\!=\!=}H_2S(水溶液,aq)$	0.142

续表 20

电极过程(electrode process)	$E^{\ominus}/V$
$S_2O_6^{2-}+4H^++2e\!\!=\!\!\!=\!\!2H_2SO_3$	0.564
$2SO_3^{2-}+3H_2O+4e\!\!=\!\!\!=\!\!S_2O_3^{2-}+6OH^-$	-0.571
$2SO_3^{2-}+2H_2O+2e\!\!=\!\!\!=\!\!S_2O_4^{2-}+4OH^-$	-1.12
$SO_4^{2-}+H_2O+2e\!\!=\!\!\!=\!\!SO_3^{2-}+2OH^-$	-0.93
$Sb+3H^++3e\!\!=\!\!\!=\!\!SbH_3$	-0.510
$Sb_2O_3+6H^++6e\!\!=\!\!\!=\!\!2Sb+3H_2O$	0.152
$Sb_2O_5+6H^++4e\!\!=\!\!\!=\!\!2SbO^++3H_2O$	0.581
$SbO_3^-+H_2O+2e\!\!=\!\!\!=\!\!SbO_2^-+2OH^-$	-0.59
$Sc^{3+}+3e\!\!=\!\!\!=\!\!Sc$	-2.077
$Sc(OH)_3+3e\!\!=\!\!\!=\!\!Sc+3OH^-$	-2.6
$Se+2e\!\!=\!\!\!=\!\!Se^{2-}$	-0.924
$Se+2H^++2e\!\!=\!\!\!=\!\!H_2Se(水溶液,aq)$	-0.399
$H_2SeO_3+4H^++4e\!\!=\!\!\!=\!\!Se+3H_2O$	-0.74
$SeO_3^{2-}+3H_2O+4e\!\!=\!\!\!=\!\!Se+6OH^-$	-0.366
$SeO_4^{2-}+H_2O+2e\!\!=\!\!\!=\!\!SeO_3^{2-}+2OH^-$	0.05
$Si+4H^++4e\!\!=\!\!\!=\!\!SiH_4(气体)$	0.102
$Si+4H_2O+4e\!\!=\!\!\!=\!\!SiH_4+4OH^-$	-0.73
$SiF_6^{2-}+4e\!\!=\!\!\!=\!\!Si+6F^-$	-1.24
$SiO_2+4H^++4e\!\!=\!\!\!=\!\!Si+2H_2O$	-0.857
$SiO_3^{2-}+3H_2O+4e\!\!=\!\!\!=\!\!Si+6OH^-$	-1.697
$Sm^{2+}+2e\!\!=\!\!\!=\!\!Sm$	-2.68
$Sm^{3+}+3e\!\!=\!\!\!=\!\!Sm$	-2.304
$Sn^{2+}+2e\!\!=\!\!\!=\!\!Sn$	-0.138
$Sn^{4+}+2e\!\!=\!\!\!=\!\!Sn^{2+}$	0.151
$SnCl_4^{2-}+2e\!\!=\!\!\!=\!\!Sn+4Cl^-(1\ mol\cdot L^{-1}\ HCl)$	-0.19
$SnF_6^{2-}+4e\!\!=\!\!\!=\!\!Sn+6F^-$	-0.25
$Sn(OH)_3^-+3H^++2e\!\!=\!\!\!=\!\!Sn^{2+}+3H_2O$	0.142
$SnO_2+4H^++4e\!\!=\!\!\!=\!\!Sn+2H_2O$	-0.117
$Sn(OH)_6^{2-}+2e\!\!=\!\!\!=\!\!HSnO_2^-+3OH^-+H_2O$	-0.93
$Sr^{2+}+2e\!\!=\!\!\!=\!\!Sr$	-2.899
$Sr^{2+}+2e\!\!=\!\!\!=\!\!Sr(Hg)$	-1.793
$Sr(OH)_2+2e\!\!=\!\!\!=\!\!Sr+2OH^-$	-2.88
$Ta^{3+}+3e\!\!=\!\!\!=\!\!Ta$	-0.6
$Tb^{3+}+3e\!\!=\!\!\!=\!\!Tb$	-2.28
$Tc^{2+}+2e\!\!=\!\!\!=\!\!Tc$	0.400
$TcO_4^-+8H^++7e\!\!=\!\!\!=\!\!Tc+4H_2O$	0.472

续表 20

电极过程（electrode process）	$E^{\ominus}/V$
$TcO_4^- + 2H_2O + 3e \Longrightarrow TcO_2 + 4OH^-$	-0.311
$Te + 2e \Longrightarrow Te^{2-}$	-1.143
$Te^{4+} + 4e \Longrightarrow Te$	0.568
$Th^{4+} + 4e \Longrightarrow Th$	-1.899
$Ti^{2+} + 2e \Longrightarrow Ti$	-1.630
$Ti^{3+} + 3e \Longrightarrow Ti$	-1.37
$TiO_2 + 4H^+ + 2e \Longrightarrow Ti^{2+} + 2H_2O$	-0.502
$TiO^{2+} + 2H^+ + e \Longrightarrow Ti^{3+} + H_2O$	0.1
$Tl^+ + e \Longrightarrow Tl$	-0.336
$Tl^{3+} + 3e \Longrightarrow Tl$	0.741
$Tl^{3+} + Cl^- + 2e \Longrightarrow TlCl$	1.36
$TlBr + e \Longrightarrow Tl + Br^-$	-0.658
$TlCl + e \Longrightarrow Tl + Cl^-$	-0.557
$TlI + e \Longrightarrow Tl + I^-$	-0.752
$Tl_2O_3 + 3H_2O + 4e \Longrightarrow 2Tl^+ + 6OH^-$	0.02
$TlOH + e \Longrightarrow Tl + OH^-$	-0.34
$Tl_2SO_4 + 2e \Longrightarrow 2Tl + SO_4^{2-}$	-0.436
$Tm^{2+} + 2e \Longrightarrow Tm$	-2.4
$Tm^{3+} + 3e \Longrightarrow Tm$	-2.319
$U^{3+} + 3e \Longrightarrow U$	-1.798
$UO_2 + 4H^+ + 4e \Longrightarrow U + 2H_2O$	-1.40
$UO_2^+ + 4H^+ + e \Longrightarrow U^{4+} + 2H_2O$	0.612
$UO_2^{2+} + 4H^+ + 6e \Longrightarrow U + 2H_2O$	-1.444
$V^{2+} + 2e \Longrightarrow V$	-1.175
$VO^{2+} + 2H^+ + e \Longrightarrow V^{3+} + H_2O$	0.337
$VO_2^+ + 2H^+ + e \Longrightarrow VO^{2+} + H_2O$	0.991
$VO_2^+ + 4H^+ + 2e \Longrightarrow V^{3+} + 2H_2O$	0.668
$V_2O_5 + 10H^+ + 10e \Longrightarrow 2V + 5H_2O$	-0.242
$W^{3+} + 3e \Longrightarrow W$	0.1
$WO_3 + 6H^+ + 6e \Longrightarrow W + 3H_2O$	-0.090
$W_2O_5 + 2H^+ + 2e \Longrightarrow 2WO_2 + H_2O$	-0.031
$Y^{3+} + 3e \Longrightarrow Y$	-2.372
$Yb^{2+} + 2e \Longrightarrow Yb$	-2.76
$Yb^{3+} + 3e \Longrightarrow Yb$	-2.19
$Zn^{2+} + 2e \Longrightarrow Zn$	$-0.761\,8$
$Zn^{2+} + 2e \Longrightarrow Zn(Hg)$	$-0.762\,8$

电极过程(electrode process)	$E^{\ominus}/V$
$Zn(OH)_2 + 2e \Longrightarrow Zn + 2OH^-$	-1.249
$ZnS + 2e \Longrightarrow Zn + S^{2-}$	-1.40
$ZnSO_4 + 2e \Longrightarrow Zn(Hg) + SO_4^{2-}$	-0.799

表 21 不同纯度水的电导率

类 别	特纯水	优质蒸馏水	普通蒸馏水	最优天然水	优质灌溉水	劣质灌溉水	海 水
电导率/($\mu S \cdot m^{-1}$)	$10^{-2} \sim 10^{-1}$	$10^{-1} \sim 1$	$1 \sim 10$	$10 \sim 10^2$	$10^2 \sim 10^3$	$10^3 \sim 10^4$	$10^4 \sim 10^5$

表 22 一些常用表面活性剂的临界胶束浓度

名 称	测定温度/℃	CMC/($mol \cdot L^{-1}$)
氯化十六烷基三甲基铵	25	1.60×10^{-2}
溴化十六烷基三甲基铵		9.12×10^{-5}
溴化十二烷基三甲基铵		1.60×10^{-2}
溴化十二烷基代吡啶		1.23×10^{-2}
辛烷基磺酸钠	25	1.50×10^{-1}
辛烷基硫酸钠	40	1.36×10^{-1}
十二烷基硫酸钠	40	8.60×10^{-3}
十四烷基硫酸钠	40	2.40×10^{-3}
十六烷基硫酸钠	40	5.80×10^{-4}
十八烷基硫酸钠	40	1.70×10^{-4}
硬脂酸钾	50	4.5×10^{-4}
油酸钾	50	1.2×10^{-3}
月桂酸钾	25	1.25×10^{-2}
十二烷基磺酸钠	25	9.0×10^{-3}
月桂醇聚氧乙烯(6)醚	25	8.7×10^{-5}
月桂醇聚氧乙烯(9)醚	25	1.0×10^{-4}
月桂醇聚氧乙烯(12)醚	25	1.4×10^{-4}
十四醇聚氧乙烯(6)醚	25	1.0×10^{-5}
丁二酸二辛基磺酸钠	25	1.24×10^{-2}
氯化十二烷基胺	25	1.6×10^{-2}
对十二烷基苯磺酸钠	25	1.4×10^{-2}
月桂酸蔗糖酯		2.38×10^{-6}
棕榈酸蔗糖酯		9.5×10^{-5}
硬脂酸蔗糖酯		6.6×10^{-5}
吐温 20	25	6×10^{-2}(以下数据单位是 $g \cdot L^{-1}$)
吐温 40	25	3.1×10^{-2}

续表 22

名　称	测定温度/℃	CMC/(mol · L^{-1})
吐温 60	25	2.8×10^{-2}
吐温 65	25	5.0×10^{-2}
吐温 80	25	1.4×10^{-2}
吐温 85	25	2.3×10^{-2}

表 23　临界胶束浓度与碳氢链结构的关系

化学结构式	临界胶束浓度/(mol · L^{-1})
$C_4H_9CH_2$ $C_4H_9CHSO_3Na$	0.20
$C_{10}H_{21}SO_3Na$	0.045
$(C_8H_{17})_2N(CH_3)_2Cl$	0.026 6
$C_{16}H_{33}N(CH_3)_3Cl$	0.001 4
$C_6H_{12}CH_2$ $C_6H_{12}CHSO_3Na$	0.009 7
$C_{14}H_{29}SO_3Na$	0.002 4

参考文献

[1] 庄继华,等. 物理化学实验[M]. 3 版. 北京：高等教育出版社,2004.

[2] 北京大学化学学院物理化学实验教学组. 物理化学实验[M]. 4 版. 北京：北京大学出版社,2002.

[3] 罗澄源,向明礼,等. 物理化学实验[M]. 4 版. 北京：高等教育出版社,2004.

[4] 邱金恒,孙尔康,吴强. 物理化学实验 [M]. 北京：高等教育出版社,2010.

[5] 贺全国,汤建新,刘展鹏. 物理化学实验指导 [M]. 北京：化学工业出版社,2020.

[6] 王金,刘佳艳. 物理化学实验 [M]. 北京：化学工业出版社,2015.

[7] 贺德华,麻英,张连庆. 基础物理化学实验 [M]. 北京：高等教育出版社,2008.

[8] 许新华,王晓岗,王国平. 物理化学实验 [M]. 北京：化学工业出版社,2017.

[9] 张西慧,王弋戈,陈玉焕,等. 物理化学实验[M]. 2 版. 天津：天津大学出版社,2022.

[10] 张军锋,庞素娟,肖厚贞. 物理化学实验 [M]. 北京：化学工业出版社,2021.

[11] 唐林,刘红天,温会玲. 物理化学实验 [M]. 北京：化学工业出版社,2016.

[12] 宋淑娥. 物理化学实验 [M]. 北京：化学工业出版社,2019.

[13] 李楠,宋建华. 物理化学实验 [M]. 北京：化学工业出版社,2016.

[14] 孙文东,陆嘉星. 物理化学实验[M]. 3 版. 北京：高等教育出版社,2014.

[15] 冯霞,朱莉娜,朱荣娇. 物理化学实验[M]. 北京：高等教育出版社,2015.

[16] 孙尔康,高卫,徐维清,等. 物理化学实验[M]. 2 版. 南京：南京大学出版社,2010.

[17] 朱万春,张国艳,李克昌,等. 基础化学实验：物理化学实验分册[M]. 2 版. 北京：高等教育出版社,2017.